中国石油安全监督丛书

钻井专业
安全监督指南

中国石油天然气集团有限公司质量安全环保部　编

石油工業出版社

内容提要

本书介绍了钻井专业安全监督管理要求，针对钻井设备设施、常见钻井作业工序、通用作业安全监督项目，进行了风险分析，明确了监督的内容、依据和要点，提供了常见违章和案例分析，同时介绍了安全监督管理基础知识及安全技术与方法。

本书可作为钻井专业安全监督培训教材，同时也可作为钻探企业 HSE 管理人员及员工的参考用书。

图书在版编目（CIP）数据

钻井专业安全监督指南 / 中国石油天然气集团有限公司质量安全环保部编 . —北京：石油工业出版社，2019.9（2023.2 重印）

（中国石油安全监督丛书）

ISBN 978-7-5183-3524-4

Ⅰ . ①钻… Ⅱ . ① 中… Ⅲ . ①油气钻井 – 安全管理 – 指南 Ⅳ . ① TE28-62

中国版本图书馆 CIP 数据核字（2019）第 165424 号

出版发行：石油工业出版社

（北京安定门外安华里 2 区 1 号　100011）

网　址：www.petropub.com

编辑部：（010）64523550　　图书营销中心：（010）64523633

经　　销：全国新华书店

印　　刷：北京中石油彩色印刷有限责任公司

2019 年 9 月第 1 版　2023 年 2 月第 2 次印刷

787×1092 毫米　开本：1/16　印张：20.75

字数：450 千字

定价：85.00 元

（如出现印装质量问题，我社图书营销中心负责调换）

《中国石油安全监督丛书》
编　委　会

《钻井专业安全监督指南》
编　写　组

主　　编：吴苏江　邹　敏

副 主 编：郭喜林　齐俊良　裴玉起　李爱忠

编写人员：（按姓氏笔画排序）

马宏伟　马盼群　王　钰　王　富　王卫东　王建新
王彦辉　史永伟　刘文龙　杜　民　杜　建　李传华
李泽民　李菊平　李献勇　李殿安　杨　芳　杨晓亮
肖德成　吴永贵　吴承泽　宋远贵　张　勇　张　敏
张　磊　张明君　张宪文　范世强　郑岩力　房　建
孟玉和　赵　忠　赵春明　钟建平　徐跃芳　徐雅芩
常宇清　彭远春　董彦民　韩　威　靳　鹏　蒲怀武

前言

安全“责任重于泰山”。无论你在什么岗位，无论职位高低，都肩负着对国家、对社会、对企业、对朋友、对亲人的安全责任。每一个人都应充分认识到安全的极端重要性，不辜负社会之托、企业之托、亲人之托，都应将安全责任感融于自己的一切行为之中。

细节决定成败，正是那些被忽视的细节、不起眼的隐患苗头，往往酿成重大的安全事故。“千里之行，始于足下”，人人都要从自己熟悉的、天天发生的操作细节入手，从看似简单、平凡的事情做起，扎实做好每一件事情，小心谨慎地排除每一个隐患，做到“不伤害自己、不伤害他人、不被他人伤害、保护他人不被伤害”，要做到管理到位、措施到位、责任到位和监督到位，“勿以恶小而为之，勿以善小而不为”，从点滴做起，杜绝违章，减少隐患，规范自己的一切行为。

安全监督是安全管理各项制度、规定、要求和各类风险控制措施在基层落实的一个重要控制关口，是安全监督人员依据安全生产法律法规、规章制度和标准规范，对生产作业过程是否满足安全生产要求而进行的监督与控制活动，是从安全管理中分离出来但与安全管理又相互融合的一种安全管理方式，是中国石油对安全生产实施监督、管理两条线、探索异体监督机制的一项创新。

钻井作业是油气开发过程中重要的工程技术作业，作业环境复杂，风险点多，容易造成生产安全事故，因此，做好 HSE 管理工作，加强现场 HSE 监督，持续提高钻井作业 HSE 管理水平尤为重要。

本书是《中国石油安全监督丛书》之一，由中国石油天然气集团有限公司质量安全环保部组织编写，主要针对钻井作业的工作实际，根据不同设备设施、钻井作业工序、方法，从安全监督内容、主要监督依据、监督控制要点、典型三违行为、典型案例分析等内容进行描述。初稿于2013年年初完成编写，根据几年来监督培训试用过程中各方提出的建议及部分标准的更新进行了修订完善。本次修订工作由渤海钻探职工教育培训中心负责完成。

本书在编写和修订过程中，大庆油田有限责任公司、西部钻探工程公司、长城钻探工程公司、渤海钻探工程公司、川庆钻探工程公司和中国石油安全环保技术研究院给予了大力支持，在此一并表示感谢！本书内容丰富、翔实，具有很强的实用性、操作性和很好的参考价值，除了可作为钻井安全监督人员的工具书外，还可用于培训，是一本实用的安全监督学习参考用书。

本书中用到的部分石油天然气行业标准现已由强制性改为推荐性，请读者注意辨别使用。

由于编写人员水平有限，难免有不足和错误之处，希望各位读者在使用过程中多提宝贵意见，以利于在今后的实践应用和理论探索中不断改进。

《钻井专业安全监督指南》编写组

2019年7月

目录

CONTENTS

第一章 钻井专业安全监督管理

安全监督机制是安全管理的一种管理方式，是与安全管理相辅相成的约束机制，通常由业主（甲方）向承包商（乙方）派驻安全监督人员，或总承包商向分承包商派驻安全监督人员，上级主管部门向项目或作业现场派驻安全监督人员等多种监督运作形式。安全监督是安全工作的重要组成部分，是施工作业现场减少违章行为、保护员工生命健康的重要保障内容。各级领导要正确处理好管理与监督的关系，支持、理解和配合安全监督开展工作，在监督区域内，所有人员必须接受安全监督的监督，对安全监督提出的安全隐患问题要主动沟通，并及时整改，要树立监督的权威性，确保安全监督人员正常履行职责。

第一节 钻井工程简介

钻井是利用机械设备从地面将地层钻成孔眼的工作。通常指勘探或开发石油、天然气等液态和气态矿产而钻凿井眼的工程。油气钻井工程是进行石油与天然气资源勘探开发的主要工程。

钻井工艺是指在石油和天然气的勘探与开发中钻成井眼所采取的技术方法。主要包括井身结构设计、钻头和钻井液的选用、钻具组合、钻井参数配合、井斜控制、钻井液处理、取岩心以及事故预防和处理等。

（1）由于钻井工程在生产过程中存在着许多危险因素，特别是在一些设备比较陈旧、自动化水平低、生产控制手段不完善的钻探企业，有很多安全隐患和影响安全生产的问题，因此更有必要加强安全生产管理工作。

（2）由于油气资源分布的不平衡性，自然条件的多样性，开采过程的变化性，决定了在石油开发系统中未知因素和不确定因素较多。人们运用不断进步的技术手段，不断提高认识水平，虽然大大改进了对该系统的了解程度，但是又会出现技术指标的不确定性。

（3）工程施工须在野外进行，自然环境和工作条件都比较恶劣。

（4）钻井工程施工存在着不同程度的危险性。钻井作业中可能产生事故，如发生卡钻、井漏、井喷等，而且一旦发生事故其后果多数是严重的。

（5）在钻井施工中，多采用多工种立体交叉作业，加之使用的重型机械较多，所以人身伤亡事故的发生概率是较高的。

（6）油田的交通运输，由于车多路窄，加之各种特种车辆的车体大而笨重，极易发生交通事故。

（7）钻井生产中使用的机器、设备、车辆及原材料，数量大、品种杂，这也给安全使用、管理及保存带来了一定的难题。

一、钻井施工工序

石油钻井是一项复杂的系统工程，是勘探和开发油气田的主要手段。其主要施工工序一般包括定井位、修建道路及井场、搬迁、安装设备、钻进、起钻、换钻头、下钻、完井测井、固井等。

（一）定井位

定井位就是确定油、气井的位置。它由勘探部门或油田开发部门来确定。井位内容包括构造位置、地理位置、测线位置和坐标位置。确定井位时，应全面考虑地形、地势、地物、土质、水源、地下水位、排水条件、交通状况等，定井位的原则是避开山洪及暴雨冲淹或可能发生滑坡的地方，优选最佳井位。

（二）修建道路及井场

通往井场的道路，应满足建井周期内各型车辆安全通行，应避开滑坡、泥石流等不良地质地段，道路路面施工应符合相关技术标准，道路及井场应平坦坚实，能承受大型车辆的行驶。井场大小应满足钻井设备的布局及钻井作业的要求。

设备基础选择及布置施工应符合行业标准技术要求，保证设备在运转过程中不移动、不下沉，减少机器设备的振动。设备基础分为固定基础和活动基础两类。固定基础由现场填石灌浆浇注而成，属一次性使用基础，成本较高。活动基础又分为钢筋混凝土预制基础、铁质基础（管材）和钢木基础等，可以重复使用，成本较低，适用于载荷不大和地表较硬的井场。

（三）搬迁

搬迁是把钻井设备、营区等设备设施从老井场迁移至新井场的过程。主要包括搬迁前道路勘测等准备工作、搬迁组织工作、设备器材吊装、卸车。

道路勘测是对井队搬家所经过的道路进行实地调查，以保证安全顺利地搬迁。搬家前要勘察沿途的道路、桥梁和涵洞宽度及承载能力，掌握沿途的通信线、电力线的情况，凡不符合要求者及时整改处理。

搬迁顺序应按照新井安装的顺序先后进行装车、卸车，以确保设备在新井场一次摆放合理,安装有序。

(四)安装设备

安装设备是将钻井所需设备、工具等在新井场重新组装,形成完整的钻井设备系统。安装工作主要有设备就位、校正设备、固定设备等。设备的安装工作可在整个井场同时进行。校正设备应先找平、后校正,校正要按规定顺序进行。固定设备时必须按规定的力矩使螺栓紧固牢靠,零部件齐全,保证质量并注意安全。

(五)钻进

钻进是用一定的破岩工具,不断破碎岩石加深井眼的过程。

钻进按开钻次数分为:一次开钻钻进、二次开钻钻进、三次开钻钻进等。

一次开钻钻进是设备安装完毕后,为下表层套管而进行的钻井施工。

二次开钻钻进是下完表层套管固井后,再次开始的钻井施工。接好钻头,按工程设计要求下入钻具,钻完水泥塞,钻头接触第一次钻进时的井底,再次开始的钻进。

三次开钻钻进是下入技术套管后,需继续加深的井所组织的钻井施工。对于超深井和特殊井可能要下多层技术套管,那么会有四次开钻钻进、多次开钻钻进等。

(六)起钻、换钻头、下钻

1. 起钻

起钻是将井内钻具从井眼中起出的工作。起钻一般以 3 根钻杆为 1 根立柱起出移放到钻杆盒内。

2. 换钻头

换钻头是起钻完毕,把钻柱底端的旧钻头卸下,换上需要的新钻头所进行的工作。对所换新钻头在下井前要进行仔细检查,检查内容为钻头类型、尺寸、钻头喷嘴、螺纹、焊缝及牙齿、牙轮的灵活性等。

3. 下钻

下钻是将钻具下入井内的工作。下钻工作与起钻基本相同,不同之处是:起钻是卸扣,提升钻具,下放吊卡;而下钻是上扣,下放钻具,提升吊卡。

(七)完井测井

完井测井对工程来说主要目的是检查井身质量,确定下套管、固井数据。测井时,要按规定向井内灌满钻井液,加强坐岗,并应密切注意井口液面变化。若发现溢流要立即关井,疑视溢流关井检查。关井方式可采用软关井或硬关井,具体按照所在油气田井控实施细则执行。

(八)固井

固井是向井内下入一定尺寸的套管串,并在其周围注以水泥浆,将套管与井壁紧固起来的工作。一口井从开始到完成往往需要数次固井作业,通常有表层套管、技术套管以及油层套管固井作业。其目的是:封隔疏松、易漏、易塌等复杂地层;封隔油气水层,防止相互窜漏;安装井口,形成油气通道,控制油气流,以达到安全钻井和保证长期生产的目的。

常规注水泥施工工序是:装上水泥头循环钻井液→打隔离液→注水泥→压胶塞→替钻井液→碰压→候凝→测声幅→试压,至此一口油气井的施工便全部结束。

二、钻井主要设备的基本组成

一部石油钻机主要由动力机、传动机、工作机及辅助设备组成。一般有八大系统(起升系统、旋转系统、钻井液循环系统、动力系统、传动系统、控制系统、钻机底座、辅助设备),要具备起下钻能力、旋转钻进能力、循环洗井能力。其主要设备有井架、天车、绞车、游动滑车、大钩、转盘、水龙头、顶驱、钻井泵、动力机、联动机、固相控制设备、井控设备等。

(一)钻机的组成

1. 起升系统

起升系统是由绞车、井架、天车、游动滑车、大钩及钢丝绳等组成。其中天车、游动滑车、钢丝绳组成的系统称为游动系统。起升系统的主要作用是起下钻具、控制钻压、下套管以及处理井下复杂情况和辅助起升重物。绞车是起升系统的核心,是钻机的三大工作机之一。

2. 旋转系统

旋转系统是由转盘、水龙头组成。其主要作用是带动井内钻具、钻头等旋转,连接起升系统和钻井液循环系统。转盘是旋转系统的核心,是钻机的三大工作机之一。有的钻机配备了顶部驱动钻井装置,代替转盘驱动钻柱和钻头旋转。

3. 钻井液循环系统

钻井液循环系统是由钻井泵、地面管汇、立管、水龙带、钻井液配制净化处理设备等组成。其主要作用是冲洗净化井底、携带岩屑、传递动力。当采用井下动力钻具钻进时,循环系统提供的高压钻井液,担负着驱动井下涡轮钻具或螺杆钻具带动钻头破碎岩石的任务。钻井泵是循环系统的核心,是钻机的三大工作机之一。

上述三大系统是直接服务于钻井生产的,是钻机的三大工作系统。绞车、转盘、钻井泵称为钻机的三大工作机。

4. 动力系统

动力系统是指为整套钻机提供能量的设备,或是柴油机及其供油设备,或是交流、直流电动机及其供电、保护、控制设备等。

5. 传动系统

传动系统是由连接动力机与工作机之间的各种传动设备组成。其主要作用是将动力传递并合理分配给工作机组。传动系统分为机械传动、液力传动、液压传动、电传动等形式。

6. 控制系统

控制系统由各种控制设备组成。常用的有机械控制、气动控制、电动控制、液动控制和电、气、液混合控制。机械控制设备有手柄、踏板、操纵杆等;电动控制设备有基本元件、变阻器、电阻器、继电器、微型控制等;气动或液动控制设备有气液元件、工作缸等。

7. 钻机底座

底座包括钻台底座和机房底座。钻台底座用于安装井架、转盘,放置立根盒及必要的井口工具和司钻控制台;机房底座主要用于安装动力机组及传动系统设备;由于钻机的结构设计差异,钻井绞车或安装于钻台上或安装于机房底座上。丛式井钻机底座还需增加移动装置等设备以满足丛式井的特殊要求。

8. 辅助设备

成套钻机还有供气设备、辅助发电设备、井控装置及辅助起升设备等,寒冷地区钻井时还配备保温设施,热带多雨地区配备遮阳设施等。

(二)钻井主要设备的基本组成及功用

1. 井架

井架的基本组成是主体、天车台、天车架、二层台、立管平台和工作梯等。其主要功用是安放天车,悬吊游动滑车、大钩、吊环、吊卡、吊钳等起升设备与工具,存放钻具。

2. 天车

天车的基本组成是天车架、滑轮、滑轮轴、轴承及轴承座等。其主要功用是与游动游车组成游动系统。

3. 绞车

绞车是钻机的核心设备,主要由支撑系统、传动系统、控制系统、制动系统、卷扬系统、润滑及冷却系统等组成。其功用是起下钻具和下套管,控制钻压,上卸钻具螺纹,起吊重物和进行其他辅助工作,可作为转盘的变速机构和中间传动机构。

4. 游动滑车

游动滑车的基本组成是上横梁、滑轮轴、侧板组、轴承、下提环及侧护罩等。其主要功用是与天车组成游动系统。

5. 大钩

大钩的基本组成有吊环、吊环销、吊环座、定位盘、弹簧、筒体、钩身、轴承及制动锁紧装置等。其主要功用是：悬挂水龙头和钻具；悬挂吊环、吊卡等辅助工具，可起下钻具和下套管；起吊重物、安装设备或起放井架等。同游动滑车合在一起的大钩习惯上叫游车大钩。

6. 转盘

转盘是一个能把动力机传来的水平旋转运动转化为垂直旋转运动的减速增扭装置。转盘的组成一般包括底座、转台、负荷轴承、防跳轴承、水平轴、大小锥齿轮等。其功用是：在转盘钻井中，传递扭矩、带动钻具旋转；在井下动力钻井中，承受反扭矩；在起下钻过程中，悬挂钻具及辅助上卸钻具螺纹；在固井中协助下套管；承受套管串的重量；协助处理井下事故，如倒扣、套铣、造扣等。

7. 水龙头

水龙头是钻机旋转系统的主要设备，是旋转系统与循环系统连接的纽带。水龙头类型不同，结构不同，但都由固定部分、旋转部分、密封部分组成。其基本组成有壳体、中心管、轴承、冲管、密封填料及密封盒等。其主要功用是：悬挂钻具，承受井内钻具的重力；改变运动形式；循环钻井液。

8. 顶部驱动钻井装置

顶部驱动钻井装置简称顶驱装置，是一套由游车悬持，直接驱动钻具旋转钻进的驱动装置。它将转盘的旋转功能和水龙头功能进行了集合，主要由顶驱装置本体、导轨、电控系统组成。顶驱装置从井架内部空间的上部直接旋转钻柱，并沿固定在井架内的专用导轨向下送钻，完成以立根为单元旋转钻进、循环钻井液、倒划眼、上卸钻杆（单根、立根）、下套管和上卸管柱、实施井控作业等各种钻井操作。

9. 钻井泵

钻井泵是循环系统的心脏。钻井泵类型很多，结构相差很大。常用的是三缸单作用卧式活塞泵。其基本组成有缸体、活塞、吸入阀、排出阀、阀室、吸入管、排出管、曲柄、连杆、活塞杆等。其主要功用是给钻井液加压，提供必要的能量。

10. 动力机

动力机分为柴油机和电动机。柴油机是将柴油燃烧产生的热能转化为机械能的动力设备。电动机是将电能转化为机械能的动力设备，分直流电动机、交流电动机，石油钻井中使用较多的是三相异步交流电动机。

11. 联动机

联动机是指由动力机至工作机的传动装置。其基本组成有并车、减速增矩、变速变矩及方向转换装置等。联动机的主要功用是将动力机发出的动力分配给各工作机。

12. 电控房

电控房的功能就是将输入的发电机或工业电网电能根据需要有控制地输出给井场电气设备。电控房结构根据钻机类型和规格不同而不同，机械钻机的电控房由变压器、开关柜、MCC 柜(电动机控制中心)、电磁刹车柜、空调等组成；电动钻机的电控房由发电机控制柜、传动柜、切换柜、MCC 柜、变压器、电磁刹车柜、空调等组成。

三、钻井工程中的危害因素

钻井生产过程中的危害因素可能来自人的因素、物的因素、环境因素、管理因素或它们的组合。

(一)人的因素

在不安全因素中，人的因素是最重要的。据不完全数据统计，70%～75% 的事故中人为过失是一个决定因素。人的因素可归纳为两个方面。

1. 心理、生理性因素

(1)负荷超限。包括体力负荷超限、听力负荷超限、视力负荷超限等方面。其中体力负荷超限是指易引起疲劳、劳损、伤害等的负荷超限。

(2)健康状况异常。如在伤、病期间，不具备岗位工作要求的情况。

(3)从事禁忌作业。

(4)心理异常。包括情绪异常、冒险心理、过度紧张等方面。

(5)辨识功能缺陷。包括感知延迟、辨识错误等方面。

2. 行为性因素

(1)指挥错误。包括指挥失误、违章指挥等方面。其中指挥错误包括生产过程中的各级管理人员的指挥。

(2)操作错误。包括误操作、违章作业等方面。

(3)监护失误。

(4)其他行为性危害因素。包括脱岗等其他违反劳动纪律的行为。

由于上述人的因素和钻井工程的特殊性决定了其事故的多发性及后果的严重性，事故能否及时消除或得到控制的决定因素也是人。

（二）物的因素

物的因素包括以下几个方面：

1. 物理性因素

（1）设备、设施、工具、附件缺陷。包括强度不够、刚度不够、稳定性差、密封不良、耐腐蚀性差、应力集中、外形缺陷、外露运动件、操纵器缺陷、制动器缺陷和控制器缺陷等方面。比如，高压管汇使用了不合格的管材制作、水刹车的制动力矩不足等。

（2）防护缺陷。包括无防护、防护装置和设施缺陷、防护不当、支撑不当、防护距离不够等方面。比如，司钻控制台的转盘控制手柄无锁定装置、防碰天车装置调整不当或关闭、井场内使用非防爆电气设施等。

（3）电伤害。包括带电部位裸露、漏电、静电和杂散电流、电火花等方面。比如，现场的防水电缆老化导致导线外露等。

（4）噪声。包括机械性噪声、电磁性噪声、流体动力性噪声等。比如，柴油机、发电机组的运转噪声等。

（5）振动危害。包括机械性振动、电磁性振动、流体动力性振动等。比如，柴油机运转产生的振动、联动机运转产生的机械振动等。

（6）电离辐射和非电离辐射。比如，伽马测井、中子测井等测井中的放射源意外辐射，电焊过程中的弧光由紫外线、红外线和可见光组成，属于电磁辐射范畴。

（7）运动物伤害。包括抛射物、飞溅物、坠落物、反弹物、土岩滑动、料堆（垛）滑动、气流卷动和其他运动物体等造成的伤害。比如，员工在高处抛射工具、井架上的附件松脱掉落等。

（8）明火。比如，现场的气焊、气割作业等。

（9）高温物质和低温物质。包括气体、液体、固体等。比如，运转中的柴油机冷却液、锅炉的蒸汽、热水等。

（10）信号缺陷。包括无信号设施、信号选用不当、信号位置不当、信号不清、信号显示不准等方面。比如，吊装作业时的指挥信号错误；起下钻作业时井架工发出的信号不清。

（11）标志缺陷。包括无标志、标志不清晰、标志选用不当和标志位置缺陷等。比如，埋入地表的电缆在地面上没有相应的标志等。

（12）有害光照。包括直射光、反射光、眩光、频闪效应等。

2. 化学性因素

（1）爆炸品。

（2）压缩气体和液化气体。比如，钻机系统的压缩空气、气割用的氧气瓶和乙炔气瓶储存的气体。

（3）易燃液体、易燃固体、自燃物品和遇湿易燃物品。比如，钻井现场油液质量检测仪使用的石油醚等。

（4）氧化剂和有机过氧化物、有毒品、放射性物品、腐蚀品、粉尘与气溶胶等。比如，配置钻井液用的氢氧化钠、电焊粉尘、钻井液材料粉剂、地层中的 CO、H_2S 等有毒有害气体，工艺过程中可能产生的 H_2S 等有毒有害气体等。

3. 生物性因素

生物性因素包括致病微生物、传染病媒介物、致害动物、致害植物。

（三）环境因素

（1）室内作业场所环境不良。包括地面滑、狭窄、杂乱、地面不平整、安全通道缺陷、采光照明不良、空气通风不良、温度、湿度、气压不适和给、排水不良等。比如，材料房内有立放的钢板、地面随意摆放材料、电控房的湿度、温度不符合要求等。

（2）室外作业场所环境不良。包括恶劣气候和环境，场地湿滑，场地狭窄，场地杂乱，场地不平，阶梯或活动梯架缺陷，地面开口缺陷，建筑物和其他结构缺陷，门和围栏缺陷，场地基础下降，安全通道缺陷，安全出口缺陷，光照不良，空气不良，温度、湿度、气压不适，场地涌水等。比如，井场存在有架空或埋地的高低压电力线路、光缆、管线等。

（3）其他作业环境不良。包括强迫体位、综合性作业环境不良等。比如，员工站在水龙头上敲击冲管总成，因其受设备结构限制和作业位置不符合人体工效学要求，极易引起作业人员疲劳或滑跌。有时，在现场环境危害因素不是单一的，而有两种及以上存在且不能分清主次的情况。

（四）管理因素

（1）职业安全卫生组织机构不健全。包括组织机构的设置和人员的配置等。

（2）职业安全卫生责任制未落实。

（3）职业安全卫生管理制度不完善。包括建设项目“三同时”制度未落实、操作规程不规范、事故应急预案及响应缺陷、培训制度不完善和其他职业安全卫生管理规章制度（隐患管理、事故调查处理等制度）不健全等。

（4）职业安全卫生投入不足。

（5）职业健康管理不完善和其他管理因素缺陷等。

第二节　钻井安全监督机构及人员管理

企业应当根据生产经营特点、从业人员数量、作业场所分布、风险程度等实际，配备满足安全监督工作需要的监督人员，并统一管理。

一、安全监督机构与职责

根据《中国石油天然气集团公司安全监督管理办法》（中油安〔2010〕287号）的有关规定，中国石油天然气集团有限公司（以下简称集团公司）及所属企业要按照有关规定设置安全总监（含安全副总监），统一负责集团公司、所属企业安全监督工作的组织领导与协调。油气田、炼化生产、工程技术服务、工程建设等企业应设立安全监督机构，其他企业根据安全监督工作需要可以设立安全监督机构，并为其履行职责提供必要的办公条件和经费；所属企业下属主要生产单位和安全风险较大的单位，根据需要设立安全监督机构；安全监督机构对本单位行政正职、安全总监负责，接受同级安全管理部门的业务指导。

因此，钻井工程技术服务企业必须设置安全监督机构，所属钻井公司根据作业场所分布、风险程度等应设置安全监督机构（如安全监督站）。安全监督机构是本单位安全监督工作的执行机构，主要职责包括制订并执行年度安全监督工作计划；指派或者聘用安全监督人员开展安全监督工作；负责安全监督人员考核、奖惩和日常管理；定期向本单位安全总监报告监督工作，及时向有关部门通报发现的生产安全事故隐患和重大问题，并提出处理建议。

二、安全监督人员的基本条件

钻井安全监督人员应当具有大专及以上学历，从事钻井专业相关的技术工作5年及以上；同时接受过安全监督专业培训，掌握安全生产相关法律法规、规章制度和标准规范，并取得安全监督资格证书；热爱安全监督工作，责任心强，有一定的组织协调能力和文字、语言表达能力。

三、安全监督人员职责

安全监督人员的主要职责是接受委派负责钻井作业现场安全监督，对被监督单位执行法律法规、标准规范和规章制度、操作规程等情况进行监督，查纠“三违”行为，督促隐患整改，执行安全监督日志制度，做好监督记录，定期报告工作情况等。

具体职责主要包括以下内容：

（1）对被监督单位遵守安全生产法律法规、规章制度和标准规范情况进行检查。

（2）督促被监督单位纠正违章行为、消除事故隐患。

（3）及时将现场检查情况通知被监督单位，并向所在安全监督机构报告。

（4）对重点关键施工作业进行监督检查。

（5）安全监督机构赋予的其他职责。

四、安全监督人员实施安全监督的具体权限

（1）在监督过程中，有权进入现场检查、调阅有关资料和询问有关人员。

（2）对监督过程中发现的违章行为，有权批评教育、责令改正、提出处罚建议。

（3）对发现的事故隐患，有权责令整改，在整改前无法保证安全的，有权责令暂时停止作业或者停工。

（4）发现危及员工生命安全的紧急情况时，有权责令停止作业或者停工、责令作业人员立即撤出危险区域。

（5）对被监督单位安全生产工作业绩的考评有建议权。

五、安全监督人员实施安全监督时履行的主要义务

（1）接受安全生产教育和培训，提高自身业务素质。

（2）遵守本单位及被监督单位的有关规章制度，保守商业秘密。

（3）坚持原则、廉洁自律，认真履行安全监督职责，正确行使安全监督权限。

（4）发生突发事件时，主动参与应急抢险和现场救援。

六、安全监督人员主要工作内容

钻井作业安全监督人员分别来自建设单位和施工单位，建设单位即油气田企业，施工单位即承担钻井作业任务的工程技术服务企业。根据《中国石油天然气集团公司安全监督管理办法》（中油安〔2010〕287号）的有关规定，双方安全监督人员的主要职责分别如下。

（1）建设单位（油气田企业）的安全监督人员主要监督下列事项：

① 审查项目施工、工程监理、工程监督等相关单位资质、人员资格、安全合同、安全生产规章制度建立和安全组织机构设立、安全监管人员配备等情况。

② 检查项目安全技术措施和HSE“两书一表”、人员安全培训、施工设备和安全设施、技术交底、开工证明和基本安全生产条件、作业环境等。

③ 检查现场施工过程中安全技术措施落实、规章制度与操作规程执行、作业许可办理、计划与人员变更等情况。

④ 检查相关单位事故隐患整改、违章行为查处、安全费用使用、安全事故（事件）报告及处理情况。

⑤ 其他需要监督的内容。

（2）施工单位（钻井作业服务企业）安全监督人员主要监督下列事项：

① 审查分包商资质、人员资格、安全合同、安全生产规章制度建立和安全组织机构设立、安全监管人员配备等情况。

② 检查作业前危害分析、班组安全活动开展、风险控制与应急措施落实、劳动防护用品配备与使用、规章制度与操作规程执行、事故隐患整改等情况。

③ 检查施工组织、作业条件与环境、技术交底、安全技术措施落实和危害告知等情况。

④ 旁站监督项目开工和特殊作业、关键操作、异常生产情况处理等危险施工，监督作业许可办理和安全措施落实。

⑤ 其他需要监督的内容。

另外，对于划区域巡回监督的现场安全监督人员，主要监督内容如下：

① 现场法律法规、标准规范及规章制度、操作规程和安全指令等执行情况。

② 危害辨识、风险削减及控制措施落实情况。

③ 设备、设施、装置、工具完整性及安全防护措施落实情况。

④ 劳动纪律、工艺纪律和现场标准化、规范化执行情况。

⑤ 培训教育计划落实及特种作业人员持证操作情况。

⑥ 事故隐患整改、重大危险源监控措施落实及应急演练情况。

⑦ 其他需要进行监督的活动。

七、安全监督机构运行管理

安全监督机构要定期对各单位施工作业现场安全监督人员的工作情况进行检查和考核，协调解决监督人员工作中遇到的困难和问题。

（一）安全监督人员的聘任程序

安全监督机构提出聘任监督人员的需求；人事部门会同安全监督机构审查、考核拟聘监督人员；人事部门批准，下达聘任文件或者与受聘监督人员签订聘任合同。

（二）安全监督人员的选派

安全监督机构应根据被监督项目的性质、规模及上级相关要求，委派具备相应资质的安全监督人员实施监督工作。安全监督人员进驻现场前，监督机构应对其进行培训，对重点工作进行提示和要求。

安全监督机构要采取派驻监督方式，对钻井作业现场实施安全监督。高危井、关键作业，建设单位和施工单位都要派驻安全监督人员进行监督。《中国石油天然气集团公司安全监督管理办法》（中油安〔2010〕287号）中要求，以下开发项目，建设单位应当在开工前15

个工作日内，向本企业安全监督机构办理备案，同时建设单位和施工单位所在企业的安全监督机构均应向项目现场派驻安全监督人员：

（1）国家及集团公司重点建设（工程）项目。

（2）重点勘探开发项目。

（3）风险探井、深井及超深复杂井施工项目。

（4）特殊的、复杂的工艺井和高压、高产、高含硫井施工项目。

（5）海上石油建设（工程）项目。

当安排2名或2名以上安全监督人员在同一个项目工作时，安全监督机构应指定其中一名为负责人，并明确各自的监督职责。

（三）安全监督人员的资格培训与资质认可

集团公司对安全监督实行资格认可制度，安全监督人员由所属企业组织审查和申报，经集团公司组织专业培训和考核，合格后颁发安全监督资格证书，取得上岗资格。安全监督资格每3年进行一次考核，考核合格的继续有效，不合格的取消其资格。

（四）安全监督工作的检查与考核

安全监督机构要定期对安全监督人员的日常工作进行检查、考核，每年对安全监督人员至少进行一次综合业绩考评，并根据监督工作的业绩、现场表现与专业水平等考核结果，评定监督人员资质并兑现奖惩。对监督业绩突出、保持安全生产无事故的安全监督人员，要给予表彰奖励。

企业每年对安全监督人员的工作业绩要进行至少一次的考核，考核结果应当作为资格评定和年度考核的依据，对严格履行职责、工作表现突出的，或者在保护人员安全、减少财产损失以及预防事故中取得显著效果的安全监督人员，应当给予表彰奖励。

集团公司对所属企业每年进行一次安全监督工作考核，考核结果作为评选集团公司安全生产先进企业、先进安全监督机构的重要依据。

（五）会议及培训

安全监督机构定期组织召开监督例会，通报安全监督现场工作情况，传达上级文件，对监督工作提出要求。新聘任的安全监督或较长时间未从事监督工作的安全监督重新上岗前，安全监督机构必须对其进行岗前培训。

安全监督机构应定期对安全监督集中业务培训，主要培训内容包括安全监督技能及监督技巧、井控规定、上级要求以及急救、防灾知识等。安全监督机构应对培训考核结果进行评价。

（六）安全监督沟通协调与异议处理

安全监督机构和现场监督人员应建立与被监督单位的工作沟通和协调渠道，通过会议、座谈和情况通报等方式，监督与被监督双方互通工作信息，协调双方的各项工作。需要其他部门和单位支持、配合的，应当通知相关部门和单位，相关部门和单位应当予以支持和配合。

被监督单位或者人员对安全监督结果产生异议的，可以向安全监督人员所在监督机构提出复议。对复议结果仍有异议的，向监督机构所在单位的安全总监申请裁决。提出复议期间及裁决变更之前，不能影响原决定的实施。

第三节　安全监督人员的日常工作

一、监督检查

监督检查的形式可采用巡回检查、专项检查和旁站监督等。安全监督人员主要是对现场进行巡回检查，对关键要害部位进行抽查，对重点施工环节进行旁站监督，发现问题立即整改，及时纠正人的不安全行为，消除物的不安全状态。

安全监督到达井场后应在前三天内进行第一次全面检查，并根据检查情况，每班监督检查施工作业单位对重点要害部位、井控装置及特殊施工作业的安全管理和检查情况。

监督检查主要项点应包括但不仅限于以下内容：

（1）督促井队各岗位对钻机“十一大关键部位”进行检查，包括刹车系统、防碰天车装置、游动系统、传动系统、钻井参数仪表、循环系统、井控装置、电气设备、气路系统、消防系统、锅炉。

（2）检查 HSE 设施，包括安全保护、安全警示、逃生、急救、报警等设施。

（3）检查易燃易爆危险化学品安全状况。

安全监督人员在现场进行安全检查时，应按照安全监督机构规定的监督检查项和检查内容去执行，钻井专业安全监督检查内容可参见附录一。

二、监督日志

安全监督人员应在监督日志中详细记录当日工作情况，做到工作可追溯。安全监督日志记录内容及格式可参见表 1–1。

表 1-1　安全监督日志

日期：	年	月	日	星期：		天气：
井队：		井号：		井深：		工况：
当日主要工作内容：						
发现的问题和采取的措施：						
备注：						

三、监督指令

监督指令是安全监督人员对现场发现的重大或主要安全环保问题的处理决定及在安全环保方面的要求。监督指令具有强制性，被监督单位必须无条件接受并按指令要求执行。对现场良好 HSE 行为的表彰及对安全违章的处罚等都可以用监督指令的形式下达给钻井队。指令的主要内容包括：下发事由、表彰或处罚决定、需要钻井队指令的接收人、整改的事项及具体的整改日期。

四、工作流程和工作方法

各企业的安全监督机构结合机构组织形式、管理特点对安全监督工作流程进行了明确，目的在于做好日常及阶段性重点工作提示，规范安全监督的日、周、月工作流程。安全监督日、周、月工作流程如图 1-1 所示。

现场安全监督人员的大部分日常工作就是对作业现场的人、物、管理以及环境等情况实施监督和日常安全检查，并以监督日志的形式记录下来，据此对发现的隐患做出 HSE 提示，并督促制订安全防范措施，确保被监督单位作业人员的健康和安全。

（一）日常工作流程及内容

1. 现场检查

（1）按照安全监督巡回检查路线进行检查。

（2）检查的内容主要包括设备设施、防护设施、作业过程、应急保障、作业环境、作业风险控制措施，以及 HSE 管理体系和程序、方案的执行情况。

（3）通常需要多次重复、巡回检查来确保覆盖全部现场和涉及所有的方面。

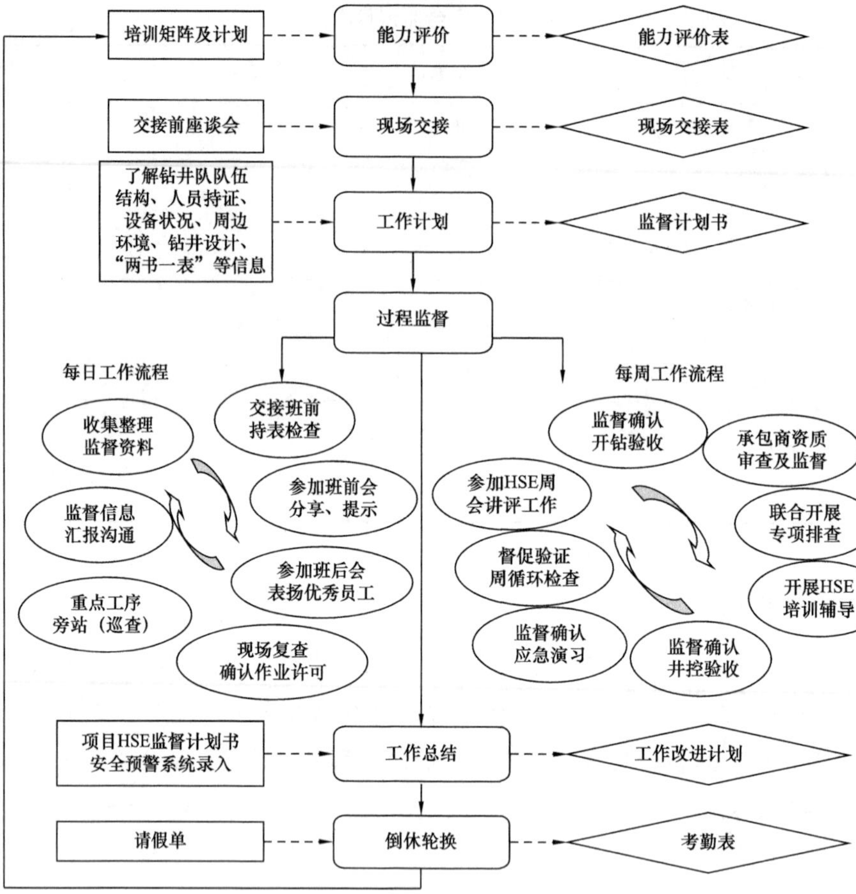

图 1-1　钻井安全监督日、周、月工作流程图

（4）安排时间观察作业人员的行动、注意疏忽和背离的行为。疏忽指的是应当设置防护而未防护或防护不当、应当预见而未预见或预见不准、应当判断而未判断或判断有误、应当行动而未行动或行动不当和不应当行动而盲目行动等。

（5）注意现行的和潜在的不安全行为。

2. 分析现场不安全信息

在分析信息时要注意，安全拥有高于一切的优先权以及对于隐患必须整改，但在安排整改时应立即整改危及人身安全的，对难以立即整改的事故隐患，应制订 HSE 管理方案。

3. 对照相关准则归纳出主要结论

通过分析确定隐患的级别，再按照诱发这些隐患（或事故）的原因即人的不安全行为、物的不安全状态、管理缺陷、环境的不安全条件四个方面来制订纠正与预防措施。

4. 做出安全提示或指令

提示的主要内容包括：详细描述发现的现场隐患及问题，告知存在的潜在风险，概括结论，用实际选择（结合现场实际情况）提出建议，确定需要备用的资源（如果有可能）。

5. 跟踪记录

记录的内容主要包括发现的情况、采取的措施、听到的建议和下一步采取的行动。跟踪事故隐患整改并记录，持续观察。

（二）主要工作方法

（1）安全检查。

（2）安全观察和沟通。

（3）HSE 会议。

（4）安全交接。安全监督人员在进行交接的时候，应详细描述项目名称及工程概况、现场工作简况（发现的事故隐患及"三违"情况）、还未整改的事故隐患及"三违"情况、下一步工作需注意和加强的方面。

（5）安全提示。监督属地单位对进入施工现场的外来人员进行安全提示。根据作业工况确定，尽量提示到位，对所提示的内容及要求进行跟踪检查，看操作中有无与提示不相符的地方，有出入的督促其立即改正。

另外，通过安全监督实践，总结出的查患纠违"二八流程"工作法在引导监督人员规范开展查患纠违工作，化解监管矛盾，履行监督职责方面起到了积极作用。查患纠违"二八流程"如图 1-2 所示。

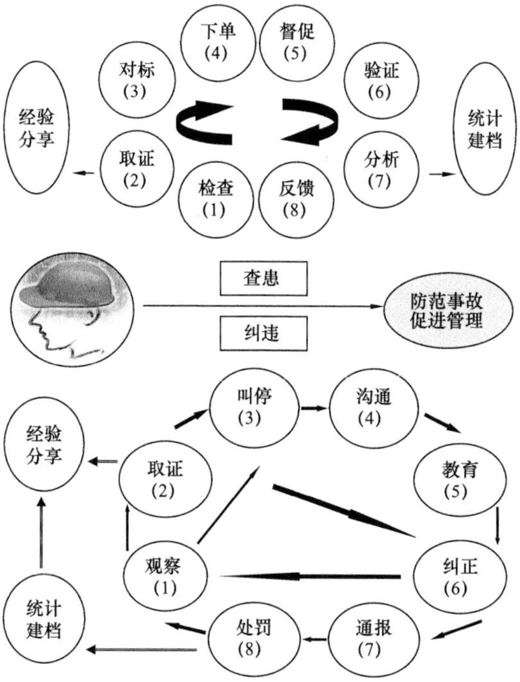

图 1-2　查患纠违"二八流程"图

五、监督确认

（一）班前班后会监督确认

（1）确认当班作业人员配备数量符合作业条件。

（2）确认已经进行了班前预检查。

（3）确认各岗位通报班前预检查情况，司钻交代上一班交接班注意事项。

（4）确认班组任务书安排布置规范，并和作业工况对应。

（5）确认钻井队值班干部对本班任务进行风险识别，制订控制措施。

（6）确认安全监督指令由当班值班干部签字。

（7）确认当班作业人员共同参与了安全经验分享。

（8）确认召开了班后会并做出总结。

（二）关键作业前监督确认

（1）确认钻井队对外来人员进行入场登记并给予安全提示。

（2）确认钻井队新入场和转岗员工经过“三级”教育和培训，并有签名的培训存档记录。

（3）确认钻井队人员持有效证件上岗。

（4）确认进入井场的所有人员正确穿戴劳动和安全防护用品。

（5）确认作业现场安全防护用具、消防器材按要求配置使用。

（6）确认作业现场各种警告提醒标示牌完好，应急通道、逃生路线明确、畅通。

（7）确认值班人员应跟班值班时，坚守在责任区域。

（8）确认进入作业区域的相关方具备安全条件，并确认作业许可证。

（三）关键作业中的监督确认

1. 观察

（1）人的反应。

（2）人的位置。

（3）个人防护装备。

（4）工具和设备。

（5）程序和秩序。

（6）作业环境。

（7）人机工程。

2. 确认

（1）确认施工作业现场人员无不安全行为。

（2）确认施工作业现场不存在物的不安全状态。

（3）确认施工作业现场不存在管理缺陷状况等。

（4）确认施工作业现场环境具备安全条件。

（5）鼓励安全作业方式和安全行为。

（四）关键作业后的监督确认

（1）对事故隐患整改进行跟踪验证，确认被监督单位限期整改，若限期内未整改完成，应查明原因。

（2）对重大事故隐患和问题的整改情况，跟踪验证并及时将整改进度反馈至安全监督机构；整改完成后形成报告反馈给安全监督机构。

（3）对于作业现场不能立即整改的事故隐患，由钻井队或相关部门限期整改完成后，再由现场安全监督予以验证确认，由验证确认人员在事故隐患整改通知单中明确填写整改情况、整改时间、整改负责人和验证情况等内容。

（4）对管理方面的缺陷，确认被监督单位已经制订对应措施进行完善。

六、HSE 培训

HSE 培训是为了提高员工岗位风险辨识与控制能力，满足岗位安全生产需要，所进行的以公司管理规范、程序和操作规程为主要内容，以在岗辅导、演练为主要形式的持续学习与经验分享的行为或过程。

安全教育和培训是做好安全工作的根本，任何好的工作程序、防护设施和操作规程，都只有在工作人员理解的基础上才得以高效实施，因此，安全监督有责任和义务对现场安全教育工作进行督促。

（一）安全宣传栏

安全监督人员应督促钻井队在食堂、会议室、井场出入口等明显位置设立安全宣传栏。安全宣传栏主要内容包括安全政策、目标、安全注意事项（入场须知）、信息通报、安全提示、目前安全业绩和施工公告等。

安全宣传栏可让钻井队员工及相关人员清楚地了解现场安全状况，感觉到每个人对安全负有责任，并有义务为了维护整体的安全业绩而努力。

（二）培训

员工的培训教育是现场负责人和安全管理人员的责任。安全监督督促井队做好 HSE

培训工作，培训内容符合员工岗位需求，确保每位员工经过培训才可上岗工作。

1. 督促钻井队做好员工教育培训工作

（1）监督施工作业单位制订年度安全培训计划并按计划实施，建立培训档案。现场安全监督应查看相关存档的培训文件和培训记录，文件和记录应包含培训内容、参加人员姓名以及培训的日期等。

（2）监督钻井队对新入厂、重新上岗、转岗的员工应经公司、队、班组“三级”安全教育，考试合格后才能上岗实习。

（3）监督钻井队对实习、外来人员、临时劳务工、承包商和其他临时进入钻井作业现场工作的人员，进行相应的 HSE 培训。

（4）监督检查钻井队关键岗位井控操作证的持证、换证和取证情况。

（5）监督钻井队开展日常安全教育。

（6）监督钻井队对关键岗位员工应每年进行一次能力测评，对能力测评不合格者应进行再培训或转岗培训，经考核合格后才能上岗。

2. 检查培训课程是否涵盖规定的内容

根据培训对象的不同，培训课程可包括但不限于以下内容：

（1）人员防护及人员防护设备的正确使用。

（2）作业现场的安全培训。

（3）硫化氢防护。

（4）井控管理。

（5）手动工具和电（气）动工具。

（6）眼睛的防护。

（7）噪声和听觉保护。

（8）应急处置程序。

（9）消防知识和技能。

（10）危险化学品。

（11）紧急救护。

（12）工作许可证课程，包括受限空间、临时用电、高处作业、挖掘作业、吊装作业、动火作业、管线断开、上锁挂牌等。

七、HSE 会议

会议是解决问题、传达信息的一种很好的方式，是有组织、有目的、有计划、有领导地协商解决问题的方法。

安全监督人员应督促钻井队及时召开HSE会议。

（一）会议种类

（1）例会：班前班后会、周例会、月度例会。

（2）专题会议：工作前安全会议、井控工作会议、事故现场会、分析会、检查、审核会议、研讨会等。

（二）会议议程

（1）重提上次会议提出的问题——让所有人都知道。

（2）回顾事故和未遂事件——找出正面改进行为和做法。

（3）回顾所辖区域内发生的主要事故——提纲性的。

（4）至少每月讨论一个安全专题——必要时召集专题会。

（5）指出需要安全培训的建议——提问、取得支持、听取观点和意见、尊重意见、必要时的批评。

（三）会议内容

在钻井作业现场，安全例会一般来说包括班前班后会和周安全例会。班前安全会是通过交接班检查，大家对正在进行的工作有了初步了解，现场安全监督与大家交流，并对下一步工作进行交底和提出要求；周安全例会是钻井队每周的安全生产例会，安全监督对上周的安全监督工作进行总结和评价，并提出下一步监督要求。

以下会议内容仅供现场安全监督参考，在实际工作中应视具体情况而定。

1. 班前、班后会议

班前会一般在班组接班前20min召开，班后会通常在交班后30min内召开。会议由钻井队队长或值班干部主持。

1）班前会流程和要求

班前会主要是做好准备工作：接班前巡岗；交班司钻填写交接班注意事项（在巡岗同时进行）。

（1）安全经验分享。

（2）班组成员汇报巡回检查中存在的问题。

（3）司钻回顾上一班交接班注意事项。

（4）学习相关的程序文件。

（5）司钻传达班组任务书，就任务进行人员分工和对作业安全等做要求。

（6）钻井技术员对任务书详细讲解，提示工作中重点难点，并就作业安全等做出要求。

（7）各负责人和大班解答和落实班组提出的问题，并做出要求。

（8）队领导、值班干部安排相关工作和提要求。

（9）司钻组织岗位人员针对本班任务进行风险识别，制订控制措施，由安全监督、大班、技术人员补充等。

2）班后会流程及要求

（1）班组成员自我工作总结。

（2）班组司钻对班组工作总结。

（3）队领导和各技术、设备负责人总结讲评。

（4）班组学习。

一般生产期间的形势教育会议、技术交底会议等会议的内容就在班组会议上传达和落实。

2. 周安全生产例会

周安全生产例会由钻井队队长主持。会议主要内容是：

（1）本周安全活动完成情况。

（2）本周未整改的事故隐患。

（3）本周事故调查回顾。

（4）安全事故统计分析。

（5）下周安全活动安排。

（6）安全激励。

（7）其他安全事宜。

遇到特殊情况需要召开生产骨干分析、讨论、总结的临时会议。主持人要记录会议的内容，相关负责人在会议记录上签字，以便对任何建议、意见、行为和经验进行跟踪。

3. 注意事项

在召开 HSE 会议时，安全监督依据工作情况，提出安全方面的意见和建议，可从以下方面考虑：

（1）以前工作任务中出现的健康、安全、环境问题和事故。

（2）工作中是否使用新设备、新工艺、新材料等。

（3）工作环境、空间、光线、风向、出口和入口等。

（4）实施此项工作任务的关键环节。

（5）实施此项工作任务的人员是否有足够的知识技能。

（6）是否需要作业许可及作业许可的类型。

（7）是否有严重影响本工作安全的交叉作业。

（8）是否识别出该工作任务关键环节的危害及影响。

（9）是否进行了有效的沟通。

（10）其他对安全有影响的因素。

八、安全监督工作报告、报表

安全监督机构应健全各类监督报告、报表，安全监督应按要求填写有关报告、报表。安全监督报告、报表格式参见附录二。

第二章　钻井专业安全监督工作要点

本章主要描述钻井作业现场常见设备设施监督工作要点，以及钻井作业常见工序和动火、吊装、高处作业等通用作业的工作内容（要求）、控制要点和典型“三违”行为。安全监督应参照各项工作内容和控制要点，督促钻井队各相关岗位人员落实责任，防范“三违”行为，保证各项作业安全措施落实到位。

第一节　设备设施监督工作要点

一、井场布局

（一）主要风险

（1）安全距离不符合规定，发生井喷、硫化氢泄漏等紧急状况时，可导致中毒窒息等伤亡事故。

（2）井场处于山体滑坡、泥石流、低洼等不良地段，可导致人员伤亡设备毁坏事故。

（3）井场内有架空电线，吊装作业时因触电导致人员伤亡事故。

（4）动土挖掘作业触及地下油气管网、电缆等可导致人员伤亡事故。

（5）防污染措施不到位，因下雨、泄漏等导致的环境污染。

（二）监督内容

（1）检查安全距离是否符合要求。

（2）检查井场位置及井场大门方向是否符合要求。

（3）检查营地位置是否符合要求。

（4）检查环保工作、防护工作是否符合要求。

（三）主要监督依据

SY 5225—2012《石油天然气钻井、开发、储运防火防爆安全生产技术规程》；

SY/T 5466—2013《钻前工程及井场布置技术要求》；

SY/T 5974—2014《钻井井场、设备、作业安全技术规程》；

Q/SY 02552—2018《钻井井控技术规范》；

Q/SY 08124.2—2018《石油企业现场安全检查规范　第 2 部分：钻井作业》。

（四）监督控制要点

（1）井场选择、确定的井位是否符合要求。

监督依据标准：SY/T 5466—2013《钻前工程及井场布置技术要求》、SY/T 5974—2014《钻井井场、设备、作业安全技术规程》。

SY/T 5466—2013《钻前工程及井场布置技术要求》：

3.1　井场选择原则

3.1.2　井场应避开滑坡、泥石流等不良地质地段，在河滩、海滩地区应避开汛、潮期进行钻前施工。

3.1.4　满足防洪、防喷、防爆、防火、防毒、防冻等安全要求。

3.1.5　有利废弃物回收处理、声光屏蔽等，防止环境污染。

3.7.1.1　井场应平坦坚实，能承受大型车辆的行驶。

3.2　井位的确定

3.2.2　油、气井井口距高压线及其他永久性设施不小于 75m，距民宅不小于 100m，距铁路、高速公路不小于 200m，距学校、医院和大型油库等人口密集性、高危性场所不小于 500m。在地下矿产采掘区钻井，井筒与采掘坑道、矿井坑道之间的距离不小于 100m。

3.2.3　含硫油气井井场应选在较空旷的位置，宜在前后或左右方向能让盛行风畅通。

SY/T 5974—2014《钻井井场、设备、作业安全技术规程》：

3.2.12　安全间距的要求：

b）一般油气井之间的井口间距不小于 5m；高压、高含硫油气井井口距其他井井口之间的距离大于本井所用钻机的钻台长度，且不小于 8m；丛式井组之间的井口距离不小于 20m。

（2）井场道路是否符合生产使用要求。

监督依据标准：SY/T 5466—2013《钻前工程及井场布置技术要求》。

3.7.2.1　山岭丘陵地区选定井场道路应避开滑坡、泥石流等不良地质地段。

3.7.2.2　通往井场的道路，应满足建井周期内各型车辆安全通行，特别应考虑满足抢险车辆的通行。

3.7.2.7　高含硫油气井还宜修有一条备用应急通道，以便一旦出现硫化氢或二氧化硫的紧急情况下可根据风向选择从现场撤离。

3.7.3.1 对于钻井作业周期较长或雨季钻井施工的井场道路，路面以能使车辆顺利通行为原则并预留会车台，必要时可铺垫碎石、钢渣或废砖等。铺垫宽度不小于4m，高度视路基而定。

3.7.3.2 对通往井场的干线路，路面铺垫宽度不小于8m，高度不小于0.3m，拐弯处路面需加宽1m～2m，边坡比1∶1.25。

3.7.3.3 路拱坡度一般为3%～5%。

3.7.4.3 修筑道路要根据地形合理设置涵洞以利于排水。涵洞顶部覆盖土的深度不得小于0.5m。

（3）井场有效使用面积是否符合要求。

监督依据标准：SY/T 5466—2013《钻前工程及井场布置技术要求》。

3.5.2 各类型钻机井场面积见表1（不含放喷池、燃烧池）。

表1 各类型钻机井场面积

钻机级别	井场面积，m^2	长度，m	宽度，m
ZJ10	≥ 6400	≥ 80	≥ 80
ZJ20	≥ 6400	≥ 80	≥ 80
ZJ30	≥ 8100	≥ 90	≥ 90
ZJ40	≥ 10000	≥ 100	≥ 100
ZJ50	≥ 11025	≥ 105	≥ 105
ZJ70	≥ 13200	≥ 120	≥ 110
ZJ90	≥ 16800	≥ 140	≥ 120

注：井场前后为长，井场左右为宽。

3.5.3 燃烧池和放喷池的设置应符合井控安全要求。实施欠平衡钻井作业的还应在井场右侧增加一个面积不小于1000m^2的燃烧池，在井场左侧增加一个面积不小于1000m^2的放喷池。燃烧池和放喷池的池体高度应在2m以上，池体边缘距井口应在75m以上。

3.5.4 在环境敏感地区，如盐池、水库、河流等，应在右侧增加一个专用的体积不小于200m^2的放喷池，池体边缘距井口应在75m以上。

（4）检查设备、设施的安全距离是否符合要求。

监督依据标准：SY/T 5466—2013《钻前工程及井场布置技术要求》、SY/T 5974—2014《钻井井场、设备、作业安全技术规程》、Q/SY 02552—2018《钻井井控技术规范》、Q/SY 08124.2—2018《石油企业现场安全检查规范　第2部分：钻井作业》。

SY/T 5466—2013《钻前工程及井场布置技术要求》：

4.3.2.1　发电机组和电控房（SCR/MCC）应并排置于井场的后方，与井口的距离不小于30m。

4.5.3　锅炉房距井口应不小于50m，距油罐区应不小于30m。

SY/T 5974—2014《钻井井场、设备、作业安全技术规程》：

3.2.12　安全间距的要求：

c）值班房、发电房、库房、化验室等工作房及油罐区距井口不小于30m，发电房与油罐区相距不小于20m，锅炉房在井口上风方向距井口不小于50m。

e）在草原、苇塘、林区钻井时，井场周围应有防火墙或隔离带，隔离带宽度不小于20m。

Q/SY 02552—2018《钻井井控技术规范》：

5.1.2.1　防喷器远程控制台的控制能力应与所控制的防喷器组合及管汇等控制对象相匹配，并符合以下要求：

a）宜安装在井场左前方、远程控制房距井口不小于25m，周围留有安全通道，10m内不得堆放易燃、易爆、腐蚀物品。

Q/SY 08124.2—2018《石油企业现场安全检查规范　第2部分：钻井作业》：

6.2.8.10　柴油机排气管出口不应朝向油罐区、电力线路，距井口距离不小于15m。

6.2.8.21　在苇塘、草原、林区钻井时，井场应设置防火隔离墙或隔离带，冬季生产锅炉距苇子的距离不小于50m。

（5）检查井场环保、防护工作措施是否合格。

监督依据标准：SY 5225—2012《石油天然气钻井、开发、储运防火防爆安全生产技术规程》、SY/T 5466—2013《钻前工程及井场布置技术要求》、SY/T 5974—2014《钻井井场、设备、作业安全技术规程》、Q/SY 08124.2—2018《石油企业现场安全检查规范　第2部分：钻井作业》。

SY 5225—2012《石油天然气钻井、开发、储运防火防爆安全生产技术规程》：

3.2.5　井场电力装置应按SY/T 5957的规定配置和安装，并符合GB 50058的要求。对井场电力装置的防火防爆安全技术要求包括但不限于：

f）井场距井口30m以内的电气系统的所有电气设备如电机、开关、照明灯具、仪器仪表、电器线路以及接插件、各种电动工具等应符合防爆要求，做到整体防爆。

3.3.1　钻井队应严格执行钻井设计中有关防火防爆和井控的安全技术要求，钻井设计的变更应按规定的设计审批程序进行。

3.3.2　钻台、底座及机、泵房应无油污。

3.3.3　钻台上下及井口周围、机泵房不得堆放易燃易爆物品及其他杂物。

3.3.5　井口附近的设备、钻台和地面等处应无油气聚集。

3.3.6　井场内禁止吸烟。

3.3.7　禁止在井场内擅自动用电焊、气焊（割）等明火。当需动用明火时，执行动火许可手续，并采取防火安全措施。

3.3.10　井场储存和使用易燃易爆物品的管理应符合国家有关危险化学品管理的规定。

3.3.11　钻开油气层后，所有车辆应停放在距井口30m以外。应工作需要进入距离井口30m以内位置的车辆，应采取安装阻火器等相应的安全技术措施。

SY/T 5466—2013《钻前工程及井场布置技术要求》：

3.7.1.3　井场中部应高于四周，以利于排水。

3.7.1.4　井场、钻台下、机房下、泵房下要有通向污水池的排水沟。

3.7.1.5　雨季时，井场周围应挖环形排水沟。

3.7.1.6　井场应有利于污水处理设施的布置。

3.7.1.10　在沙漠布置井场应注重防风、防沙。

3.7.1.11　农田内井场四周应挖沟或围土堤，与毗邻的农田隔开。井场内的污油、污水、钻井液等不得流入田间或水溪。

3.7.5.2　井场内应有良好的清污分流系统。

3.7.5.3　井场后（或右）侧应修建钻井液储备池（罐）。净化系统一侧应修建排污池，配备废液处理装置。振动筛附近应修建沉砂坑。

3.7.5.4　钻井液储备池、排污池、沉砂坑应采取防渗漏及其他防污染措施。

3.7.5.5　发电房和油罐区四周应有环形水沟，并配备污油回收罐。

3.7.5.6　使用油基钻井液的排污池和沉沙坑应满足油基和水基钻屑分开的要求。

SY/T 5974—2014《钻井井场、设备、作业安全技术规程》：

3.2.1 b）　井场周围排水设施应畅通，钻井液沉砂池或废液池周围有截水沟，防止自然水侵入。

5.1.15　各种车辆穿越裸露在地面上的油、气、水管线及电缆时，应采取保护措施。

5.1.16　在井场内施工作业时，应详细了解井场内地下管线及电缆分布情况。

Q/SY 08124.2—2018《石油企业现场安全检查规范　第2部分：钻井作业》：

6.2.8.15　应设置满足需要的废弃物分类收集设施，废弃物定点存放，标识清楚，及时清理。

6.2.8.18　井场及污水池应设围栏圈闭并设置警示牌，在井场后方及侧面开应急门；井场平整，无油污，无积水，清污分流畅通。

6.2.8.22　在河床、海滩、湖泊、盐田、水库、水产养殖场附近进行钻井作业，应设置防洪、防腐蚀、防污染等安全防护设施。

6.2.8.23　农田内井场四周应挖沟或围土堤，与毗邻的农田隔开。

（6）检查井场大门方向及井场安全标识是否齐全符合标准。

监督依据标准：SY 5225—2012《石油天然气钻井、开发、储运防火防爆安全生产技术规程》、SY/T 5466—2013《钻前工程及井场布置技术要求》、Q/SY 08124.2—2018《石油企业现场安全检查规范　第2部分：钻井作业》。

SY 5225—2012《石油天然气钻井、开发、储运防火防爆安全生产技术规程》：

3.1.6　井场应设置危险区域图、逃生路线图、紧急集合点以及两个以上的逃生出口，并有明显标识。

3.2.3　在油罐区、天然气储存处理装置、消防房及井场明显处，应设置防火防爆安全标识。

SY/T 5466—2013《钻前工程及井场布置技术要求》：

3.4.1　大门方向应符合井控安全要求。

3.4.2　布置大门方向应考虑风频、风向。大门方向应面向季节风。一般情况下的井架大门方向要朝南或东南。

Q/SY 08124.2—2018《石油企业现场安全检查规范　第2部分：钻井作业》：

6.2.8.1　含硫油气田的井场大门方向应面向主导风向风；井场大门入口处应设置施工公告牌、入场须知牌、危险区分布、紧急逃生路线图和硫化氢提示牌。

6.2.8.5　井场、远程控制台、消防室、钻台、油罐区、机房、泵房、发电房、危险化学品存放点、净化系统、电气设备等处应设置齐全、醒目的安全标志。

（7）检查管材摆放符合要求。

监督依据标准：Q/SY 08124.2—2018《石油企业现场安全检查规范　第 2 部分：钻井作业》。

6.2.8.11　石油钻井专有管材应摆放在专用支架上，高度不应超过三层，各层边缘应进行固定，排列整齐，支架稳固。

（8）检查营地位置及基础是否符合要求。

监督依据标准：Q/SY 08124.2—2018《石油企业现场安全检查规范　第 2 部分：钻井作业》。

6.2.9.1　营地应设在距井场 300m 外，含硫化氢的井设在主导风向的上方侧，选择环境未受污染、干燥的地方。

6.2.9.2　野营房基础平、稳、牢固，不得摆放在填方上、高岩边及易滑坡、垮塌地带，避开易受洪水冲刷的地方。

6.2.9.3　营区内部通道畅通、平整，应在开阔地带设置紧急集合点，营地区域不得停放私家车辆。

（五）典型“三违”行为

（1）不按规定进行井场布局及设备摆放。

（2）不按规定进行防污染措施。

（六）作业现场常见未遂事件和典型事故案例

钻井队环境污染事件：

1. 事故经过

2012 年 7 月 26 日，某钻井队在农田内施工作业时，突然下起大雨，由于雨势过大造成井场内雨水外流，流入附近农田造成污染。

2. 主要原因

雨势过大井场收污不及时，井场所围土堤有一处被冲毁。

3. 吸取教训

雨季在农田施工时做好收污工作，保证污水坑有一定的收污量，将土堤加固加高。

二、主体设备

（一）主要风险

（1）主体设备安装、检查、维护不到位，附属部件脱落致人伤亡事故。

（2）检查、维护、检修高处设备人员坠落致伤亡事故。

（二）监督内容

（1）监督检查天车、游车、大钩、水龙头、顶驱、井架、底座、绞车、转盘及传动装置等主体设备安装、固定是否符合规定要求。

（2）监督检查井架、顶驱等主体设备是否按规定进行检验。

（3）监督检查主体设备日常检查、使用是否符合相关要求。

（三）主要监督依据

GB 4053.3—2009《固定式钢梯及平台安全要求　第3部分：工业防护栏杆及钢平台》；

SY/T 5974—2014《钻井井场、设备、作业安全技术规程》；

SY/T 6586—2014《石油钻机现场安装及检验》；

SY/T 6680—2013《石油钻机和修井机出厂验收规范》；

Q/SY 1648—2013《石油钻探安全监督规范》；

Q/SY 02018—2017《顶驱使用和维护保养规范》；

Q/SY 08124.2—2018《石油企业现场安全检查规范　第2部分：钻井作业》。

（四）监督控制要点

（1）监督检查天车安装固定、检查保养、防护栏、防碰缓冲装置是否合格。

> 监督依据标准：GB 4053.3—2009《固定式钢梯及平台安全要求　第3部分：工业防护栏杆及钢平台》、SY/T 6586—2014《石油钻机现场安装及检验》、SY/T 6680—2013《石油钻机和修井机出厂验收规范》、Q/SY 1648—2013《石油钻探安全监督规范》。
>
> GB 4053.3—2009《固定式钢梯及平台安全要求　第3部分：工业防护栏杆及钢平台》：
>
> 5.2.2　在距基准面高度大于等于2m并小于20m的平台、通道及作业场所的防护栏杆高度应不低于1050mm。
>
> 5.2.3　在距基准面高度不小于20m的平台、通道及作业场所的防护栏杆高度应不低于1200mm。

5.4.1　在扶手和踢脚板之间,应至少设置一道中间栏杆。

5.5.1　防护栏立柱间距应不大于1000mm。

5.6.1　踢脚板顶部在平台地面之上高度应不小于100mm,其底部距地面应不大于10mm。

SY/T 6586—2014《石油钻机现场安装及检验》:

5.2.2.2　天车安装

检查挡绳板与滑轮外缘间隙应为7mm～10mm,两绳槽一一对应。

SY/T 6680—2013《石油钻机和修井机出厂验收规范》:

7.2.9.8.1　天车架底部应设置防止游动系统与天车碰撞的缓冲装置(例如:木质块或橡胶等)如果缓冲装置是木制的,应使用保护网或其他方法将其包裹起来,以避免木制碎片的掉落。

7.2.9.8.2　防跳槽装置

天车、游车滑轮应设置防止钻井钢丝绳跳槽的装置。

7.2.9.8.3　天车架周围应安装有防护栏杆,并在底板周围设置高度不小于200mm的挡脚板。各种辅助滑轮应设有防坠落保护链(索)。

Q/SY 1648—2013《石油钻探安全监督规范》:

表B.1　钻井设备安全监督检查项和检查内容

天车:

(1)在地面安装时,天车滑轮安装有拦绳杆;天车防松、防跳槽设施齐全,固定牢固;护罩无明显变形、磨损、偏磨,护栏、踢脚板齐全。

(2)安装在天车上的辅助滑轮固定牢固。

(3)井架工定期检查保养并填好记录。

(2)监督检查井架、底座及钻台连接固定、护栏、二层台配备安全带、井架绷绳、死绳固定器是否符合要求。

监督依据标准:SY/T 5974—2014《钻井井场、设备、作业安全技术规程》、SY/T 6680—2013《石油钻机和修井机出厂验收规范》、Q/SY 1648—2013《石油钻探安全监督规范》、Q/SY 08124.2—2018《石油企业现场安全检查规范　第2部分:钻井作业》。

SY/T 5974—2014《钻井井场、设备、作业安全技术规程》:

5.1.10　井架任何部位不应放置工具及零配件。

5.1.11　井架上的各承载滑车应为开口链环型或为有防脱措施的开口吊钩型。

5.1.12 各处钢斜梯与水平面倾角成 40°～50°，固定牢靠；踏板呈水平位置；两侧扶手齐全牢固。

SY/T 6680—2013《石油钻机和修井机出厂验收规范》：

7.2.7.9 HSE 检验

井架二层天处应设有固定安全带的装置和用于紧急情况下人员逃生的设备，每根指梁上应设有保护链。在井架主题上的各种辅助滑轮，应固定牢靠并设有防坠落保护链（索）。距离钻台面 2m 以上高度的所有固定螺栓和照明灯具应设置有防坠落装置。

Q/SY 1648—2013《石油钻探安全监督规范》：

表 B.1 钻井设备安全监督检查项和检查内容

井架及底座：

（1）井架、井架底座结构件连接螺栓、弹簧垫、销子及保险别针齐全紧固，各种滑轮定期润滑。

（2）井架、井架底座结构件平、斜拉筋安装齐全平直、无扭斜、变形。

（3）井架、井架底座结构件无严重腐蚀，井架笼梯及护栏齐全、可靠。

（4）照明充足，防爆灯固定牢固并拴有保险链。

（5）二层台、三层台、立管平台上护栏齐全，固定牢固，无明显损坏和断裂，无异物，井架上使用的工具栓有保险绳。

（6）二层台操作平台拉绳规格符合要求，绳径与绳卡匹配。

（7）二层台配有两套安全带。

（8）大门坡道无明显变形，挂钩齐全，安装牢固，拴有保险绳。

（9）钻台护栏齐全，下方安装有挡脚板，缺口部位加有防护链。

（10）沙漠地区及寒冷地区冬季施工时，钻台和二层台安装有围布，且围布完好、拴牢；在含硫化氢油气层钻进时有通风措施。

（11）井架绷绳坑位于井架对角线的延长线上，绷绳与地面夹角不小于 40°，绷绳坑间距不小于 3m（不含 K 型井架）。

（12）井架绷绳采用 ϕ22mm 的钢丝绳（中间无对接），两端分别采用 4 支与绳径相符的绳卡卡牢，绳卡间距为钢丝绳直径的 6～8 倍，使用规范的双环正反调节螺栓绷紧。

（13）死绳固定器及稳绳器安装牢固，挡绳杆、压板及螺栓、螺帽和并帽齐全，大绳在死绳固定器上的缠绕圈数符合产品使用说明。

（14）正常情况下新井架运行 5 年后进行首次检测；使用 5 年以上的井架每 3 年检测一次；使用 10 年及以上的钻机每年进行一次检测报告。

Q/SY 08124.2—2018《石油企业现场安全检查规范　第 2 部分：钻井作业》：

表 B.1　钻井设备安全检查项目及要求

井架及底座：

n）钢丝绳与井架无碰剐。

（3）监督检查游车及大钩的螺栓、销子护罩、吊环及保险绳是否符合要求。

监督依据标准：SY/T 6586—2014《石油钻机现场安装及检验》、Q/SY 1648—2013《石油钻探安全监督规范》。

SY/T 6586—2014《石油钻机现场安装及检验》：

5.2.3.2 a）　吊环无明显变形、裂纹；吊环应带保险绳，保险绳应采用不小于 ϕ12.7mm 的钢丝绳。

Q/SY 1648—2013《石油钻探安全监督规范》：

表 B.1　钻井设备安全监督检查项和检查内容

游车及大钩：

（1）游车及大钩的螺栓、销子及护罩齐全紧固。

（2）大钩转动、伸缩灵活，锁紧装置无异常。

（3）吊环保险绳齐全、无异常。

（4）监督检查水龙头运转情况，以及水龙带保险绳是否符合要求。

监督依据标准：SY/T 6586—2014《石油钻机现场安装及检验》、Q/SY 1648—2013《石油钻探安全监督规范》。

SY/T 6586—2014《石油钻机现场安装及检验》：

5.2.3.2　水龙头、吊环的安装

c）水龙带应加装安全链，两端分别固定在水龙头鹅颈管支架和立管弯管上。

d）气动上扣器应固定牢靠，加保险绳，气动上扣器外壳采用不小于 ϕ12.7mm 的钢丝绳与水龙头外壳连接牢靠。

Q/SY 1648—2013《石油钻探安全监督规范》：

表 B.1　钻井设备安全监督检查项和检查内容

水龙头：

（1）水龙头转动灵活，润滑油和钻井液不渗漏。

（2）水龙带缠绕 ϕ12.7mm 钢丝绳作保险绳，绳圈间距为 0.8m，两端分别固定在水龙头鹅颈管支架和立管弯管上，并用绳卡卡牢。

（3）水龙头旋扣器及其气管线固定牢固、保险绳齐全。

（5）监督检查转盘及传动装置的固定、安全防护是否合格。

监督依据标准：Q/SY 1648—2013《石油钻探安全监督规范》。

Q/SY 1648—2013《石油钻探安全监督规范》：

表 B.1　钻井设备安全监督检查项和检查内容

转盘：

（1）固定、调节螺栓齐全、无异常。

（2）万向轴连接螺栓齐全，安装有防松装置。

（3）转盘及大方瓦锁紧装置工作正常。

（6）监督检查顶驱电控房、导轨、管缆安装是否符合要求。

监督依据标准：SY/T 5974—2014《钻井井场、设备、作业安全技术规程》、Q/SY 1648—2013《石油钻探安全监督规范》、Q/SY 02018—2017《顶驱使用和维护保养规范》。

SY/T 5974—2014《钻井井场、设备、作业安全技术规程》：

5.4.5.1　顶驱导轨上端通过耳板与天车底梁相连，并有一条安全链；顶驱导轨下端与固定在井架下段或人字架之间的反扭矩梁固定连接。导轨各段连接牢固可靠。

5.4.5.2　顶驱装置液压管线连接正确、紧固，无泄漏；电路连接正确、安全。

Q/SY 1648—2013《石油钻探安全监督规范》：

表 B.1　钻井设备安全监督检查项和检查内容

顶驱：

（1）顶驱导轨无明显变形、裂纹，导轨连接销及 U 型卡锁销齐全无松动。

（2）顶驱导轨底端至钻台面距离不小于 2m。

（3）顶驱主体各连接件及紧固件无松动，锁销齐全有效。

Q/SY 02018—2017《顶驱使用和维护保养规范》：

6.8　井架内大钳绳索、井架起升大绳、水龙带等不应与顶驱及游动管缆相干涉。

7.1.2.5　管缆安装应平顺，无交叉、无扭结，避免与井架及其他设备发生干涉。

7.1.4.5　顶驱在井架范围内沿导轨上下滑动时，应避免各部件与井架内横梁、斜拉筋等干涉，各管缆应正常游动。

9.2.1.2　电控房门、控制柜门可靠密封、无变形，有效防尘。

9.2.1.4　电气接线、发讯、联锁功能正常。

9.2.2.2　电缆外皮无破损。

9.2.2.3　室外电缆连接处应做好防水处理。

（7）监督检查绞车固定、活绳头、护罩、传动装置、刹车、防碰装置、大绳排绳器是否符合要求。

监督依据标准：SY/T 6586—2014《石油钻机现场安装及检验》、Q/SY 1648—2013《石油钻探安全监督规范》、Q/SY 08124.2—2018《石油企业现场安全检查规范　第2部分：钻井作业》。

SY/T 6586—2014《石油钻机现场安装及检验》：

5.2.2.4　绞车安装

基本要求：

a）绞车与绞车梁连接牢靠，绞车及其传动系统的护罩齐全完好，固定牢靠。

b）绞车带式刹车装置：

1）刹把灵活，气刹灵敏，刹车后刹把与钻台面的夹角为40°～50°，气压表完好、灵敏、正确；

2）刹把完全松开的情况下，调节刹带与刹车毂之间的间隙至3mm～6mm，各处间隙应均匀。

c）绞车液压盘式刹车装置：

1）检查液压源、操作柜和控制柜内部等管路连接正确，安全钳、工作钳接头应具备唯一性，整个系统无泄漏；

2）检查所有刹车钳的连接销轴、弹簧卡销、回位弹簧是否连接正确；

3）检查刹车盘及刹车块的磨损情况，其厚度达到使用说明书中的极限值时应更换；

4）检查刹车间隙，工作钳刹车块与刹车盘之间单边间隙不大于1mm，安全钳刹车块与刹车盘之间单边间隙不大于0.5mm；

5）反复活动刹车手柄，检查刹车钳缸运动，近端压力表与远端压力表的指示应正常；

6）按下紧急刹车按钮，观察安全钳压力是否为零，工作钳压力是否为工作压力，同时观察安全钳与工作钳是否刹车；

7）检查刹车盘冷却水循环回路是否畅通；

e）辅助刹车安装：

1）辅助刹车安装牢靠，不渗不漏；

2）电磁刹车或伊顿刹车找平找正后，与滚筒轴的同轴度公差不大于ϕ0.4mm，刹车离合器摘挂灵活；

3）气动推盘式刹车找平找正后，以安装轴为基准，同轴度公差不大于ϕ0.5mm，刹车动作灵敏可靠。

Q/SY 1648—2013《石油钻探安全监督规范》：

表B.1　钻井设备安全监督检查项和检查内容

绞车及安全装置：

（1）底座固定螺栓齐全，安装有并帽。

（2）绞车滚筒上的活绳头用绳卡固定牢固。

（3）当大钩下放至钻杆跑道时，绞车滚筒上钢丝绳缠绕圈数符合本型钻机的使用说明。

（5）传动轴、滚筒轴固定螺栓及并帽齐全，无明显松动，各种操作杆无明显变形、松动，排档把手安装有锁销。

（7）盘式刹车液压站油箱油面在油标尺刻度范围内。

（8）盘式刹车滤油器无堵塞，蓄能器压力大于4MPa。

（10）风冷式电磁刹车工作正常，无法使用时应停止下钻作业。

（15）起升大绳及绞车钢丝绳无扭曲、无打结和锈蚀；每股断丝少于2根，钢丝绳直径减少量达到7%时报废，无扭结、变折、塑性变形、麻芯脱出、受电弧高温灼伤等影响钢丝绳性能的指标。

Q/SY 08124.2—2018《石油企业现场安全检查规范　第2部分：钻井作业》：

表B.1　钻井设备安全检查项目及要求

绞车及安全装置：

d）绞车排绳器应采用ϕ12.7mm钢丝绳作拉绳，两端连接可靠，滑轮转动灵活；绞车检修、保养或测井时，应切断气源或停掉动力，总车手柄应固定好并挂牌，指定专人看护。

g）离合器螺栓、保险销、摩擦片齐全，连接牢固，摩擦间隙不大于4mm。

h）猫头应平滑无槽，固定牢固、无变形。

j）刹带曲轴套无旷动、调整可靠，安装防松装置。

k）刹带剩余厚度不小于18mm，刹带钢带及两端销孔无旷动。

l）刹带惰轮完好，刹带下方无杂物和油污。

m）刹车鼓磨损量不大于12.5mm、无龟裂，冷却水道畅通。

n）平衡梁销子垫片、开口销齐全，支撑固定可靠，润滑良好、转动灵活，两端调整平衡。

o）盘式刹车液压站油箱油面在油标尺刻度范围内，油温应低于60°。

q）盘式刹车工作钳刹车块厚度大于12mm，动作灵活。

t）冷却风机不工作情况下不应使用风冷电磁刹车。

u）风冷电磁刹车当环境温度高于40℃，出风口温度高于90℃时，应暂停使用。

v）风冷电磁刹车接线前，用500V兆欧表检查风机电机绕组及刹车励磁线圈对地绝缘电阻，电阻值应大于1MΩ（电器设备）。

（8）监督检查防碰天车装置是否符合规定要求（插拔式防碰天车器是否符合制造厂商使用要求）。

> 监督依据标准：SY/T 5974—2014《钻井井场、设备、作业安全技术规程》、SY/T 6586—2014《石油钻机现场安装及检验》、Q/SY 1648—2013《石油钻探安全监督规范》。
>
> SY/T 5974—2014《钻井井场、设备、作业安全技术规程》：
>
> 5.4.6.1 过卷式防碰天车：过卷阀的拨杆长度和位置依游车上升到工作所需极限高度时钢丝绳在滚筒上缠绳位置来调整（依据使用说明书或现场设备要求）；气路应无泄漏，臂杆受碰撞时，反应动作灵敏，总离合器、高低速离合器同时放气，刹车气缸或液压盘式刹车应立即动作，刹住滚筒。
>
> 5.4.6.2 重锤式或机械式防碰天车：阻拦绳距天车梁下平面距离依据使用说明书或现场设备要求安装，引绳采用直径6.4mm钢丝绳，松紧合适；不扭、不打结，不与井架、电缆干涉；灵敏、制动速度快。
>
> 5.4.6.3 安装了数码防碰装置的，其数据采集传感器应连接牢固，工况显示正确，动作反应灵敏准确。
>
> SY/T 6586—2014《石油钻机现场安装及检验》：
>
> 5.2.2.4 每套钻机至少应有两套不同形式的防碰系统，两套系统设置的安全距离应调整一致。
>
> Q/SY 1648—2013《石油钻探安全监督规范》：
>
> 表B.1 钻井设备安全监督检查项和检查内容
>
> 绞车及安全装置：
>
> （11）过卷阀安装位置与防碰点重合，且灵敏可靠。
>
> （12）机械防碰天车开关重锤，灵敏可靠，防碰天车的引绳用直径为6. 4mm的钢丝绳，上端固定；中段不与井架、电缆摩擦；下端用开口销连接，松紧适当，重砣大小适度，悬吊位置符合产品说明。挡绳距天车滑轮间距：4500m以上钻机为6m～8m，2000m～4500m钻机为4m～5m。
>
> （13）防碰天车工作时高低速离合器放气正常，刹死时间小于1s。
>
> （14）数码防碰天车，屏显清晰，数字与实际相符，且报警灵敏。

（五）典型“三违”行为

（1）设备护罩不齐全不牢固。

（2）绞车刹车，防碰失灵。

（3）违章操作设备。

(4)设备安装不牢固。

(六)作业现场常见未遂事件和典型事故案例

钻井队顶驱连接销断裂事件:

1. 事故经过

2013年5月13日,某钻井队正在进行完井通井起钻作业。当起到第二柱加重钻杆时,井架工王某发现第三节顶驱滑轨连接销窜出销孔大约5cm。当即通知司钻立即停止起钻作业。检查确认是前连接销断裂,随后更换新连接销,恢复起钻作业。

2. 主要原因

顶驱连接销疲劳损伤,造成断裂。

3. 吸取教训

(1)严格交接班检查和岗位巡回检查制度,要求井架工每班在接立柱前或起下钻作业过程中随时对滑轨连接处进行检查。

(2)发现有问题的连接销要及时更换。在拆、装时一旦发现有裂痕或磨损,要及时更换新销子,杜绝事故的发生。

三、司钻操作台(室)、指重表及仪表

(一)主要风险

(1)未按要求开启正压防爆设施,发生可燃气体泄漏时,导致火灾、爆炸事故。

(2)司钻操作不当,导致井口人员或井架工伤亡事故。

(3)未按照操作规程操作,导致顶天车或下砸事故。

(4)未按操作规程操作,导致井下复杂事故。

(二)监督内容

(1)监督检查司钻操作台、仪表的安装是否符合要求。

(2)监督检查操作台各控制阀、钻井仪表、监控系统是否工作正常。

(3)监督检查各仪表是否按规定进行定期检验。

(三)主要监督依据

SY/T 6586—2014《石油钻机现场安装及检验》;

SY/T 7075—2016《石油钻修井指重表校准方法》;

Q/SY 1648—2013《石油钻探安全监督规范》;

Q/SY 08124.2—2018《石油企业现场安全检查规范　第2部分:钻井作业》。

（四）监督控制要点

（1）监督检查司钻操作台固定、各阀件、仪表状态以及是否符合防爆要求。

> 监督依据标准：Q/SY 1648—2013《石油钻探安全监督规范》。
>
> 表 B.1　钻井设备安全监督检查项和检查内容
>
> 司钻操作台（室）：
>
> （1）司钻操作台（室）固定牢固，箱内阀件、管线连接可靠，司钻定期检查并有记录。
>
> （2）仪表、阀件齐全，标识清楚，阀件无锈蚀、卡滞，高寒地区冬季有保温措施。
>
> （3）电动钻机司钻操作台均使用防爆电器。

（2）监督检查钻井仪表、显示器、工业电视监控系统安装、使用与维护是否符合要求。

> 监督依据标准：SY/T 6586—2014《石油钻机现场安装及检验》、SY/T 7075—2016《石油钻修井指重表校准方法》、Q/SY 1648—2013《石油钻探安全监督规范》、Q/SY 08124.2—2018《石油企业现场安全检查规范　第 2 部分：钻井作业》。
>
> SY/T 6586—2014《石油钻机现场安装及检验》：
>
> 4.3.9　钻机配套的所有防上碰下砸装置及二层台摄像头调试合格后，方可进行游吊系统提升试验。
>
> 5.2.6.2　监测显示仪表系统安装
>
> a）基本要求：
>
> 1）仪器仪表安装的位置应便于观看，要防止意外损坏；固定时应用避振和减振措施。
>
> 2）钻井仪表的安装位置不应妨碍司钻观察井口的视线；指重表应正对司钻；其他指示仪表应根据其连续观察的重要性逐次安排。
>
> b）技术要求（以数字仪表为例）：
>
> 1）钻井监视仪的安装：钻井监视仪内部应装有正压防爆系统，安装在Ⅰ区（包括Ⅰ区）以下的危险场所，并置于钻台上有利于司钻观察、不影响司钻操作的地方，应尽可能避免雨水和钻井液淋湿。
>
> 3）计算机系统的安装：计算机系统应安装在安全区，一般安装在钻井工程师或井队办公室。在连接电缆时，置于露天的接插件应采取防护措施。
>
> SY/T 7075—2016《石油钻修井指重表校准方法》：
>
> 10. 复校时间间隔
>
> 指重表校准时间间隔应该根据实际使用情况确定，建议不超过 12 个月。修理后或更换部件的指重表建议重新校准。
>
> Q/SY 1648—2013《石油钻探安全监督规范》：

> 表 B.1　钻井设备安全监督检查项和检查内容
>
> 指重表及仪表：
>
> (1)指重表的固定不与井架钻台直接接触。
>
> (2)指重表记录仪安装牢固,传压器、管线无渗漏,装有记录纸且工作正常。
>
> (3)钻井参数仪等各类仪表定期校检。
>
> Q/SY 08124.2—2018《石油企业现场安全检查规范　第 2 部分:钻井作业》:
>
> 表 B.1　钻井设备安全检查项目及要求
>
> 指重表及仪表:
>
> c)指重表应按周期校验,记录仪工作正常。

(五)典型"三违"行为

(1)阀件检查不到位。

(2)指重表不灵敏、准确造成事故。

(3)仪表不准确或失灵。

(六)作业现场常见未遂事件和典型事故案例

钻井队绞车失控事件:

1. 事故经过

2014 年 4 月 27 日,某钻井队在下钻过程中,绞车电机按程序减速,距离转盘剩余一个单根高度时,绞车通信突然失去信号,钻具迅速下落,司钻急按紧急刹车,吊卡在距离转盘 5m 处停下,此时人员已撤离至安全区域,未造成人员伤害及设备损毁。

2. 主要原因

设备突发通信故障,造成游车失速。

3. 吸取教训

(1)对自动化较高的设备更要预防控制系统发生意外,司钻操作注意力要集中,确保出现突发情况能及时刹住车。

(2)井口人员除进行操作外,应撤离至安全区域,吊卡停稳后人员再接近井口。

四、井口工具及附件

(一)主要风险

(1)B 型大钳、液压大钳配合操作不当致人伤亡。

（2）操作小绞车不当或吊钩未挂牢，提升重物意外脱落致人伤亡。

（3）未按要求使用卡瓦和安全卡瓦，导致钻铤等落井事故。

（二）监督内容

监督检查 B 型大钳、液压大钳、小绞车、吊卡、卡瓦、安全卡瓦等井口工具是否符合安全使用要求。

（三）主要监督依据

SY/T 5049—2016《钻井和修井卡瓦》；

SY/T 5074—2012《石油钻井和修井用动力钳、吊钳》；

SY/T 5974—2014《钻井井场、设备、作业安全技术规程》；

Q/SY 1648—2013《石油钻探安全监督规范》；

Q/SY 08124.2—2018《石油企业现场安全检查规范　第 2 部分：钻井作业》。

（四）监督控制要点

监督检查 B 型大钳、动力钳（液压大钳）、小绞车、吊卡、卡瓦、安全卡瓦等井口工具是否符合要求。

监督依据标准：SY/T 5049—2016《钻井和修井卡瓦》、SY/T 5074—2012《石油钻井和修井用动力钳、吊钳》、SY/T 5974—2014《钻井井场、设备、作业安全技术规程》、Q/SY 1648—2013《石油钻探安全监督规范》、Q/SY 08124.2—2018《石油企业现场安全检查规范　第 2 部分：钻井作业》。

SY/T 5049—2016《钻井和修井卡瓦》：

6.2.4　要求动力卡瓦气缸（或液压缸）上升到最高时，其顶部最高处露出转盘面应小于 380mm，卡瓦体上、下开口最小直径比相应的扶正耐磨环直径至少大 40mm。

6.6　控制方式要求

气控系统或液压控制系统的控制阀应安装在司钻操作台上进行控制，控制管线露出钻井平台表面的数量不应超过 3 根。

6.7　外观及防腐要求

卡瓦表面不允许有明显毛刺与锐角，非配合外表面应涂漆。

6.8　安全要求

气控系统或液压控制系统的控制管线中应设置气动（液压）控制截止装置，预防气源（液压源）突然停止供应或误操作可能引发的事故。

6.10　动力卡瓦系统的密封性要求

动力卡瓦在最大工作压力的1.25倍压力下，整个动力卡瓦系统的接头及连接处应无渗漏。

SY/T 5074—2012《石油钻井和修井用动力钳、吊钳》：

5.2.7　开口型动力钳主钳应配有安全门。

5.2.14　动力钳应有牢固、清晰的操作标志和安全标志。

SY/T 5974—2014《钻井井场、设备、作业安全技术规程》：

5.4.3.1　大钳的钳尾销应齐全牢固，小销应穿开口销，大销与小销穿好后应加穿保险销。

5.4.3.2　B型大钳的吊绳用直径13mm钢丝绳，悬挂大钳的滑车其公称载荷应不小于30kN。滑车固定用直径13mm的钢丝绳绕2圈卡牢。大钳尾绳用直径22mm的钢丝绳固定于尾绳桩上。

5.4.3.3　液气大钳的吊绳用直径16mm的钢丝绳，两端各卡3只绳卡。

5.4.3.4　液气大钳移送气缸固定牢固，各连接销应穿开口销，高低调节灵敏，使用方便。

5.4.3.5　悬挂液气大钳的滑车其公称载荷应不小于50kN。

Q/SY 1648—2013《石油钻探安全监督规范》：

表B.1　钻井设备安全监督检查项和检查内容

井口工具及附具：

（1）B型大钳、液气大钳尾绳固定牢固，不与井架大腿相连。

（2）B型大钳、液气大钳大小尾绳销及保险销齐全。B型大钳吊绳直径为ϕ12.7mm、尾绳直径为ϕ22mm，液压大钳吊绳直径为ϕ15.9mm。

（3）气动（液动）小绞车安装牢固、钢丝绳排列整齐、无断丝。

（4）气动（液动）小绞车起重钢丝绳滚筒活绳头采用绳卡卡牢。

（5）吊卡本体无明显裂纹。

（6）卡瓦、安全卡瓦本体无明显裂纹，手柄齐全牢固，销子、卡瓦牙板、弹簧、保险链齐全，灵活好用。

Q/SY 08124.2—2018《石油企业现场安全检查规范　第2部分：钻井作业》：

表B.1　钻井设备安全检查项目及要求

井口工具：

d）风动（液动）绞车起重钢丝绳采用绳卡卡牢，固定滑轮采用钢丝绳绕两圈卡牢。

e）风动绞车油雾器油量满足施工要求。

f）吊卡活门、弹簧、保险销工作灵活。

g）吊卡手柄固定可靠。

h）吊卡磁性销子拴绳牢固。

（五）典型“三违”行为

（1）井口工具未按规定进行完整性检查。

（2）小绞车钢丝绳排列不整齐。

（3）卡瓦牙上泥饼不及时清理。

（六）作业现场常见未遂事件和典型事故案例

牛头吊卡轴销窜出事件：

1. 事故经过

2015 年 9 月 20 日，某钻井队甩钻具时，井架工发现牛头吊卡轴销窜出，下放后对轴销进行紧固，未导致人身伤害和设备损坏事故发生。

2. 主要原因

牛头吊卡长时间使用，轴销磨损严重窜出。

3. 吸取教训

（1）加强岗位巡检，设备使用前必须进行检查，发现隐患及时整改。

（2）对吊环吊卡等井口工具，定期进行检测探伤。

五、泵房、固控设备

（一）主要风险

（1）高压钻井液刺漏致人伤亡。

（2）钻井泵空气包错充氧气等介质，导致爆燃、爆炸事故。

（3）钻井泵安全阀未设定在规定范围内，导致蹩泵，高压管线爆裂飞出致人伤亡。

（4）循环罐罐面有敞口，人员意外掉入导致伤亡。

（5）固控设备日常检查不到位，线缆破损，导致触电事故。

（6）安装、拆卸护栏操作不当，人员意外坠落导致伤亡。

（二）监督内容

（1）监督检查钻井泵、泄压管线、高压管线、循环罐、梯子、护栏和固控设备安装固定是否符合要求。

（2）监督检查泵房区域、循环罐人员通道是否符合安全要求。

（三）主要监督依据

GB 4053.2—2009《固定式钢梯及平台安全要求　第 2 部分：钢斜梯》；

SY/T 5974—2014《钻井井场、设备、作业安全技术规程》;

SY/T 6871—2012《石油钻井液固相控制设备安装、使用、维护和保养》;

SY/T 7088—2016《钻井泵的安装、使用及维护》;

Q/SY 1648—2013《石油钻探安全监督规范》;

Q/SY 08124.2—2018《石油企业现场安全检查规范 第2部分:钻井作业》。

(四)监督控制要点

(1)监督检查钻井泵、高压管汇的安装、固定、使用、检修是否符合要求。

监督依据标准:SY/T 5974—2014《钻井井场、设备、作业安全技术规程》、SY/T 7088—2016《钻井泵的安装、使用及维护》、Q/SY 1648—2013《石油钻探安全监督规范》、Q/SY 08124.2—2018《石油企业现场安全检查规范 第2部分:钻井作业》。

SY/T 5974—2014《钻井井场、设备、作业安全技术规程》:

5.7.1.7 钻井泵拉杆箱内不得有障碍物。

5.7.1.10 泵压力表清洁、读数准确;机房、泵房应均能看到读数。

5.7.2.1 高低压阀门组应安装在水泥基础上。

SY/T 7088—2016《钻井泵的安装、使用及维护》:

5.6.1.1 吸入管线的配置要求

c)不应把放喷管线回流接入吸入管线。

5.6.2 放喷管线的安装

5.6.2.1 放喷管线与水平方向之间应具有不小于3°的向下倾角(海上钻井平台可不适用本条)。

5.6.2.3 吸入罐上的固定管夹应固定牢靠。

5.6.2.5 钻井泵排出管路与安全阀之间不应安装任何型式的阀门。

5.6.2.6 上紧所有螺栓,砸紧所有活接头。

5.6.3.1 钻井泵排出口与排出管线连接紧固。

5.6.3.2 高压软管活接头两端应有安全链或安全绳。

5.6.3.3 排出管线应支撑牢固。

6.1.3 排出空气包充气

排出空气包按制造商的规定充入一定压力的氮气或空气,不应充入氢气、氧气等易燃、易爆气体。充气结束后应关闭截止阀,不应在钻井泵工作时打开截止阀观察压力表。

6.1.5 安全阀放喷压力调整

根据钻井泵内所装缸套规格,参照钻井泵铭牌上相应缸套的额定压力,设定安全阀的放喷压力。

Q/SY 1648—2013《石油钻探安全监督规范》：

表 B.1　钻井设备安全监督检查项和检查内容

钻井泵：

（1）钻井泵安装平稳牢固，润滑油油面在油标尺刻度范围内。

（2）运转部位护罩齐全、无明显松动。

钻井泵安全阀：

（1）钻井泵安全阀杆灵活无阻卡，且定期检查、保养，并记录在检保牌上。

（2）钻井泵安全阀垂直安装，戴有护帽。剪销式安全阀销钉安装位置与钻井泵缸套的额定压力相符；弹簧式安全阀开启压力为钻井泵缸套额定压力的 105%～110%。

（3）钻井泵安全阀溢流口排出管线采用不小于 ϕ76mm 的无缝钢管，其出口通往钻井液池或钻井液罐，出口弯管大于 120°，两端有保险措施。

钻井泵空气包：

（1）钻井泵空气包顶部装有压力表，闸阀工作正常。

（2）钻井泵空气包充气压力为泵工作压力的 20%～30%。

高压管汇：

（1）地面高压硬管线无刺漏，安装在水泥基础上，基础间隔 4m～5m，用地脚螺栓卡牢。

（2）高压软管无明显破损，其两端用直径不小于 15.9mm 的钢丝绳缠绕后与相连接的硬管线接头卡固，或使用专用软管卡卡固。

（3）管汇闸阀丝杆护帽、手柄齐全，润滑良好，开关灵活。

其他要求：

寒冷地区，安全阀、管线、阀件有保温措施。

Q/SY 08124.2—2018《石油企业现场安全检查规范　第 2 部分：钻井作业》：

表 B.1　钻井设备安全检查项目及要求

钻井泵：

c）钻井泵十字头及滑板应润滑良好。

d）喷淋泵应润滑良好，不刺、不漏；水箱清洁，无污物，工作正常。

e）检修钻井泵时，应关闭断气阀，在钻台控制钻井泵的气源开关上悬挂“有人检修、禁止合闸”的警告牌，电动钻机应在控制房内挂锁，关闭电源。

（2）监督检查循环罐、振动筛、除气器、除砂器、除泥器、离心机、液面自动报警装置、钻井液灌注装置、搅拌器等设备安装使用是否符合安全要求。

监督依据标准：GB 4053.2—2009《固定式钢梯及平台安全要求 第2部分：钢斜梯》、SY/T 5974—2014《钻井井场、设备、作业安全技术规程》、SY/T 6871—2012《石油钻井液固相控制设备安装、使用、维护和保养》、Q/SY 1648—2013《石油钻探安全监督规范》、Q/SY 08124.2—2018《石油企业现场安全检查规范 第2部分：钻井作业》。

GB 4053.2—2009《固定式钢梯及平台安全要求 第2部分：钢斜梯》：

4.2.1 固定式钢斜梯与水平面的倾角应在30°～75°范围内，优选倾角为30°～35°。偶尔性进入的最大倾角宜为42°。经常性双向通行的最大倾角宜为38°。

4.2.2 在同一梯段内，踏步高与踏步宽的组合应保持一致。

5.2.1 斜梯内侧净宽度单向通行的净宽度宜为600mm，经常性单向通行及偶尔双向通行净宽度宜为800mm，经常性双向通行净宽度宜为1000mm。

5.2.2 斜梯内侧净宽度应不小于450mm，宜不大于1100mm。

5.3.1 踏板的前后深度应不小于80mm，相邻两踏板的前后方向重叠应不小于10mm，不大于35mm。

5.3.2 在同一梯段所有踏板间距应相同。踏板间距宜为225mm～255mm。

5.3.3 顶部踏板的上表面应与平台平面一致，踏板与平台间应无空隙。

5.3.4 踏板应采用防滑材料或至少有不小于25mm宽的防滑突缘。

SY/T 5974—2014《钻井井场、设备、作业安全技术规程》：

5.8.1.3 振动筛至钻台及钻井液罐应安装0.8m宽的人行通道；钻井液罐上应铺设用于巡回检查的网状钢板通道，通道内无杂物，护栏齐全、紧固、不松动。靠循环罐两侧应安装1.05m高的护栏，人行通道和护栏应坚固不摇晃。

5.8.1.4 上、下钻井液罐组的梯子不少于3个。

5.8.1.5 钻井液净化设备的电器应由持证电工安装，电动机的接线牢固、绝缘牢固。

5.8.1.6 安装在钻井液罐上的除泥器、除砂器、除气器、离心机及混合漏斗应与钻井液罐可靠地固定。振动筛找平、找正后，应用压板固定。

5.8.1.7 振动筛、除砂器、除泥器、除气器、离心机、搅拌器安装牢固，传动部分护罩齐全、完好；设备运转正常，仪表灵敏准确；连接管线，旋流器管线不泄漏，设备清洁。

5.9.1 自浮式液面报警器固定牢靠，标尺清楚，定位正确，气路畅通，气开关和喇叭正常。

5.9.2 感应式液面报警器固定牢靠，定位正确，反应灵敏，电路供电可靠，蜂鸣器灵活好用。

5.10.3.8 钻台、井架、机泵房、机房、发电房及钻井液循环系统的电气设备及照明器具应符合防爆要求。

5.12.4.2　机房、泵房、钻井液循环罐上的照明灯具应高于工作面(罐顶)1.8m 以上，其他部位灯具应高于地面 2.5m 以上。

SY/T 6871—2012《石油钻井液固相控制设备安装、使用、维护和保养》：

11.1.2　连接管线应进行密封试验，管线中应设置安全阀。

11.1.4　操作手柄应伸出钻井液罐面，且不阻碍安全通道。

11.2.3　使用中供液管线中最少应打开两只以上泥浆枪。

Q/SY 1648—2013《石油钻探安全监督规范》：

表 B.1　钻井设备安全监督检查项和检查内容

罐体：

(1)循环系统罐面平整，盖板稳固，栏杆、过道干净、畅通，无严重锈蚀、明显破损。

(2)上下钻井液净化系统的梯子不少于 2 个，安装稳固，坡度合适，扶手光滑。

振动筛：

使用防爆电机，传动部分护罩齐全、稳固。

液面自动报警装置：

(1)钻井液液面报警装置安装正确、灵敏可靠，按规定设置液面上、下报警限值。

(2)每个循环罐均安装有直读液面标尺。

钻井液灌注装置：

(1)钻井液灌注装置配有专用计量罐，计量刻度标示清楚。

(2)钻井液灌注装置管线连接正确。

除砂、除泥、除气器：

(1)除砂器、除泥器、除气器安装正确，运转部位护罩齐全。

(2)真空除气器排气管线接出井场 15m 以远。

离心机：

离心机安全保护装置可靠，护罩齐全。

搅拌器：

搅拌器电机护罩齐全，齿轮箱无渗油。

Q/SY 08124.2—2018《石油企业现场安全检查规范　第 2 部分：钻井作业》：

表 B.1　钻井设备安全检查项目及要求

罐体：

a)罐体各种阀件工作正常。

振动筛：

a)振动筛安装牢固，润滑良好，工作正常，不外溢钻井液，筛网选用、安装正确。

（五）典型“三违”行为

（1）检修钻井泵未切断动力源。

（2）钻井泵安全阀安全销钉安装位置不符合要求。

（3）离心机未停稳就打开护罩。

（六）作业现场常见未遂事件和典型事故案例

钻井队钻井泵高压管线弯脖活接头脱扣事件：

1. 事故经过

2015 年 4 月 10 日，某钻井队正在进行钻进作业，副司钻巡检时听到“噗”的一声，发现 2 号钻井泵高压管线弯脖活接头脱扣，未造成人员受伤。

2. 主要原因

2 号钻井泵高压活接头长时间使用老化、锈蚀严重。

3. 吸取教训

加强员工巡检及设备维护保养工作，发现隐患，立即整改。强化日常培训，提高员工风险辨识能力。

六、机房设备

（一）主要风险

（1）机房设备日常检查不到位，运转发生松脱、断裂飞出致人伤亡。

（2）气压过大，安全阀失效，管线爆裂致人伤亡。

（3）机房设备、管线漏油、防冻液致环境污染。

（二）监督内容

（1）监督检查柴油机及传动装置、供气系统、发电机、梯子、护栏安装是否符合要求。

（2）监督检查安全阀、压力表、气瓶是否按规定进行检验。

（3）监督检查电气设施是否符合安全使用要求。

（三）主要监督依据

Q/SY 1648—2013《石油钻探安全监督规范》；

Q/SY 08124.2—2018《石油企业现场安全检查规范　第 2 部分：钻井作业》。

（四）监督控制要点

（1）监督检查柴油机、传动装置、护罩、护栏、梯子等安装、固定、使用和防污染措施是否符合安全要求。

监督依据标准：Q/SY 1648—2013《石油钻探安全监督规范》、Q/SY 08124.2—2018《石油企业现场安全检查规范　第2部分：钻井作业》。

Q/SY 1648—2013《石油钻探安全监督规范》：

表B.1　钻井设备安全监督检查项和检查内容

柴油机：

（1）柴油机零部件及护罩齐全、完整。

（2）各仪表齐全、完好且定期检定合格。

（3）柴油机底座搭扣及连接螺栓齐全、无明显松动。

（4）柴油机排气管安装有灭火装置，并且排气管出口不能对油罐。

（5）柴油机设备停用或检修时有挂牌；冬季停用时将机体内油水放净，寒冷地区停用期间用压缩空气将水吹扫干净。

柴油机及传动装置：

（1）有回油回收装置。

（2）无油、气、水渗漏。

其他要求：

（1）各传动部位护罩齐全完好，无明显松动。

（2）机房四周护栏、梯子齐全，无明显松动；扶手光滑。

（3）机房四周排水沟畅通，底座下无油污、无积水。

Q/SY 08124.2—2018《石油企业现场安全检查规范　第2部分：钻井作业》：

表B.1　钻井设备安全检查项目及要求

柴油机：

c）柴油机自动控制装置完好。

d）柴油机加压式水箱盖应齐全、可靠。

传动装置：

a）变矩器、耦合器工作可靠、正常，充油调节阀工作正常，与柴油机工作同步，无卡滞。

b）变矩器、耦合器油箱液面符合技术要求，散热良好。

d）传动轴应润滑，固定牢固，皮带齐全并保持松紧合适，护罩齐全完好、紧固变矩器和耦合器。

（2）监督检查供气系统空气压缩机、储气瓶、压力表、保险阀、阀件、管线连接是否符合安全要求。

监督依据标准：Q/SY 1648—2013《石油钻探安全监督规范》、Q/SY 08124.2—2018《石油企业现场安全检查规范　第2部分：钻井作业》。

Q/SY 1648—2013《石油钻探安全监督规范》：

表B.1　钻井设备安全监督检查项和检查内容

空气压缩机：

空气压缩机传动护罩齐全完好，无明显松动。

储气瓶：

（1）储气瓶各阀门，一、二级压力表及管线齐全完好，无泄漏；储气瓶及保险阀定期校验。

供气系统管线：

供气系统管线安装牢固，寒冷地区冬季有防冻保温措施。

Q/SY 08124.2—2018《石油企业现场安全检查规范　第2部分：钻井作业》：

表B.1　钻井设备安全检查项目及要求

其他：

c）电动机接线应牢固，补偿器应灵活好用，铁壳开关完好，接地电阻不应超过4Ω。

d）电动压风机各部位螺栓应紧固，靠背轮连接完好，风扇皮带松紧合适，护罩齐全完好、紧固。

供气系统管线：

b）供气系统各阀件工作灵敏、可靠。

（3）监督检查发电机的固定、护罩、管线连接、仪表、接地、防污染措施是否符合安全要求。

监督依据标准：Q/SY 1648—2013《石油钻探安全监督规范》、Q/SY 08124.2—2018《石油企业现场安全检查规范　第2部分：钻井作业》。

Q/SY 1648—2013《石油钻探安全监督规范》：

表B.1　钻井设备安全监督检查项和检查内容

发电机：

（1）发电机组固定螺栓、护罩齐全、紧固，油、水管线应连接完好，不渗漏；设施清洁，摆放整齐。

（2）各仪表齐全、完好且定期检定合格。

（3）发电机中性点、发电房及零母排的接地可靠，接地电阻定期测量且有记录。

（4）发电房四周排水沟畅通，内外无油污，无积水；废油池无渗漏。

Q/SY 08124.2—2018《石油企业现场安全检查规范　第2部分：钻井作业》：

表B.1　钻井设备安全检查项目及要求

发电机：

e）发电机中性点、发电房及零母排的接地可靠，接地电阻不大于4Ω。

（五）典型“三违”行为

（1）运转部位护罩不齐全牢固。

（2）管线出现漏油、漏气、漏水等现象。

（六）作业现场常见未遂事件和典型事故案例

钻井队柴油机启动马达螺丝断裂事件：

1. 事故经过

2013年12月3日，某钻井队一班司机赵某准备启动3号柴油机做防冻跑温工作。在进行完启动前的油水检查和盘车工作后，打开气源总阀供气，进行启动车时，忽然听到启动马达处传来“嘣”的声响，立即终止作业进行检查，发现启动马达座螺栓断裂，气管线弯头甩出。由于及时终止作业并且启动处没人，未造成人员和设备的损伤。

2. 主要原因

启动马达座螺栓松动，在突然受到扭矩的作用下发生断裂。

3. 吸取教训

（1）严格落实巡回检查及交接班制度。

（2）提升岗位工作的细节管理，提高岗位员工的风险意识。

七、井控设备

（一）主要风险

（1）井控设备安装时，人员高空作业坠落导致伤害事故。

（2）井控设备试压时，井控设施、管线试压爆裂导致人员伤害。

（3）井控设备工作异常，发生井控险情关井失效，导致井喷失控事故。

（二）监督内容

（1）监督检查防喷器组、远程控制台、节流压井管汇、液气分离器等井控设施安装、固定是否符合要求。

（2）监督检查井控设备试压是否符合安全规定。

（3）监督检查井控设备的日常检查、维护是否符合规定。

（三）主要监督依据

SY 5225—2012《石油天然气钻井、开发、储运防火防爆安全生产技术规程》；

SY/T 5974—2014《钻井井场、设备、作业安全技术规程》；

Q/SY 02552—2018《钻井井控技术规范》；

Q/SY 1648—2013《石油钻探安全监督规范》；

Q/SY 08124.2—2018《石油企业现场安全检查规范　第 2 部分：钻井作业》。

（四）监督控制要点

（1）监督检查防喷器组、手动锁紧装置、闸门和保护伞安装是否符合要求。

> 监督依据标准：Q/SY 02552—2018《钻井井控技术规范》、Q/SY 1648—2013《石油钻探安全监督规范》。
>
> Q/SY 02552—2018《钻井井控技术规范》：
>
> 5.1.1.2　防喷器安装完毕后，应校正井口、转盘、天车中心，其偏差不大于 10mm。用 ϕ16mm 钢丝绳在井架底座的对角线上将防喷器绷紧固定。
>
> 5.1.1.3　闸板防喷器应配备手动或液压锁紧装置。具有手动锁紧机构的防喷器应装齐手动操作杆，靠手轮端应支撑牢固，手动锁紧操作杆应便于操作，并安装计数装置，手动操作杆上应挂牌标明开关圈数及开关方向。
>
> Q/SY 1648—2013《石油钻探安全监督规范》：
>
> 表 B.1　钻井设备安全监督检查项和检查内容
>
> 防喷器组：
>
> （2）防喷管线闸门开关灵活，挂牌齐全，编号及开关状态正确。
>
> （3）防喷器组安装有保护伞。

（2）监督检查司钻控制台、压力表、控制阀件手柄的安装、固定是否符合要求。

> 监督依据标准：Q/SY 02552—2018《钻井井控技术规范》、Q/SY 1648—2013《石油钻探安全监督规范》。
>
> Q/SY 02552—2018《钻井井控技术规范》：
>
> 5.1.2.2　司钻控制台应安装在有利于司钻操作的位置并固定牢固；司钻控制台上不安装剪切闸板控制手柄。

5.1.2.3　宜安装防喷器与钻机提升系统刹车联动防提安全装置，其气路与防碰天车气路并联。

Q/SY 1648—2013《石油钻探安全监督规范》：

表 B.1　钻井设备安全监督检查项和检查内容

司钻控制台：

（1）司钻控制台固定牢固，安装位置符合本型钻机要求。

（2）司钻控制台压力表、控制阀件、手柄齐全完好，压力表定期检定合格。

（3）监督检查液压管线连接、保护措施、备用管线的防尘、防腐措施是否符合要求。

监督依据标准：Q/SY 1648—2013《石油钻探安全监督规范》。

表 B.1　钻井设备安全监督检查项和检查内容

液压管线：

（1）液压管线连接无渗漏。

（2）液压管线、气管束设置有防碾压保护装置。

（3）备用液压管线有防尘防腐措施。

（4）监督检查远程控制台检查记录、压力、油质、油位、管线和各阀状态是否符合使用要求。

监督依据标准：Q/SY 02552—2018《钻井井控技术规范》、Q/SY 1648—2013《石油钻探安全监督规范》。

Q/SY 02552—2018《钻井井控技术规范》：

5.1.2　防喷器控制装置

5.1.2.1　防喷器远程控制台的控制能力应与所控制的防喷器组合及管汇等控制对象相匹配，并符合以下要求：

b）液控管线与放喷管线应保持一定距离，在穿越汽车道、人行道等处应用防护装置实施保护；不应在管排架上堆放杂物和以其作为电焊接地线或在其上进行焊接作业。

c）电源应从发电房或配电房用专线直接引出，并用单独的开关控制。

d）总气源应从气源房单独接出，并配置气源排水分离器；气管缆应沿管排架安放在其侧面的专门位置上，剩余的管缆盘放在靠远程台附近的管排架上，不允许强行弯曲和压折。

e）蓄能器压力达到规定值，远程控制台与司钻控制台上的储能器压力仪表读数误差不大于 1MPa，管汇压力及环形压力仪表读数误差不大于 1MPa。

f)环形在中位，闸板在工作位置，控制剪切闸板的手柄应安装防止误操作的限位装置，控制全封闸板的手柄应安装防止误操作的防护罩。

g)远程房备用接口应使用金属丝堵封堵，管排架液压管线备用接口应防护。

Q/SY 1648—2013《石油钻探安全监督规范》：

表 B.1　钻井设备安全监督检查项和检查内容

远程控制台：

(1)远程控制台每班定期检查且有记录。

(2)远程控制台环形防喷器和管汇压力为 10.5MPa，储能器压力为 17.5MPa～21MPa，充氮压力为 7MPa±0.7MPa，气源压力为 0.65MPa～0.8MPa。

(3)远程控制台油箱油量在油标尺范围内。

(4)司钻控制台、远程控制台的全封闸板安装有防误操作装置。

(5)远程控制台的剪切闸板安装有防误操作的定位销。

(5)监督检查节流管汇和控制箱各阀门、压力表、液气管线连接、运转是否符合标准或所在油气田的井控细则。

监督依据标准：Q/SY 02552—2018《钻井井控技术规范》、Q/SY 1648—2013《石油钻探安全监督规范》。

Q/SY 02552—2018《钻井井控技术规范》：

5.1.3.6　防喷管线、节流管汇和压井管汇上压力表安装、使用要求：

a)配套安装截止阀。

b)使用高、低量程抗震压力表，低压量程表处于长关状态。

c)压力表定期检测，并有检测合格证。

5.1.3.7　节流控制箱摆放在钻台上靠立管一侧，阀位开度 3/8～1/2，气源压力 0.65MPa～1.00MPa。

Q/SY 1648—2013《石油钻探安全监督规范》：

表 B.1　钻井设备安全监督检查项和检查内容

节流管汇和控制箱：

(1)节流管汇压力级别符合设计要求，各闸门开关灵活、状态正确，挂牌齐全。

(2)节流管汇和控制箱压力表齐全，定期检定合格。

(3)节流管汇和控制箱液气管线连接规范。

(4)节流管汇和控制箱工作无异常。

(5)节流控制箱和节流管汇旁设置有最大关井套压提示井口试压值、当前钻井液密度和当前最高关井压力值。

（6）监督检查压井管汇单流阀、压力表、管汇连接是否符合使用要求。

监督依据标准：Q/SY 1648—2013《石油钻探安全监督规范》。

表 B.1　钻井设备安全监督检查项和检查内容

压井管汇：

（1）压井管汇装有单流阀，且标明方向。

（2）压井管汇压力表齐全，定期检定合格。

（3）反循环压井管线与压井管汇连接可靠。

（4）配备有压井短节，并有防堵措施。

（7）监督检查井控管线规格、安装固定、布局是否符合标准或所在油气田的井控细则。

监督依据标准：Q/SY 02552—2018《钻井井控技术规范》。

5.1.3.1　防喷管线、放喷管线和钻井液回收管线应使用经探伤合格的管材，额定工作压力大于35MPa的防喷管线应采用金属材料，35MPa及以下压力等级防喷器所配套的防喷管线及钻井液回收管线可以使用同一压力等级的高压耐火软管线；含硫油气井的井口管线及管汇应采用抗硫的专用管材。

5.1.3.2　防喷管线应采用标准法兰连接，不应现场焊接，压力等级与防喷器压力等级匹配，长度超过7m应固定牢固。

5.1.3.3　钻井液回收管线出口应接至钻井液罐并固定牢靠，转弯处角度大于120°，其通径不小于节流管汇出口通径。

5.1.3.4　放喷管线安装要求：

a）放喷管线通径不小于78mm。

b）放喷管线不应在现场焊接。

c）布局要考虑当地季节风向、居民区、道路、油罐区、电力线及各种设施等情况。

d）两条管线走向一致时，应保持间距大于0.3m，并分别固定。

e）管线宜平直接出井场，行车处应有过桥盖板。其下的管线应无接头；转弯处应使用角度不小于120°的铸（锻）钢弯头或90°带抗冲蚀功能的弯头。

f）管线出口应接至距井口75m以上的安全地带；含硫油气井的放喷管线出口应接至距井口100m以上的安全地带。

g）管线每隔10m～15m、转弯处两端、出口处用水泥基墩加地脚螺栓或地锚或预制基墩固定牢靠；若跨越10m宽以上的河沟、水塘等障碍，应支撑牢固。

h）水泥基墩的预埋地脚螺栓直径不小于20mm，长度不小于0.5m。

5.1.3.5　井口四通的两侧应接防喷管线，每条防喷管线应各装两个闸阀，其中一只应直接与四通相连，宜处于常开状态。

(8)监督检查钻井液液气分离器安装、管线连接、压力表、保险阀、点火装置是否符合标准或所在油气田的井控细则。

监督依据标准:SY 5225—2012《石油天然气钻井、开发、储运防火防爆安全生产技术规程》、SY/T 5974—2014《钻井井场、设备、作业安全技术规程》、Q/SY 02552—2018《钻井井控技术规范》、Q/SY 1648—2013《石油钻探安全监督规范》。

SY 5225—2012《石油天然气钻井、开发、储运防火防爆安全生产技术规程》:

3.2.6

f)井场应配备自动点火装置,并备有手动点火器具。

SY/T 5974—2014《钻井井场、设备、作业安全技术规程》:

7.2.4.2 安全泄压阀出口应朝向井场外侧,不应接泄压管线。

7.2.4.3 排液管线接至循环罐上振动筛的分配箱,悬空长度超过6m应支撑固定;管口不应埋在液体中,出口处固定牢固。

7.2.4.4 排气管线按设计通径配置,沿当地季节风风向接至下风方向安全地带。出口处固定牢固并配置点火设备。

Q/SY 02552—2018《钻井井控技术规范》:

5.1.5 液气分离器

5.1.5.1 排气管线(管径不小于排气口直径)接出距井口50m以上有点火条件的安全地带,出口端应安装防回火装置。

5.1.5.2 进液管线通径不小于78mm,可使用35MPa的软管连接。

5.1.5.3 应每3年检测1次。

Q/SY 1648—2013《石油钻探安全监督规范》:

表B.1 钻井设备安全监督检查项和检查内容

钻井液液气分离器:

(1)钻井液液气分离器安装规范;管线连接正确、无泄漏,压力表表盘直径不小于150mm且定期检定合格。

(2)保险阀出口朝向井场外侧。

(3)点火口固定规范,距井口距离不小于50m,排气管线通径不小于150mm。

(9)监督检查井控装置试压、内防喷工具、防喷单根(立柱)和液面报警器是否符合使用标准或所在油气田的井控细则。

监督依据标准:SY/T 5974—2014《钻井井场、设备、作业安全技术规程》、Q/SY 02552—2018《钻井井控技术规范》、Q/SY 1648—2013《石油钻探安全监督规范》、Q/SY

08124.2—2018《石油企业现场安全检查规范　第2部分：钻井作业》。

SY/T 5974—2014《钻井井场、设备、作业安全技术规程》：

5.9.1　自浮式液面报警器固定牢靠，标尺清楚，定位正确，气路畅通，气开关和喇叭正常。

5.9.2　感应式液面报警器固定牢靠，定位正确，反应灵敏，电路供电可靠，蜂鸣器灵活好用。

Q/SY 02552—2018《钻井井控技术规范》：

5.1.4.1　钻具内防喷工具的额定压力与设计中要求的防喷器额定压力相匹配（现场实际安装可高于设计）。

5.1.4.3　油气井钻井作业中，使用转盘钻进的井，准备一根防喷钻杆单根；使用顶驱钻井的井，准备一个防喷立柱。

Q/SY 1648—2013《石油钻探安全监督规范》：

表B.1　钻井设备安全监督检查项和检查内容

其他要求：

（1）井口装置、节流管汇、压井管汇、放喷管线均按设计要求试压合格，有试压记录。

（2）方钻杆装有旋塞阀，定期活动，并在合适位置备有相匹配的旋塞扳手。

（3）在合适位置放置有与井口钻具尺寸一致的钻具止回阀，抢接装置规范。

（4）配有防喷单根，钻具止回阀（或旋塞阀）、与钻铤连接螺纹相符的配合接头。

（5）气层中钻进时，井下钻具中安装有近钻头止回阀（或旁通阀）。

（6）井场配备有自动点火装置或手动点火器材。

Q/SY 08124.2—2018《石油企业现场安全检查规范　第2部分：钻井作业》：

表B.1　钻井设备安全检查项目及要求

井口工具：

j）备用钻具止回阀应灵活可靠，旋塞扳手应与旋塞匹配。

（五）典型“三违”行为

（1）不按要求安装。

（2）不按要求试压。

（六）作业现场常见未遂事件和典型事故案例

防喷器法兰漏钻井液事件：

1. 事故经过

2013 年 6 月 1 日，某钻井队正在进行钻进作业时，当班井架工发现四通与套管头处法兰漏钻井液。

2. 主要原因

防喷器安装标准低，绷绳固定不牢，防喷器晃动过大造成法兰盘螺栓松动，导致漏钻井液。

3. 吸取教训

提高防喷器安装标准，严格交接班检查和岗位巡回检查制度，要求井架工经常对防喷器进行检查，发现问题及时整改。

八、安全设施

（一）主要风险

（1）未按要求使用安全设施，人员高空作业时意外坠落导致伤害。

（2）逃生出口堵塞，发生紧急情况时人员无法逃生导致伤亡。

（3）气体检测装置工作异常，发生有毒有害气体泄漏时，未能及时检测出并发出报警信号致人员伤亡。

（二）监督内容

（1）监督检查登高助力器、紧急逃生装置、速差自控器、气体检测仪、正压式空气呼吸器配备数量是否符合规定。

（2）监督检查各安全设施日常检查是否到位，并始终处于完好待命状态。

（3）监督检查安全设施是否检验合格并在有效期内。

（三）主要监督依据

GB/T 16556—2007《自给开路式压缩空气呼吸器》；

GB 24544—2009《坠落防护 速差自控器》；

SY/T 5087—2017《硫化氢环境钻井场所作业安全规范》；

SY 5225—2012《石油天然气钻井、开发、储运防火防爆安全生产技术规程》；

SY/T 5974—2014《钻井井场、设备、作业安全技术规程》；

SY/T 6277—2017《硫化氢环境人身防护规范》；

SY 7028—2016《钻(修)井井架逃生装置安全规范》；

Q/SY 1648—2013《石油钻探安全监督规范》；

Q/SY 08124.2—2018《石油企业现场安全检查规范　第 2 部分：钻井作业》。

（四）监督控制要点

（1）监督检查逃生设施是否符合规定要求。

监督依据标准：SY/T 6277—2017《硫化氢环境人身防护规范》、SY/T 7028—2016《钻（修）井井架逃生装置安全规范》、Q/SY 1648—2013《石油钻探安全监督规范》、Q/SY 08124.2—2018《石油企业现场安全检查规范　第 2 部分：钻井作业》。

SY/T 6277—2017《硫化氢环境人身防护规范》：

6.4.1　硫化氢环境的工作场所应设置至少两条通往安全区的逃生通道。

6.4.2　逃生通道的设置应符合以下要求：

a）净宽度不小于 1m，净空高度不小于 2.2m。

b）便于通过且没有障碍。

c）设有足够数量的白天和夜晚都能看见的逃离方向的警示标志。

d）逃生梯道净宽度不小于 0.8m，斜度不大于 50°，两侧应设有扶手栏杆，踏步应为防滑型。

SY/T 7028—2016《钻（修）井井架逃生装置安全规范》：

9.1　每套装置至少应配备两副与逃生装置相配套的多功能安全带，井架工在二层操作平台工作时应全过程穿着多功能安全带。

9.2　缓降器不得同水及油品接触，不得遭受其他硬物的挤压、碰撞。

9.3　手动控制器调节丝杠处的两个加油口应适当注油润滑，滑动体、制动块等部位应保持清洁，不得有油污。

9.4　导向绳上不得有油泥和冰瘤。

9.5　导向绳和限速拉绳不得相互缠绕。

9.6　两个手动控制器应始终分别处在二层操作平台和地锚处，每次使用完毕，应把下部手动控制器的防锁警示牌卡在滑动体和制动块之间，防止有人随意关紧下部手动控制器，致使逃生人员不能下滑，上部手动控制器的防锁警示牌应在取下状态，以确保上部手动控制器处在备用状态。

Q/SY 1648—2013《石油钻探安全监督规范》：

表 B.1　钻井设备安全监督检查项和检查内容

紧急逃生装置：

（1）钻台紧急滑梯连接正确，下端采取缓冲措施且无障碍物。

（2）二层台配置紧急逃生装置，手动控制器带有红色标识牌，下端采取缓冲措施且无障碍物。

> （3）配置有上下井架防坠落装置。
>
> Q/SY 08124.2—2018《石油企业现场安全检查规范　第2部分：钻井作业》：
>
> 6.5.1.3　钻台应安装紧急滑梯至地面，下端设置缓冲垫或缓冲沙土，距离下端前方5m范围内无障碍物。
>
> 6.5.1.5　紧急逃生装置着地处应设置缓冲沙坑（缓冲垫），周围无障碍物。

（2）监督检查登高助力器安装规范是否符合要求。

> 监督依据标准：Q/SY 1648—2013《石油钻探安全监督规范》。
>
> 表B.1　钻井设备安全监督检查项和检查内容
>
> 登高助力器：
>
> （1）安装牢固，配重与多数井架工体重相符。
>
> （2）配重滑道使用ϕ15.9mm钢丝绳。
>
> （3）配重滑道与地锚、井架连接处分别用3只绳卡卡牢，卡距应为钢丝绳直径的6倍至8倍。

（3）监督检查速差自控器是否符合使用要求。

> 监督依据标准：GB 24544—2009《坠落防护 速差自控器》。
>
> 5.2.1.1　速差器的外观应平滑，无材料和制造缺陷，无毛刺和锋利边缘。
>
> 5.2.1.2　速差器应带有可防止在下落过程中安全绳被过快抽出的自动锁死装置。
>
> 5.2.1.4　速差器顶端挂点或安全绳末端连接应有可旋转装置。
>
> 5.2.1.5　速差器应有安全绳回收装置确保安全绳独立和自动的回收。
>
> 5.2.1.6　速差器上安全绳出口处应无尖角或锋利边缘。
>
> 5.2.2.2　当钢丝绳作为速差器安全绳使用时直径不应小于5mm。
>
> 5.2.2.3　安全绳末端应有专门用于安装连接器的环眼，绳结不能用来作为安全绳环眼使用。

（4）监督检查空气呼吸器配备及使用是否符合要求。

> 监督依据标准：GB/T 16556—2007《自给开路式压缩空气呼吸器》、SY/T 5087—2017《硫化氢环境钻井场所作业安全规范》、SY/T 6277—2017《硫化氢环境人身防护规范》、Q/SY 08124.2—2018《石油企业现场安全检查规范　第2部分：钻井作业》。
>
> GB/T 16556—2007《自给开路式压缩空气呼吸器》：

5.18.1.4 当气瓶内压力下降至(5.5±0.5)MPa,或当气瓶中剩余气体至少为200L时,警报器应启动报警。

5.18.1.5 警报器启动后,应发出连续声响警报或间歇声响警报,声强应不小于90dB(A),声响频率范围应在2000Hz～4000Hz,连续声响警报的持续时间应不小于15s;间歇警报声响应不小于60s之后,警报器应继续报警,直至气瓶压力降至1MPa为止。

5.23.3 高压气密性

压力变化在1min内应不大于2MPa。

SY/T 5087—2017《硫化氢环境钻井场所作业安全规范》:

8.2.2.3 对所有正压式空气呼吸器应每月至少检查一次,并且在每次使用前后都应进行检查,以保证其维持正常的状态。月度检查记录(包括检查日期和发现的问题)应至少保留12个月。

SY/T 6277—2017《硫化氢环境人身防护规范》:

5.1.2.1 已知含有硫化氢,且预测超过阈限值的场所应至少按以下要求配备:

a)陆上按在岗人员数100%配备,另配20%备用气瓶。

b)海洋石油设施上按定员100%配备,另配20%备用气瓶。

5.1.2.2 预测含有硫化氢的场所或探井井场应至少按以下要求配备:

a)陆上按在岗人员数100%配备。

b)海上钻井设施配备15套。

e)海上录井、测井、工程技术服务队伍等按在岗人员数100%配备。

5.1.5.1 正压式空气呼吸器应存放在易于取用的地点;存放地点应有醒目标志,且清洁、卫生、阴凉、干燥,免受污染和碰撞。

5.1.5.2 应有专人进行维护。

5.1.6.1 正压式空气呼吸器应每年检验一次;气瓶应每三年检验一次,其安全使用年限不得超过15年。

5.1.6.2 检验应由专业的检验检测机构进行,性能应符合出厂说明书的要求。

6.1.1 在已知含有硫化氢的工作场所应至少配备一台空气压缩机,其输出空气压力应满足正压式空气呼吸器气瓶充气要求。

6.1.2 没有配备空气压缩机的工作场所应有可靠的气源。

6.1.4 空气压缩机应布置在安全区域内。

Q/SY 08124.2—2018《石油企业现场安全检查规范 第2部分:钻井作业》:

6.4.3.1 在含硫化氢油气田进行钻井作业时,应按设计配备硫化氢监测仪、正压式空气呼吸器和充气泵。

6.4.3.3 正压式空气呼吸器配备数量：陆上钻井队当班生产班组应每人配备一套，另配备充足的备用空气呼吸器，其他专业现场作业人员应每人配备一套。作业现场应配备充气泵一台。

（5）监督检查气体检测仪配备及使用是否符合要求。

监督依据标准：SY 5225—2012《石油天然气钻井、开发、储运防火防爆安全生产技术规程》、SY/T 5974—2014《钻井井场、设备、作业安全技术规程》、SY/T 6277—2017《硫化氢环境人身防护规范》、Q/SY 08124.2—2018《石油企业现场安全检查规范　第2部分：钻井作业》。

SY 5225—2012《石油天然气钻井、开发、储运防火防爆安全生产技术规程》：

3.2.7 宜在井口附近钻台上、下以及井内钻井液循环出口等处的固定地点设置和使用可燃气检测报警仪器，并能及时发出声、光警报。

SY/T 5974—2014《钻井井场、设备、作业安全技术规程》：

9 欠平衡钻井特殊安全要求

9.5.3 可燃气体监测仪报警浓度的设置：可燃气体监测仪第一级报警浓度值设在可燃气体爆炸下限的25%，第二级报警浓度值设在可燃气体爆炸下限的50%。

9.5.4 现场应连续24h监测可燃气体的浓度变化。

9.5.5 可燃气体监测仪一年鉴定一次，校验应由有资质的机构进行。

9.5.6 可燃气体监测仪性能测试时，对满量程响应时间，报警响应时间和报警精度三个参数应进行精确测量，达标后方可投入使用。

9.5.7 可燃气体监测仪在使用过程中宜每周用标准气样测定一次，在钻进前用标准气样强行测定一次，标准气样应在指定的使用期限内。

9.5.8 可燃气体监测仪用标准气样测定时，应有现场监督，测定记录上应有测定人员和现场监督的签字。

SY/T 6277—2017《硫化氢环境人身防护规范》：

5.2.1.2 在已知含有硫化氢的陆上工作场所应至少配备探测范围为 $0mg/m^3$～$30mg/m^3$（0ppm～20ppm）和 $0mg/m^3$～$150mg/m^3$（0ppm～100ppm）的便携式硫化氢检测仪各2套。

5.2.1.3 在已知含有硫化氢的海上工作场所除按5.2.1.2要求外，还应配备1套便携式比色指示管探测仪和1套便携式二氧化硫探测仪。

5.2.1.4 在预测含有硫化氢的陆上工作场所或探井井场应至少配备探测范围为 $0mg/m^3$～$30mg/m^3$（0ppm～20ppm）和 $0mg/m^3$～$150mg/m^3$（0ppm～100ppm）的便携式硫

化氢检测仪各 1 套。

5.2.1.5　在预测含有硫化氢的海上工作场所或探井井场应至少配备探测范围为 0mg/m^3～30mg/m^3（0ppm～20ppm）和 0mg/m^3～150mg/m^3（0ppm～100ppm）的便携式硫化氢检测仪各 2 套。

5.2.2　便携式硫化氢检测仪应进行报警值设定。

5.2.3.1　便携式硫化氢检测仪应处于随时可用状态。每次检查应有记录，且至少保存一年。

5.2.4.1　在已知含有硫化氢的工作场所至少有一人携带便携式硫化氢检测仪，进行巡回检测。录井仪应能进行连续检测。

5.2.4.2　在预测含有硫化氢的工作场所（如钻井场所、井下作业场所）内至少有一人携带便携式硫化氢检测仪，定时进行巡回检测。录井仪应能进行连续检测。

5.2.4.3　当发现硫化氢泄漏时，应在下风向的工作场所内进行连续检测。

5.2.5　便携式硫化氢检测仪应专人保管，定点存放，存放地点应清洁、卫生、阴凉、干燥。

5.2.6　便携式硫化氢检测仪的检验应符合以下要求：

a）便携式硫化氢检测仪的检验应由具有能力的检定检验机构进行。

b）便携式硫化氢检测仪每年至少检验一次。

c）在超过满量程浓度的环境使用后应重新检验。

Q/SY 08124.2—2018《石油企业现场安全检查规范　第 2 部分：钻井作业》：

6.4.3.2　在含硫作业现场，应配备固定式硫化氢监测仪 1 套，固定式硫化氢监测仪探头设置于方井、钻台、振动筛、钻井液循环罐等硫化氢易泄漏区域，探头安装高度距工作面 0.5m～0.6m。应配备便携式硫化氢监测仪至少 5 台。若设计中预测地层硫化氢浓度超过作业现场在用硫化氢监测仪的量程时，应在现场准备一台量程不小于 1500mg/m^3（1000ppm）的硫化氢监测仪。

6.5.1.1　钻井作业现场应按设计配备可燃气体监测仪、正压式空气呼吸器和呼吸空气压缩机，指定专人管理，定期检查、检定和保养，报警值设置正确、灵敏好用。

（五）典型“三违”行为

（1）二层台逃生装置的导向绳和限速拉绳相互缠绕。

（2）二层台逃生装置的下滑落点有障碍物。

（3）逃生通道内有障碍物。

（4）差速自控器功能失效。

(5)呼吸器配备数量不足,压力不符合要求,未按要求进行定期检查。

(六)作业现场常见未遂事件和典型事故案例

逃生器手动控制器与承重绳意外脱开事件:

1. 事故经过

2014年11月4日,某队在安装工作收尾时,作业人员在安装逃生器后,值班干部和班长2人抓住导向绳拽拉检查逃生器安装效果时,承重绳突然与手动控制器脱开,同时井架工在检查上部逃生器与井架各连接点,没有直接进行试滑,险些造成试滑人员伤害事故发生。

2. 主要原因

逃生器承重绳与手动控制器连接的防脱卡板和钢丝绳没有安装到位,钢丝绳直接在外力加大时突然与控制器脱开。

3. 吸取教训

(1)安装完成后使用前应对逃生器与承重绳及各安装连接点进行逐项安全检查,发现隐患和问题及时整改,不能及时整改的,应制订并落实好防范措施。

(2)现场值班干部、班组长利用班前会督促做好风险识别和安全提示工作,并做好班前岗位人员巡回检查后的抽查落实。

第二节 常见钻井作业工序监督要点

一、钻机拆卸、搬迁与安装

(一)主要风险

(1)拆甩、安装作业,在底座以上部位工作时,易发生高处坠落和落物伤人事故。

(2)拆卸连接销子时,易发生物体打击和高处坠落事故。

(3)使用吊车装卸设备时,吊索具断裂、脱套、脱钩、被吊物件侧翻或坠落导致人员伤害或设备损坏。特别是高位拆卸绞车及井架时,需两台吊车同时起吊负载,如配合不当,极易发生人员伤亡和设备损坏事故。

(4)吊装作业时,新井井场土壤未被充分压实或老井场初春施工冻土解冻,吊车千斤腿基础不稳易造成车辆倾覆事故。

(5)吊装作业时,人员进入被吊物下方作业,被吊物体滑落易造成人员伤害事故。吊臂旋转范围内有人员活动,易造成人身伤亡事故。

（6）在未断电的高压线附近进行吊装作业，易造成人员触电事故。

（7）未佩戴护目镜进行敲击作业易造成飞溅物伤眼事故，敲击作业使用管钳、扳手等非专用工具时，易发生伤害事故。

（8）运输过程中货物未捆绑牢固，易导致滑脱或坠落。拉运“三超”货物可能因刮碰道路两侧的物体发生车辆伤害事故，或挂上“上三线”导致触电事故。

（二）监督内容

（1）监督检查钻井队钻机拆卸、搬迁与安装作业前的准备工作（道路勘查、施工策划、安全会议以及相关工具设施的准备）是否完善。

（2）监督检查特种作业人员资格是否齐全有效。

（3）督促钻井队确保所有人员按规定正确使用劳动防护用品。

（4）督促钻井队对各个作业点（面）全程实施安全监护。

（5）监督钻井队严格按照施工策划组织施工。

（6）监督钻井队严格履行作业许可审批程序。

（7）监督岗位作业人员严格执行操作规程及相关安全标准。

（三）主要监督依据

GB/T 12801—2008《生产过程安全卫生要求总则》；

SY/T 5974—2014《钻井井场、设备、作业安全技术规程》；

SY/T 6444—2018《石油工程建设施工安全规范》；

SY 6516—2010《石油工业电焊焊接作业安全规程》；

Q/SY 08124.2—2018《石油企业现场安全检查规范　第 2 部分：钻井作业》；

Q/SY 08247—2018《挖掘作业安全管理规范》；

Q/SY 08248—2018《移动式起重机吊装作业安全管理规范》；

《中国石油天然气集团公司高处作业安全管理办法》（安全〔2015〕37 号）；

《中国石油天然气集团公司动火作业安全管理办法》（安全〔2014〕86 号）。

（四）监督控制要点

（1）搬迁作业前监督施工单位或作业队勘查路线、制定施工策划，召开安全会议，进行安全、技术措施交底。

> 监督依据标准：SY/T 6444—2018《石油工程建设施工安全规范》、Q/SY 08124.2—2018《石油企业现场安全检查规范　第 2 部分：钻井作业》。

SY/T 6444—2018《石油工程建设施工安全规范》:

4.1.2 施工单位应在工程开工前,根据工程特点、施工方法、资源配置和作业环境,编制施工技术方案和安全技术措施,并按规定进行审批。

4.1.4 施工单位应在作业前对作业人员进行危害告知和安全技术交底。作业人员应了解本岗位风险及控制措施,并掌握应急处理和紧急救护方法。

Q/SY 08124.2—2018《石油企业现场安全检查规范 第2部分:钻井作业》:

6.2.1.6 特殊施工和关键作业时,应进行风险评估,制定风险削减措施并实施。

6.2.10.3 进行联合作业时,应召开施工作业协调会,制定和落实安全措施,明确各自的安全责任,并做好会议记录。

7.3.1 钻机搬迁前,钻井(探)公司及装运单位应对搬迁路线进行踏看,先行排障,排障高度为5m。

(2)监督作业队确保所有人员按规定正确使用劳动防护用品。

监督依据标准 GB/T 12801—2008《生产过程安全卫生要求总则》、SY/T 5974—2014《钻井井场、设备、作业安全技术规程》。

GB/T 12801—2008《生产过程安全卫生要求总则》:

6.2.1 企业应当按照 GB 11651 和国家颁发的劳动防护用品配备标准以及有关规定,为从业人员配备劳动防护用品。

6.2.2 企业为从业人员提供的劳动防护用品,应符合国家标准或行业标准,不得超过使用期限。

6.2.3 企业应当督促、教育从业人员正确佩戴和使用劳动防护用品。

6.2.4 从业人员在作业过程中,应按照安全生产规章制度和劳动防护用品使用规则,正确佩戴和使用劳动防护用品,未按规定佩戴和使用劳动防护用品的,不得上岗作业。

SY/T 5974—2014《钻井井场、设备、作业安全技术规程》:

5.1.1 上岗人员应按规定穿戴劳动防护用品。

(3)吊装作业前检查作业许可证及吊装人员资格证是否齐全有效。

监督依据标准:Q/SY 08248—2018《移动式起重机吊装作业安全管理规范》。

5.1.1 移动式起重机吊装作业实行作业许可管理,吊装前需办理吊装作业许可证。

5.6.1 任何非固定场所的临时吊装作业都应办理吊装作业许可证。

5.6.2 吊装作业许可证的有效期限一般不超过一个班次。如果在书面审查和现场核查过程中经确认需要更多的时间进行作业,应根据作业性质、作业风险、作业时间,经相关各方协商一致确定作业许可证有效期限和延期次数。超过延期次数，应重新办理作业许可证。

5.5.1 起重机的操作只能由下列人员进行：

——有资质的起重机司机；

——起重机司机直接监督下的学习满半年以上的实习起重机司机。

（4）监督作业人员严格执行吊装作业操作规程及相关安全标准。

监督依据标准：SY/T 5974—2014《钻井井场、设备、作业安全技术规程》、Q/SY 08248—2018《移动式起重机吊装作业安全管理规范》。

SY/T 5974—2014《钻井井场、设备、作业安全技术规程》：

5.1.5 电（液、气）动绞车和起重机等起重设备不应吊人和超载荷工作。

5.1.8 起重机吊装设备时应用游绳牵引。

5.1.13 吊装、搬运盛放液体的容器时，容器内应无液体，无残余物。

5.1.14 搬迁车辆进入井场后，吊车不应在架空电力线路下面工作。吊车停放位置（包括起重吊杆、钢丝绳和重物）与架空线路的距离应符合 DL409 的规定。

Q/SY 08248—2018《移动式起重机吊装作业安全管理规范》：

5.1.3 禁止起吊超载、质量不清的货物和埋置物件。在大雪、暴雨、大雾等恶劣天气及风力达到六级时应停止起吊作业，并卸下货物，收回吊臂。

5.1.4 任何情况下，严禁起重机带载行走；无论何人发出紧急停车信号，都应立即停车。

5.4.3.1 在正式开始吊装作业前，应确认人员资质及各项安全措施，起重机司机必须巡视工作场所，确认支腿已按要求垫枕木，发现问题就及时整改。

5.4.3.3 需要在电力线路附近使用起重机时，起重机与电力线路的安全距离应符合相关标准的规定。在没有明确告知的情况下，所有电线电缆均应视为带电电缆。必要时应制定关键性吊装计划并严格实施。

5.4.3.4 起重机吊臂回转范围内应采用警戒带或其他方式隔离，无关人员不得进入该区域。

5.4.3.5 起重作业指挥人员应佩戴标识，并与起重机司机保持可靠的沟通，指挥信号应明确并符合规定，沟通方式的优先顺序如下：

——视觉联系；

——有线对讲装置；

——双向对讲机。

当联络中断时，起重机司机应停止所有操作，直到重新恢复联系。

5.4.3.6 操作中起重机应处于水平状态，在操作过程中可通过引绳来控制货物的摆动，禁止将引绳缠绕在身体的任何部位。

5.4.3.7 任何人员不得在悬挂的货物下工作、站立、行走，不得随同货物或起重机械升降。

5.4.3.8 在下列情况下，起重机司机不得离开操作室；

——货物处于悬吊状态；

——操作手柄未复位；

——手刹未处于制动状态；

——起重机未熄火关闭；

——门锁未锁好。

(5)作业过程中涉及高处作业，了解作业区域情况及工作任务、存在风险并检查相关许可证及人员资质。

监督依据标准：《中国石油天然气集团公司高处作业安全管理办法》(安全〔2015〕37号)。

第三条 本办法所称的高处作业是指距坠落高度基准面2m及以上有可能坠落的高处进行的作业。坠落高度基准面是指可能坠落范围内最低处的水平面。

第三章第十五条 属地监督是指作业区域所属单位指派的现场监督人员，主要安全职责是：

(一)了解高处作业区域、部位状况、工作任务和存在风险。

(二)监督检查高处作业许可相关手续齐全。

(三)监督已制定的所有安全措施落实到位。

(四)核查高处作业人员资质和现场设备的符合性。

第四章第一节第二十四条中规定：

高处作业人员及搭设脚手架等高处作业安全设施的人员，应经过专业技术培训及专业考试合格，持证上岗，并应定期进行身体检查。对患有心脏病、高血压等职业禁忌证，以及年老体弱、疲劳过度、视力不佳等其他不适于高处作业的人员，不得安排从事高处作业。

(6)监督作业人员严格执行高处作业安全管理规定，防止人员坠落或其他伤害。

监督依据标准:《中国石油天然气集团公司高处作业安全管理办法》(安全〔2015〕37号)。

第三章第十五条属地监督的主要安全职责:

(五)在高处作业过程中,根据要求实施现场监督。

(六)及时纠正或制止违章行为,发现人员、设备或环境安全条件变化等异常情况及时要求停止作业并立即报告。

第四章第一节第二十三条　坠落防护应通过采取消除坠落危害、坠落预防和坠落控制等措施来实现,否则不得进行高处作业。坠落防护措施的优先选择顺序如下:

——尽量选择在地面作业,避免高处作业;

——设置固定的楼梯、护栏、屏障和限制系统;

——使用工作平台,如脚手架或带升降的工作平台等;

——使用区域限制安全带,以避免作业人员的身体靠近高处作业的边缘;

——使用坠落保护装备,如配备缓冲装置的全身式安全带和安全绳。

第二十五条　严禁在六级以上大风和雷电、暴雨、大雾、异常高温或低温等环境条件下进行高处作业;在30℃～40℃高温环境下的高处作业应进行轮换作业。

(7)作业过程中涉及焊接、切割作业时,检查许可证及人员资质。

监督依据标准:《中国石油天然气集团公司动火作业安全管理办法》(安全〔2014〕86号)。

第二十二条　作业申请人、作业批准人、作业监护人、属地监督、作业人员必须经过相应培训,具备相应能力。

第二十一条　动火作业实行作业许可管理,应当办理动火作业许可证,未办理动火作业许可证严禁动火。

第十五条　属地监督是指作业区域内所在单位指派的现场监督人员,安全职责主要包括:

(一)了解动火区域、部位状况、工作任务和存在风险。

(二)监督检查动火作业许可相关手续齐全。

(三)监督已制定的所有安全措施落实到位。

(四)核查动火作业人员资格和现场设备的符合性。

(五)在动火作业过程中,根据要求实施现场监督。

(六)及时纠正或制止违章行为,发现人员、工艺、设备或环境安全条件变化等异常情况及时要求停止作业并立即报告。

（8）监督作业人员严格执行动火作业安全操作规程及相关标准。

监督依据标准：SY/T 5974—2014《钻井井场、设备、作业安全技术规程》、SY 6516—2010《石油工业电焊焊接作业安全规程》、《中国石油天然气集团公司动火作业安全管理办法》（安全〔2014〕86号）。

SY/T 5974—2014《钻井井场、设备、作业安全技术规程》：

5.11.4 使用氧气瓶、乙炔气瓶时，两瓶相距应大于5m，距明火处大于10m，乙炔气瓶应直立使用，应加装回火保护装置，氧气瓶应有安全帽和防振圈。

5.11.5 电焊面罩、电焊钳和绝缘手套应符合要求。

SY 6516—2010《石油工业电焊焊接作业安全规程》：

5.1.8 露天作业时遇到风、雨、雪和雾天等，在无保护措施的条件下，禁止焊接作业。

5.1.10 使用压缩气瓶时，应采取预防气瓶爆炸着火的安全措施。

5.4.2 焊接作业周围不得堆放易燃易爆物料，作业场所用配备合格的灭火器材。

5.4.4 焊接作业时，应采取封闭或屏蔽措施。

5.4.5 焊机工作地点易形成易燃易爆气体或积聚爆炸粉尘时，不应进行焊接作业。

5.4.6 在储有易燃易爆物品的区域，禁止施焊。

5.4.7 在有易燃易爆物品的区域进行施焊时，应取得消防部门同意和配合，并采取有效的隔离措施。

5.4.8 焊接工作结束后，应及时清理和检查现场，确认安全后，方可离开现场。

《中国石油天然气集团公司动火作业安全管理办法》（安全〔2014〕86号）：

第二十六条 遇有六级风以上(含六级风)应当停止一切室外动火作业。

第二十七条 在夜晚、节假日期间，以及异常天气等特殊情况下原则上不允许动火；必须进行的动火作业，要升级审批，作业申请人和作业批准人应当全过程坚守作业现场，落实各项安全措施，保证动火作业安全。

第四十三条 动火作业前应当清除距动火点周围5m之内的可燃物质或用阻燃物品隔离，半径15m内不准有其他可燃物泄漏和暴露，距动火点30m之内不准有液态烃或低闪点油品泄漏。

第四十四条 动火作业人员应当在动火点的上风向作业。必要时，采取隔离措施控制火花飞溅。

第四十六条 动火作业过程中，作业监护人应当对动火作业实施全过程现场监护，一处动火点至少有一人进行监护，严禁无监护人动火。

第四十七条　用气焊(割)动火作业时,氧气气瓶与乙炔气瓶的间隔不小于5m,两者与动火作业地点距离不得小于10m。在受限空间内实施焊割作业时,气瓶应当放置在受限空间外面;使用电焊时,电焊工具应当完好,电焊机外壳须接地。

第五十二条　高处动火作业使用的安全带、救生索等防护装备应当采用防火阻燃的材料,需要时使用自动锁定连接;高处动火应当采取防止火花溅落措施;遇有五级以上(含五级)风停止进行室外高处动火作业。

(9)作业过程中涉及挖掘作业,检查许可证及人员资质是否齐全。

监督依据标准:Q/SY 08247—2018《挖掘作业安全管理规范》。

5.1.1　挖掘作业实行作业许可,并办理挖掘作业许可证,场面挖掘深度不超过0.5m除外。

5.8.2　挖掘作业许可证的有效期一般不超过一个班次。如果在书面审查和现场核查过程中,经确认需要更多时间进行作业,应根据作业性质、作业风险、作业时间,经相关各方协商一致确定许可证的有效期限。

5.8.4　挖掘工作结束后,申请人和批准人或其授权人在现场验收合格后,双方签字关闭挖掘作业许可证。

(10)监督挖掘作业过程是否符合安全管理规定及要求。

监督依据标准:Q/SY 08247—2018《挖掘作业安全管理规范》。

5.1.3　挖掘工作开始前,应保证现场相关人员拥有最新的地下设施布置图,明确标注地下设施的位置、走向及可能存在的危害,必要时可采取探测设备进行探测。

5.1.6　应用手工工具来确认1.2m以内的任何地下设施的正确位置和深度。

5.1.7　所有暴露后的地下设施都应及时予以确认,不能辨识时,应立即停止作业,并报告施工区域所在单位,采取相应的安全保护措施后,方可重新作业。

5.1.8　在坑、沟槽内作业应正确穿戴安全帽、防护鞋、手套等个人防护装备。不应在坑、沟槽内休息,不得在升降设备、挖掘设备下或坑、沟槽上端边沿站立、走动。

5.2.1　对于挖掘深度6m以内的作业,为防止挖掘作业面发生坍塌,应根据土质的类别设置斜坡和台阶、支撑和挡板等保护系统。对于挖掘深度超过6m所采取的保护系统,应由有资质的专业人员设计。

5.2.2　在稳固岩层中挖掘或挖掘深度深度小于1.5m,且已经过技术负责人员检查,认定没有坍塌可能性时,不需要设置保护系统。作业负责人应在挖掘作业许可证上说明理由。

> 5.2.3 应根据现场土质的类型,确定斜坡或台阶的坡度允许值(高宽比)。技术负责人设计斜坡或台阶,制定施工方案,并以书面形式保存在作业现场。
>
> 5.2.7 挖出物或其他物料至少应距坑、沟槽边沿1m,堆积高度不得超过1.5m,坡度不大于45°,不得堵塞下水道、窖井以及作业现场的逃生通道和消防通道。
>
> 5.5.1 雷雨天气应停止挖掘作业,雨后复工时,应检查受雨水影响的挖掘现场,监督排水设备的正确使用,检查土壁稳定和支撑牢固情况。发现问题,要及时采取措施,防止骤然崩塌。
>
> 5.5.2 如果有积水或正在积水,应采用导流渠,构筑堤防或其他适当的措施,防止地表水或地下水进入挖掘处,并采取适当的措施排水,方可进行挖掘作业。
>
> 5.7.1 采用机械设备挖掘时,应确认活动范围内没有障碍物(如架空电线、管架等)。

(五)典型"三违"行为

(1)吊臂下站人(无关人员进入起重机旋转半径)。

(2)施工设备、作业人员不具备相应资质作业。

(3)人和设备混装运输。

(4)吊装作业无专人指挥。

(5)吊装作业不使用牵引绳控制被吊物。

(6)人员不按要求穿戴使用劳动保护用品。

(六)作业现场常见未遂事件和典型事故案例

吊装发电房钢丝绳断裂事件:

1. 事件经过

2015年3月17日17:00,某钻井队准备卸发电房时,吊车司机在钢丝绳套没有挂好(一根钢丝绳被发电房一角凸起卡住,不能伸直)、未接到司索指挥发出起吊指令的情况下便开始起吊,发电房起升后失去平衡,被卡住的钢丝绳因受力太大随即断裂,发电房落在车上,由于人员站位合理,没有造成人员伤害,经检查发电房内设备也没有损坏。

2. 主要原因

(1)起吊时一条绳索被发电房角卡住,发电房起吊后失去平衡,重量集中在该钢丝绳索上,受力超过单根绳套允许负荷而发生断裂。

(2)吊车司机在未接到司索指挥指令的情况下即开始试吊,对吊装作业中存在的风险没有足够的重视。

(3)相关方管理不到位,未对外来作业人员进行相应的风险提示;基层干部现场管理不到位,作业人员未能协调配合。

3. 吸取教训

(1)加强相关方管理,对外来作业人员做好风险交底和安全提示。

(2)开展吊装作业安全知识培训,重点学习吊装作业保命条款和吊装作业操作规程,全面识别吊装作业过程中可能存在的风险,提高作业人员的安全意识,杜绝同类事件的发生。

(3)针对此起事件,做好安全经验分享,交流事故教训,提高操作人员安全意识,做到警钟长鸣。

二、整拖井架

(一)主要风险

(1)视线不清或大风、大雾、大雪、冰雹、雷雨等恶劣天气进行整拖作业,可能导致井架倾倒、人员伤害事故。

(2)井架前方有高压线,整拖时井架触碰高压线造成人员触电事故。

(3)未明确专人指挥可能导致作业现场操作混乱。

(4)拖拉机操作不平稳可能导致井架倾倒。

(5)场地人员站位不合理易造成的人员伤害。

(6)钢丝绳及绳卡的选择、使用不当可能造成人员伤害。

(7)场地障碍物未清除干净导致整拖风险增大。

(8)井架底座未加固,易造成井架变形、倾倒。

(9)井架绷绳未拆,悬吊、游动系统未固定可能导致井架倾倒。

(10)整拖前做准备工作时可能发生拖拉机挤撞碾压伤害。

(二)监督内容

(1)督促钻井队、相关单位作业前召开安全会议。

(2)督促钻井队严格履行作业许可审批程序。

(3)监督检查井架整拖作业施工方案等有关控制文件是否齐全。

(4)监督检查现场所有参加施工作业人员的作业资质是否齐全有效。

(5)督促钻井队在施工前进行人员安全教育、技术措施交底,检查井架、地面及基础准备工作以及安排现场指挥。

(6)督促钻井队安排专人指挥进出井场的车辆。

(7)督促钻井队在整拖井架前进行卸载处理,拖移设备以外的连接件必须拆除干净。

(8)督促钻井队在整拖准备工作就绪后,对施工场地、井架周围、机具、绳套、连接销、整拖路径、整拖设施设备的完好度及安全性能等进行验收,发现问题立即整改。

(9)监督准备阶段的吊装作业,是否明确专人指挥、使用专用吊索吊具和牵引绳,以及人员站位是否合理等。

(10)监督检查现场作业人员劳保用品的穿戴是否符合规定。

(11)监督防止整拖过程中交叉作业,或对特定的交叉作业实施旁站监督。

(12)监督配备有钻机平移装置的钻机应遵守制造厂商的安全作业规程。

(三)主要监督依据

SY/T 6057—2012《塔型井架拆装与整体运移作业规程》;

SY/T 6276—2014《石油天然气工业 健康、安全与环境管理体系》;

SY/T 6444—2018《石油工程建设施工安全规范》;

Q/SY 08234—2018《HSE 培训管理规范》;

Q/SY 08247—2018《挖掘作业安全管理规范》;

Q/SY 08124.2—2018《石油企业现场安全检查规范 第 2 部分:钻井作业》;

Q/SY 08248—2018《移动式起重机吊装作业安全管理规范》。

(四)监督控制要点

(1)督促钻井队、相关单位作业前召开安全会议及安全培训。

① 钻井队、相关单位召开联席会议,制订整拖计划。

> 监督依据标准:SY/T 6276—2014《石油天然气工业健康、安全与环境管理体系》、Q/SY 08124.2—2018《石油企业现场安全检查规范 第 2 部分:钻井作业》。
>
> SY/T 6276—2014《石油天然气工业健康、安全与环境管理体系》:
>
> 5.4.4 能力、培训和意识
>
> 组织应对管理人员、操作岗位人员、相关方的作业人员、来访人员根据培训需求和法规要求进行教育培训及告知。
>
> 5.5.2 承包方和(或)供应方
>
> 组织应对承包方作业人员进行安全教育培训和安全技术交底,告知作业风险,对承包方提供活动、产品或服务的过程进行协调和监督检查。
>
> Q/SY 08124.2—2018《石油企业现场安全检查规范 第 2 部分:钻井作业》:
>
> 6.2.10.3 进行联合作业时,应召开施工作业协调会,制定和落实安全措施,明确各自的安全责任,并做好会议记录。

② 施工前进行人员安全教育、技术措施交底。

监督依据标准：SY/T 6444—2018《石油工程建设施工安全规范》、Q/SY 08234—2018《HSE培训管理规范》、Q/SY 08124.2—2018《石油企业现场安全检查规范 第2部分：钻井作业》。

SY/T 6444—2018《石油工程建设施工安全规范》：

4.1.4 施工单位应在作业前对作业人员进行危害告知和安全技术交底。作业人员应了解本岗位风险及控制措施，并掌握应急处理和紧急救护方法。

Q/SY 08234—2018《HSE培训管理规范》：

5.1.1 员工被指定进行某项工作之前，必须接受该工作相关的HSE培训，经考核证明能安全地胜任该工作，方能独立上岗。

Q/SY 08124.2—2018《石油企业现场安全检查规范 第2部分：钻井作业》：

6.2.10.4 进入钻井现场施工作业的单位、人员应遵守安全管理规定和相关专业的要求，服从钻井队的安全管理。

（2）整拖前监督检查相关人员的资格证是否齐全有效。

监督依据标准：SY/T 6057—2012《塔型井架拆装与整体运移作业规程》、Q/SY 08248—2018《移动式起重机吊装作业安全管理规范》。

SY/T 6057—2012《塔型井架拆装与整体运移作业规程》：

11.7 拖拉机操作手应经过专门培训并持证上岗，作业过程中应听从专人指挥。

Q/SY 08248—2018《移动式起重机吊装作业安全管理规范》：

5.7.3 起重指挥人员接受专业技术培训及考核，持证上岗。

5.7.4 司索人员（起重工）接受专业技术培训及考核，持证上岗。

（3）督促钻井队安排专人指挥进出井场的车辆。

监督依据标准：Q/SY 08124.2—2018《石油企业现场安全检查规范 第2部分：钻井作业》。

6.2.10.7 作业车辆停放位置应恰当，不应骑、压绷绳，装卸货物及倒车时应指定专人指挥。

（4）监督准备阶段的吊装作业，是否明确专人指挥、使用专用吊索吊具和牵引绳，以及人员站位是否合理等。

① 指挥人员应站在便于与司机沟通的安全位置，并利于观察人员、设备的状况。

监督依据标准：Q/SY 08248—2018《移动式起重机吊装作业安全管理规范》。

5.4.3.5 起重作业指挥人员应佩戴标识，并与起重机司机保持可靠的沟通，指挥信号应明确并符合规定，沟通方式的优先顺序如下：

——视觉联系；

——有线对讲装置；

——双向对讲机。

当联络中断时，起重机司机应停止所有操作，直到重新恢复联系。

② 使用的吊索具要符合相关要求。

监督依据标准：Q/SY 08248—2018《移动式起重机吊装作业安全管理规范》。

5.7.4 司索人员（起重工）

——测算货物质量与起重机额定起吊质量是否相符；根据货物的质量、体积和形状等情况选择合适的吊具与吊索。

——检查吊具、吊索与货物的捆绑或吊挂情况。

表 F.2 起吊前检查

已核实吊索具及其附件满足吊装能力需要；

已检查吊索具及其附件有无缺陷。

③ 按规定使用好牵引绳。

监督依据标准：Q/SY 08248—2018《移动式起重机吊装作业安全管理规范》。

5.4.3.6 操作中起重机应处于水平状态，在操作过程中可通过引绳来控制货物的摆动，禁止将引绳缠绕在身体的任何部位。

④ 相关人员操作要安全。

监督依据标准：Q/SY 08248—2018《移动式起重机吊装作业安全管理规范》。

5.3.6 严禁人员在吊臂上下方停留或通过。凡 2m 以上的高处维修作业应采取防坠落措施。

5.4.3.4 起重机吊臂回转范围内应采用警戒带或其他方式隔离，无关人员不得进入该区域。

5.4.3.7 任何人员不得在悬挂的货物下工作、站立、行走，不得随同货物或起重机械升降。

5.4.3.8 在下列情况下，起重机司机不得离开操作室：

——货物处于悬吊状态；

——操作手柄未复位；

——手刹未处于制动状态；

——起重机未熄火关闭；

——门锁未锁好。

（5）监督挖掘作业符合安全管理规定及要求。

监督依据标准：Q/SY 08247—2018《挖掘作业安全管理规范》。

5.1.3 挖掘工作开始前，应保证现场相关人员拥有最新的地下设施布置图，明确标注地下设施的位置、走向及可能存在的危害，必要时可采取探测设备进行探测。

5.1.6 应用手工工具来确认1.2m以内的任何地下设施的正确位置和深度。

5.1.7 所有暴露后的地下设施都应及时予以确认，不能辨识时，应立即停止作业，并报告施工区域所在单位，采取相应的安全保护措施后，方可重新作业。

5.1.8 在坑、沟槽内作业应正确穿戴安全帽、防护鞋、手套等个人防护装备。不应在坑、沟槽内休息，不得在升降设备、挖掘设备下或坑、沟槽上端边沿站立、走动。

5.7.1 采用机械设备挖掘时，应确认活动范围内没有障碍物(如架空电线、管架等)。

（6）监督整拖作业准备、检查工作到位并符合规定要求。

监督依据标准：SY/T 6057—2012《塔型井架拆装与整体运移作业规程》、Q/SY 08124.2—2018《石油企业现场安全检查规范　第2部分：钻井作业》。

SY/T 6057—2012《塔型井架拆装与整体运移作业规程》：

10.1 运移的条件

10.1.1 井架及底座应有足够的整体性刚度，并具有整体运移的性能。

10.1.2 在运移全程内，无地面或空间等障碍。

10.1.3 能见度应不小于100m，风力应不大于5级。

10.2.1 井架及底座准备

10.2.1.3 拆除井架及底座与其他设施的一切连接部件和有碍通过井口装置的障碍物。

10.2.1.5 高寒地区冬季应清除底座下的冻土和冰，不应用明火解冻。

10.2.2 场地及道路准备

10.2.2.1 拆除和清理井场内井架运移方向的一切障碍物。

10.3 运移前的检查与要求

> 10.3.1 井架及底座所有拉筋、紧固件应齐全、紧固。
>
> 10.3.2 井架及底座与其他非移动设施无任何连接。
>
> 10.3.3 底座后部无妨碍安全通过井口装置的障碍物。
>
> 10.3.6 各部组焊件及组装件无断裂、开焊。
>
> Q/SY 08124.2—2018《石油企业现场安全检查规范 第2部分:钻井作业》:
>
> 6.2.10.6 联合作业准备就绪后,应由联合单位、安全监督共同参与检查,合格后施工,作业完成后也应进行检查。

(7)监督整拖井架作业过程安全要求。

> 监督依据标准:SY/T 6057—2012《塔型井架拆装与整体运移作业规程》。
>
> 10.4.2.1 指定一名指挥人员面向井架底座,站在各列拖拉机的正前方,负责拖拉机的起停指挥,按规定旗语指挥。
>
> 10.4.2.2 井架左、右及后方各指定一名观察人员,负责运移过程中地面及井架上方的安全观察。
>
> 10.4.2.5 随时观察井架动态、钢丝绳套及拖拉机运转受力情况,发现问题及时停车并采取措施。
>
> 11.5 高处作业人员应正确佩戴安全防护用具,衣着符合高处作业要求。
>
> 11.6 异温(高、低温)、大雨、大雪、六级及以上大风,及能见度低于100m等恶劣气候条件下,不应进行运移作业。

(8)配备钻机平移装置的钻机,监督钻井队应按照制造厂商和装备管理部门的相关要求进行作业前准备、检查、过程操作。

(五)典型"三违"行为

(1)不按标准使用绳套。

(2)整拖时,人员站位不在安全区域。

(3)用螺栓代替牵引连接销。

(4)带钻具整拖。

(六)作业现场常见未遂事件和典型事故案例

拖拽致人员伤害事故:

1. 事故经过

1998年9月7日,某油田60××× 井队在某井安装井架,下午井架底座安装时,由于销子穿不上，用拖拉机挂绳套斜向钻台大门左前方拉井架底座（左），调整角度以便穿上销子。井架工王某，挂好绳套后向后退一步指挥拖拉机。开始绳套是拖在地上的，随着拖拉机前行，绳套拉紧后突然崩起，弹到王某身上，造成王某轻伤。

2. 事故原因

（1）拖拉机手操作不稳使绳套突然弹起，造成事故。

（2）王某挂完绳套后，未站到安全区域。

（3）操作者安全意识不强，指挥拖拉机时未进行风险识别。

3. 吸取教训

（1）作业前，认真进行风险识别，制订防范措施。

（2）加强员工培训教育，提高员工安全意识。

（3）严格遵守操作规程，拖物作业等危险作业严格按照防范措施执行。

三、起放井架

（一）主要风险

（1）视线不清或大雾、大雪、大风、冰雹、雷雨等恶劣天气可能造成井架倾覆事故。

（2）不用液（气）压伸缩缸分离井架与人字架，造成摔井架事故。

（3）井架浮置物坠落可能导致人员伤害。

（4）悬吊绳索、绷绳、水龙带等井架附件发生卡挂可能造成设备损坏、人员伤害。

（5）人员在起、放井架危险区域内可能造成伤害。

（6）起放井架大绳固定松脱、超标使用未及时更换导致起放井架过程中起升大绳断裂，造成摔井架、伤人。

（7）未试起井架可能导致井架倾覆事故。

（二）监督内容

（1）督促钻井队做好起放井架前的各项检查及准备工作，对风险及防范措施进行重点提示。

（2）督促验收组（验收人员）检查设备、安全设施、设备试运转、人员配备、人员资质等准备工作情况。

（3）作业前，督促现场召开安全协作会，沟通信息，明确职责。

（4）对起放井架作业全过程旁站监督。

（三）主要监督依据

SY/T 5974—2014《钻井井场、设备、作业安全技术规程》；

SY/T 6058—2004《自升式井架起放作业规程》;

Q/SY 08240—2018《作业许可管理规范》。

(四)监督控制要点

(1)督促检查钻井队按照规定办理了作业许可,且在有效期内。

> 监督依据标准:Q/SY 08240—2018《作业许可管理规范》。
>
> 5.1.1 在所辖区域内或在已交付的在建装置区域内,进行下列工作均应实行作业许可管理,办理作业许可证。
>
> ——非计划性维修工作(未列入日常维护计划或无程序指导的维修工作);
>
> ——承包商作业;
>
> ——偏离安全标准、规则、程序要求的工作;
>
> ——交叉作业;
>
> ——在承包商区域进行的工作;
>
> ——缺乏安全程序的工作。
>
> 5.1.3 企业应按照本标准的要求,结合企业作业活动特点、风险性质,确定需要实行作业许可管理的范围、作业类型,确保对所有高风险的、非常规的作业实行作业许可管理。

(2)起升井架作业前监督钻井队检查确认井架及底座安装符合安全要求。附件安装齐全、牢固。

> 监督依据标准:SY/T 6058—2004《自升式井架起放作业规程》。
>
> 3.1.2 井架及底座各部连接件、紧固件齐全、紧固,且规格符合要求。
>
> 3.1.3 井架上安装的梯子,栏杆、台板等各类辅助设施齐全、完好、可靠,清除易落物。
>
> 3.1.4 井架及底座各部无断裂、开焊、严重变形等。
>
> 3.1.5 二层台操作台前部拉起,固定牢靠;二层台支梁开口尺寸不小于游车通过尺寸。
>
> 3.1.7 各滑轮、索具齐全,并固定牢靠。
>
> 3.1.8 高压立管、水龙带安装正确,固定牢靠。
>
> 3.1.9 井架和钻台上无影响司钻操作和视线的障碍物。
>
> 3.1.11 井架上的照明线路、灯具齐全、完好,安装规范。
>
> 3.1.12 井架与人字架之间除专门连接装置外,无其他连接或缠绕物。
>
> 3.1.13 井架立管与地面高压管线解除连接。

> 3.3.1　人字架、支腿、横梁、各部滑轮座、连接器等无裂缝、开焊；连接件、紧固件齐全，紧固，且规格符合要求。
>
> 3.3.2　各部滑轮完好，转动灵活，润滑正常，挡绳器完好。
>
> 3.3.7　井架起放需要配重的钻机，配重的部位，重量应按钻机说明书执行。

（3）监督钻井队全面检查动力系统、气控系统、液压系统、刹车系统、监视仪表工作正常。

> 监督依据标准：SY/T 6058—2004《自升式井架起放作业规程》。
>
> 3.2.1　供电系统正常。
>
> 3.2.2　动力系统、传动系统和控制系统正常运转2h以上。
>
> 3.2.3　绞车刹车带（块）磨合良好，刹车机构调整适宜、灵活、可靠；刹把高低位置适中，操作灵活。
>
> 3.2.4　辅助刹车完好，性能可靠。
>
> 3.2.5　气控系统完好、畅通，气瓶压力符合规定要求。
>
> 3.2.6　指重表性能可靠。

（4）监督起升井架前按规定试起，经检查确认无误后，再进行起升作业。

> 监督依据标准：SY/T 6058—2004《自升式井架起放作业规程》。
>
> 4.1　井架试起升
>
> 4.1.1　绞车用最低档间歇挂合离合器，逐渐拉紧钻井大绳，使游车离开支撑面100mm～200mm后停住，检查钻井大绳穿法是否正确，钻井用索具、钻井大绳的死绳、水龙带等有无挂拉、缠绕现象。
>
> 4.1.2　经检查无误后，继续起升，当井架离支架200mm～300mm时，将绞车刹住，对起升绳绳端固定、钻井大绳死绳固定、钻机配重，底座受力杆件、人字架等关键部位进行检查，对天车固定连接件进行重新紧固，停留10min～20min。
>
> 4.1.3　观察井架的起升负荷。起升负荷不应大于井架的设计起升负荷。
>
> 4.1.4　缓慢下放井架到支架上，并将游车放松到离支撑面100mm～200mm处或放于支撑面上，对有问题的部位进行整改。
>
> 4.1.5　绞车用最低档，一次挂合离合器，将井架拉起离开支架200mm～300mm后，将绞车刹住，使井架在此位置停留5min后，再将井架缓慢下放到支架上，放松游车到离支撑面100mm～200mm处。

（5）监督起升井架过程中，严格执行操作规程。

监督依据标准：SY/T 5974—2014《钻井井场、设备、作业安全技术规程》、SY/T 6058—2004《自升式井架起放作业规程》。

SY/T 5974—2014《钻井井场、设备、作业安全技术规程》：

5.3.2.3 起井架施工现场应有专人指挥、监护，一人操作刹把，一人协助。

5.3.2.5 起井架时，井场内应无影响井架起升的障碍物，能见度不低于100m；井架上的物件应采取防坠措施，配重水柜应注满水；除机房留守人员、司钻、关键部位观察人员、现场安全员和指挥者外，其他人员和所有施工机具撤至安全区。安全距离：正前方距井口不少于70m，两边距井架两侧不少于20m。

SY/T 6058—2004《自升式井架起放作业规程》：

4.2.1 起升工作应在一名指挥的统一指挥下进行，指挥所处位置应在刹把操作者能直接看到并且安全的地方。

4.2.3 挂合辅助刹车。

4.2.4 挂合缓冲器，使其活塞全部伸出。

4.2.6 使用液压缓冲器时，液压缓冲器应由专人进行操作。

在井架最后就位过程中，游车应处于随动工况，使起升绳保持一定的张紧度。

4.2.7 井架就位后，将起升绳拉紧至钩载150kN左右，及时将井架与人字架连接、固定。

（6）监督下放井架作业过程严格执行操作规程。

监督依据标准：SY/T 6058—2004《自升式井架起放作业规程》。

5.1.1 下放作业应在一名指挥的统一指挥下进行，指挥所处位置应在刹把操作者能直接看到并且安全的地方。

5.1.2 提紧起升绳至钩载150kN左右，观察各关键部位有无异常。

5.1.4 具备下放井架条件后，依次拆除井架前绷绳、后绷绳和井架与人字架的连接固定装置。

5.1.5 挂合辅助刹车。

5.1.6 当使用液压缓冲器时，应由专人进行液缸操作。

5.1.7 在无特殊情况下，井架下放作业宜连续完成。有必要停放时，应缓慢刹车，避免产生冲击力。

（7）监督钻井队严格执行起放井架作业安全要求。

监督依据标准：SY/T 6058—2004《自升式井架起放作业规程》。

6.1 不应使用牵引车代替钻机动力系统进行起放井架作业。

6.2 遇风速达到 7.9m/s（5 级）以上大风或能见度小于 100m 时，不应进行井架的起放作业。

6.3 井架的起放作业不应在夜间进行。

6.4 井架起放作业的环境温度不应低于－40℃。

6.5 新配套或大修后第一次组装的井架，起放井架作业应在厂方的指导下完成。

6.6 本标准与制造厂使用手册或作业要求不一致之处，以制造厂的要求为准。

（五）典型“三违”行为

（1）夜间起放井架（恶劣天气不具备起放条件强行起放井架）。

（2）不用液（气）压伸缩缸分离井架与人字架。

（3）起放井架前未进行试起。

（4）井架起放过程中，人员或机具进入危险区域。

（5）高处作业不按规定使用安全带或其他防坠措施。

（六）作业现场常见未遂事件和典型事故案例

起升井架挂绷绳未遂事件：

1. 事件经过

2014 年 5 月 5 日，×× 钻探工程公司 ×× 钻井队在 ×× 井起井架过程中，队长王某观察井架即将起升到位，随即左手摘掉绞车低速离合器，右手下压刹把，此时发现滚筒运转异常，摘掉总车离合器，滚筒仍然运转，导致左侧起升大绳翻转、导向滑轮基座耳板断开，右侧起升大绳翻转、导向滑轮基座与底座工字梁焊口撕开，井架随即倒向钻机后方。大班司钻徐某被挤压在井架与钻台面之间造成死亡。

2. 主要原因

（1）起井架操作人员技能差，井架即将起升到位时，采取减速措施滞后，造成井架拉倒。

（2）起井架操作的程序没有严格执行行业标准规定程序。

（3）放气阀内有异物，导致放气减慢。

（4）起井架前风险分析不到位，没能识别出井架向后倾倒的风险，造成人员伤亡。

（5）起井架前的检查不到位。

3. 吸取教训

（1）加强操作人员岗位管理，严格岗位操作职责。

（2）加强基层队伍建设，提高队伍工作能力。

（3）加强机关监管人员责任心，有效落实监管职责。

（4）加强属地管理职责落实，提高 HSE 管理效果。

四、防喷装置的安装、拆卸

（一）主要风险

（1）视线不清、信号传递不到位、配合失误，导致人员伤害。

（2）未明确专人指挥、人员配合混乱导致人员伤害。

（3）吊索具的选择使用不当导致封井器倾倒及人员伤害。

（4）高处作业未采取防坠落措施导致人员伤害。

（5）敲击作业未佩戴护目镜、站位不合理、配合不当，导致人员伤害。

（6）起吊时人员未撤离到安全区域，导致人员伤害。

（7）对装井口法兰时，导致人员伤害。

（8）封井器未固定、过早拆除绳套，可能导致封井器倾倒造成人员伤害。

（9）操作不当可能砸击损坏套管头。

（二）监督内容

（1）监督检查作业前钻井队安装拆卸准备工作，对识别的风险制订相应的防范措施，如已纳入作业许可范畴的是否按照规定办理。

（2）督促钻井队召开安全会议明确各岗位安全职责、指定指挥人员、规范指挥信号。

（3）监督井队按规定实施井控细则和井控装置安装要求。

（4）对井控主体设备安装过程进行旁站监督。

（三）主要监督依据

GB 6067.1—2010《起重机械安全规程　第 1 部分：总则》；

Q/SY 08248—2018《移动式起重机吊装作业安全管理规范》；

《中国石油天然气集团公司高处作业安全管理办法》（安全〔2015〕37 号）。

（四）监督控制要点

（1）作业前督促钻井队对起重机械、吊索、吊具进行检查。

> 监督依据标准：GB 6067.1—2010《起重机械安全规程　第 1 部分：总则》、Q/SY 08248—2018《移动式起重机吊装作业安全管理规范》。

GB 6067.1—2010《起重机械安全规程　第1部分：总则》：

18.1.2　日常检查

g）检查吊钩和其他吊具、安全卡、旋转接头有无损坏、异常活动或磨损。检查吊钩柄螺纹和保险螺母有无可能因磨损或锈蚀导致过度转动；

j）外观检查起重机车轮和轮胎的安全状况；

k）空载时检查起重机械所有控制系统是否处于正常状态；

o）在开动起重机械之前，检查制动器和离合器的功能是否正常；

p）检查液压和气压系统软管在正常工作情况下是否有非正常弯曲和磨损。

Q/SY 08248—2018《移动式起重机吊装作业安全管理规范》：

5.4.2　起重机安全基本要求：起重机随机备有安全警示牌、使用手册、载荷能力铭牌并根据现场情况设置；

起重机操作室和驾驶室中应配置灭火器，所有排气管道应设置防护装置或隔热层、驾驶室所有窗户的玻璃应为安全玻璃，配置有标尺的油箱应密封良好，避免燃油溅出或溢出，起重机平台和走道应采用防滑表面，人员可接触的运动件或旋转件应安装有保护罩或面板；

根据起重机型号、出入起重机驾驶室、操作室均应配备梯子（带栏杆或扶手）或台阶；所有主臂、副臂应设置机械式安全停止装置；

如果起重机遭受了异常应力或载荷的冲击，或吊臂出现异常振动、抖动等在重新投入使用前，应由专业机构进行彻底地检查和修理。

（2）检查起重作业许可办理以及安全措施落实。

监督依据标准：Q/SY 08248—2018《移动式起重机吊装作业安全管理规范》。

5.1.1　移动式起重机吊装作业实行作业许可管理，吊装前需办理吊装作业许可证。

5.6.1　任何非固定场所的临时吊装作业都应办理吊装作业许可证。

5.6.2　吊装作业许可证的有效期限一般不超过一个班次。如果在书面审查和现场核查过程中经确认需要更多的时间进行作业，应根据作业性质、作业风险、作业时间，经相关各方协商一致确定作业许可证有效期限和延期次数。超过延期次数，应重新办理作业许可证。

（3）督促使用专用吊索、吊具，固定牢靠，操作平稳，防止磕碰及吊索滑落。

监督依据标准：Q/SY 08248—2018《移动式起重机吊装作业安全管理规范》。

5.7.4　司索人员（起重工）

——接受专业技术培训和考核，持证上岗；

——测算货物质量与起重机额定起吊质量是否相符，根据货物的质量、体积和形状等情况选择合适的吊具与吊索；

——检查吊具、吊索与货物的捆绑或吊挂情况。

（4）监督施工人员，严禁在吊物下方及吊臂旋转范围内停留或走动。

监督依据标准：Q/SY 08248—2018《移动式起重机吊装作业安全管理规范》。

5.4.3.4 起重机吊臂回转范围内应采用警戒带或其他方式隔离，无关人员不得进入该区域。

5.4.3.7 任何人员不得在悬挂的货物下工作、站立、行走，不得随同货物或起重机械升降。

（5）监督检查高处作业人员是否按规定使用安全带和防坠器，交叉作业时严格遵守相关规定。

监督依据标准：《中国石油天然气集团公司高处作业安全管理办法》（油安〔2015〕37号）。

第三章第十五条属地监督的主要安全职责：

（五）在高处作业过程中，根据要求实施现场监督。

（六）及时纠正或制止违章行为，发现人员、设备或环境安全条件变化等异常情况及时要求停止作业并立即报告。

第四章 高处作业安全管理要求 第四节 作业实施中：

第四十二条 作业人员应按规定正确穿戴个人防护装备，并正确使用登高器具和设备。

第四十三条 作业人员应按规定系用与作业内容相适应的安全带。安全带高挂低用，不得系挂在移动、不牢固的物件上或有尖锐棱角的部位，系挂后应检查安全带扣环是否扣牢。

第四十五条 高处作业禁止投掷工具、材料和杂物等，工具应采取防坠落措施，作业人员上下时手中不得持物。所用材料应堆放平稳，不妨碍通行和装卸。

第四十八条 高处作业与其他作业交叉进行时，应按指定的路线上下，不得上下垂直作业。如果需要垂直作业时，应采取可靠的隔离措施。

第四章第一节第二十五条 严禁在六级以上大风和雷电、暴雨、大雾、异常高温或低温等环境条件下进行高处作业；在30℃～40℃高温环境下的高处作业应进行轮换作业。

（五）典型“三违”行为

（1）高处作业不系安全带。

（2）上下立体交叉作业。

（3）高处作业时工具不系尾绳。

（六）作业现场常见未遂事件和典型事故案例

吊装场地狭小险伤人事件：

1. 事件经过

2016年6月5日，某测井队在某井场进行校深作业，该井属于压裂前校深，作业现场空间狭小，井口高度超过2.5米，井口安装十分困难。作业机起吊过程中，两人使用牵引绳，拉住防喷器底部，随着吊车起吊向前拖拽。由于空间狭小，两人无法同时通过，一人在前行过程中腿部碰到油管，所幸旁边有人监护，未造成人员受伤。

2. 主要原因

（1）施工场所空间狭小，人员站位存在隐患，是导致该起事件的直接原因。

（2）现场施工工具存在缺陷，在吊装过程中吊物控制受限。

（3）起吊前，司索指挥人员未与吊车司机进行有效沟通，造成起吊过程中司机未控制好起吊速度。

（4）测井队长或HSE监督员未能识别出，作业场地空间狭小进行吊装作业可能对人员造成伤害的风险。

3. 吸取教训

（1）强化队长、HSE监督员以及作业人员的安全教育，提高风险辨识的能力。

（2）指挥人员加强与吊车司机的沟通交流，做好指挥，控制吊速。

（3）制作专用防喷管推车，便于牵引控制。

五、试压作业

（一）主要风险

（1）试压机由非专业人员接、拆电源线易发生触电事故。

（2）人员未撤离到安全区域进行试压作业可能造成人员伤害。

（3）试压完毕泄压时排液口处站人可能造成人员伤害。

（4）冬季未检查确认设备是否正常后，进行试压作业可能造成设备损坏、人员伤害。

（5）超过额定压力可能损坏井口装置或伤害人员。

（二）监督内容

（1）试压前提出安全注意事项，督促钻井队各岗位明确分工、密切配合。

（2）督促钻井队对井控装备、试压设备、安全设施、监控仪表等进行全面检查。

（3）监督钻井队按照井控细则及井控设计要求对所有井控装备进行试压。

（4）试压过程及卸压时，检查人员安全站位。

（三）主要监督依据

SY/T 5964—2006《钻井井控装置组合配套、安装调试与维护》；

SY/T 5974—2014《钻井井场、设备、作业安全技术规程》；

Q/SY 08124.2—2018《石油企业现场安全检查规范　第 2 部分：钻井作业》。

（四）监督控制要点

（1）督促钻井队在试压前进行检查确认：

① 管线、接头等高压件的连接、固定应牢靠；

② 检查确认液压控制线路安装正确，与远控台手柄标识一致；

③ 检查确认井控装置的安装、连接、固定达到井控细则及井控设计规定的标准；

④ 检查确认管线、阀门畅通。

> 监督依据标准：Q/SY 08124.2—2018《石油企业现场安全检查规范　第 2 部分：钻井作业》。
>
> 6.3.3　执行钻井工程设计中有关井控设备安装、管理要求及措施，符合 GB/T 31033 的相关要求。
>
> 7.5.1　设备安装结束后，应按各系统的技术要求进行检查，做好设备的试运行与调试工作。

（2）监督钻井队严格按照试压工作程序对井控装置各组件逐项试压。

> 监督依据标准：SY/T 5964—2006《钻井井控装置组合配套、安装调试与维修》、SY/T 5974—2014《钻井井场、设备、作业安全技术规程》。
>
> SY/T 5964—2006《钻井井控装置组合配套、安装调试与维修》：
>
> 4.3　试压
>
> 4.3.1　在井控车间(基地)，环形防喷器(封闭钻杆，不封空井)、闸板防喷器、四通、防喷管线、内防喷工具和压井管汇等应作 1.4MPa～2.1MPa 的低压试验和额定工作压力试压；节流管汇按各控制元件的额定工作压力分别试压，并作 1.4MPa～2.1MPa 的低压试验。

4.3.2 在钻井现场安装好后，井口装置应作1.4MPa～2.1MPa的低压试验。在不超过套管抗内压强度80%的前提下，环形防喷器的高压试验值应为封闭钻杆试压到额定工作压力的70%；闸板防喷器、四通、防喷管线、压井管汇和节流管汇的各控制元件应试压到额定工作压力；其后的常规试验压力值应大于地面预计最大关井压力。

4.3.3 钻开油气层前及更换井控装置部件后，应用堵塞器或试压塞参照4.3.2中的有关要求及条件试压。

4.3.4 除防喷器控制系统、各防喷器液缸和液动闸阀应用液压油做21MPa控制元件、油路和液缸可靠性试压外，井控装置的密封试压均应用清水密封试压，试压稳压时间应不少于10min，密封部位不允许有渗漏，其压降应不大于0.7MPa。

4.3.5 放喷管线密封试压应不低于10MPa。

4.3.6 在井控车间（基地）的试压记录应使用压力计和图表记录器。压力测试范围不允许小于压力计最大量程的25%，且不允许超过压力计最大量程的75%。钻井现场的试压具体要求应按钻井工程设计和有关井控技术规定进行。

SY/T 5974—2014《钻井井场、设备、作业安全技术规程》：

7.3.2.2 试压稳压时间不少于10min，高压试验压降不大于0.7MPa，低压试验压降不超过0.07MPa，密封部位无渗漏为合格。

（3）监督试压过程中对高压危险区域进行警戒隔离严禁人员进入。

监督依据标准：SY/T 5974—2014《钻井井场、设备、作业安全技术规程》。

6.2 岗位操作的安全管理

6.2.11 注水泥、压井、酸化压裂、测试等高压作业时，非工作人员不应进入高压区。

（4）旁站监督卸压过程，严禁采用开井的方式泄压。

监督依据标准：SY/T 5974—2014《钻井井场、设备、作业安全技术规程》。

7.4.6 不应用打开防喷器的方式来泄井内压力。

（5）监督检查试压记录是否齐全有效。

监督依据标准：Q/SY 08124.2—2018《石油企业现场安全检查规范 第2部分：钻井作业》。

表B.1 钻井设备安全检查项目及要求

井控设备（其他要求）

a）井口装置、节流管汇、压井管汇、放喷管线均应按设计要求试压合格，并记录。

（五）典型“三违”行为

（1）试压过程中人员进入高压危险区。

（2）开井泄压。

（3）编造试压曲线和记录。

（六）作业现场常见未遂事件和典型事故案例

工房内测试工具试压刺漏事件：

1. 事件经过

2016 年 3 月 21 日 15:11，某公司测试一队贺某、邹某准备对测试工具（RD 安全阀）进行试压，15:21 连接试压流程管线并设置警示标识后，开启试压泵对测试工具及管线内加水，按照试压要求应试压 35MPa，稳压 10min 工具不刺不漏为合格。15:24 压力上升 15MPa 时，距离试压泵出口端 15cm 处的试压管线突然发生爆裂，由于试压操作人员站位合理，试压区域内无其他作业人员，未发生人员高压伤害。

2. 主要原因

（1）试压前操作人员未对试压管线进行检查，导致试压期间压力上升过程中，发生管线爆裂。

（2）试压管线使用年限过长，部分管线出现裂纹，没有及时淘汰更换新的试压管线。

（3）试压操作人员在试压前风险识别不全面，没有意识到试压管线本体出现问题后存在的安全隐患。

3. 吸取教训

（1）试压前应对试压工具、试压流程管线等各处进行全面细致的检查，防止试压期间工具或管线刺漏，发生人员高压伤害。

（2）定期对试压设备安全附件进行校验，同时对使用年限过长的试压管线及时淘汰更新，做好设备本质安全。

（3）加强岗位员工安全风险知识的培训力度，提高人员安全风险意识。

六、安装、拆卸顶驱

（一）主要风险

（1）高空作业人员未按要求使用安全带、防坠器导致坠落伤亡。

（2）高空作业人员使用工具未系安全绳或上下抛递工具掉落致人伤亡。

（3）人员操作配合不默契导致挤伤。

（二）监督内容

（1）监督检查顶驱安装、拆卸方案的制订，检查特种作业人员的资质是否齐全有效。

（2）督促作业前召开安全会议，确定岗位人员分工，明确职责及相互协作配合事宜。

（3）检查作业许可票证的落实情况，督促风险识别及防范措施的落实。

（4）督促顶驱作业单位检查并确保起吊作业用吊篮、各类吊具、高处作业工具及安全防护用具的安全可靠，督促钻井队检查并确保起吊用小绞车安全、灵敏、可靠。

（5）监督作业人员安全站位、安全防护措施落实，劳动防护用品用具的使用。

（三）主要监督依据

AQ 2012—2007《石油天然气安全规程》；

SY/T 6870—2012《石油钻机顶部驱动装置安装、调试与维护》；

Q/SY 02018—2017《顶驱使用和维护保养规范》；

Q/SY 08248—2018《移动式起重机吊装作业安全管理规范》；

《中国石油天然气集团公司高处作业安全管理办法》（安全〔2015〕37号）。

（四）监督控制要点

（1）监督审查顶驱安装、拆卸作业相关作业许可证，作业人员须经过专业培训。

> 监督依据标准：SY/T 6870—2012《石油钻机顶部驱动装置安装、调试与维护》、Q/SY 08248—2018《移动式起重机吊装作业安全管理规范》。
>
> SY/T 6870—2012《石油钻机顶部驱动装置安装、调试与维护》：
>
> 4.2　顶驱装置的安装调试及维护，应由经过制造商培训和专业人员进行，在操作前应仔细阅读制造商提供的手册及相关技术文件。
>
> Q/SY 08248—2018《移动式起重机吊装作业安全管理规范》：
>
> 5.1.1　移动式起重机吊装作业实行作业许可管理，吊装前需办理吊装作业许可证。

（2）督促检查作业前的检查准备工作是否充分。

① 督促顶驱作业单位检查并确保顶驱安装和拆卸所用吊篮、各类吊具、高处作业工具安全可靠。

② 督促钻井队检查并确保起吊用小绞车安全、灵敏、可靠。

③ 监督检查高处作业人员使用的安全带、防坠器等安全设施，是否符合安全使用要求。

④ 监督顶驱设备全部安装完成后才能接通电、气、液等动力源。

⑤ 监督拆卸顶驱前先断开电、气、液等动力源，并确认无电和泄压后方可进行拆卸作业。

监督依据标准：AQ 2012—2007《石油天然气安全规程》、SY/T 6870—2012《石油钻机顶部驱动装置安装、调试与维护》、Q/SY 02018—2017《顶驱使用和维护保养规范》、《中国石油天然气集团公司高处作业安全管理办法》(安全〔2015〕37号)。

AQ 2012—2007《石油天然气安全规程》：

5.2.4.2 钻井设备安装应符合下列要求：

——所有设备应按规定的位置摆放，并按程序安装；

——设备部件、附件、安全装置设施应齐全、完好，并固定牢靠；

——设备运转部位转动灵活，各种阀门灵活可靠，油气水路畅通，不渗不漏；

——所有紧固件、连接件应牢固可靠，紧固件螺纹外露部分应有防锈措施。

——设备安装完后，整机试运转符合要求。

SY/T 6870—2012《石油钻机顶部驱动装置安装、调试与维护》：

4.3 所有人员应穿戴好劳动防护用品，登高作业人员应系好安全带。

Q/SY 02018—2017《顶驱使用和维护保养规范》：

7.1.1.1 天车防碰功能正常。

7.1.1.2 作业机具到位，顶驱及其附件完好，工具等辅助材料齐全。

7.1.1.8 钻台面平整，井口处不得有钻具或吊卡等露出钻台面。

7.1.1.9 应确保钻台面中央至坡道有效通过距离满足顶驱及其附件的要求。

《中国石油天然气集团公司高处作业安全管理办法》(安全〔2015〕37号)：

第十五条属地监督的主要安全职责：

(五)在高处作业过程中，根据要求实施现场监督。

(六)及时纠正或制止违章行为，发现人员、设备或环境安全条件变化等异常情况及时要求停止作业并立即报告。

第四章 高处作业安全管理要求 第四节 作业实施中：

第四十二条 作业人员应按规定正确穿戴个人防护装备，并正确使用登高器具和设备。

第四十三条 作业人员应按规定系用与作业内容相适应的安全带。安全带高挂低用，不得系挂在移动、不牢固的物件上或有尖锐棱角的部位，系挂后应检查安全带扣环是否扣牢。

(3)监督检查顶驱安装、拆卸作业过程是否符合安全要求。

① 监督落实吊装作业专人指挥，佩戴明显标志，指挥信号规范、明确。

② 督促高处作业人员所用工具系好尾绳。

③ 监督井架上方和钻台上是否存在立体交叉作业。

④ 监督是否有人员在吊车工作半径内停留或通过。

⑤ 监督起吊重物时是否进行试吊，是否使用牵引绳。

⑥ 监督安装、拆卸作业面正下方是否站人，防止落物伤害。

⑦ 监督检查顶驱安装和拆卸作业时人员站位、操作、配合及指挥等作业行为是否符合安全要求。

监督依据标准：SY/T 6870—2012《石油钻机顶部驱动装置安装、调试与维护》、Q/SY 08248—2018《移动式起重机吊装作业安全管理规范》、Q/SY 02018—2017《顶驱使用和维护保养规范》、《中国石油天然气集团公司高处作业安全管理办法》（安全〔2015〕37 号）。

SY/T 6870—2012《石油钻机顶部驱动装置安装、调试与维护》：

4.4　设备应按制造商文件规定及吊装标识进行吊装。

4.5　高处作业时所用工具和零件系有安全绳或装在工具袋内以防坠落。工具、零配件不应上抛、下扔。高处作业的正下方及其附近不应有人作业、停留和通过。

4.6　遇有 6 级以上（含 6 级）大风、雷电或暴雨、雾、雪、沙尘等天气，能见度小于 30m 时，应停止设备吊装拆卸及高处作业。

5.2.2　导轨调节板的安装

将用于调节导轨长度的调节板与吊耳连接后，应根据井架高度确定调节板上与导轨的连接位置。导轨下端面距钻台面高度应不小于 2m，不大于 2.2m。

Q/SY 08248—2018《移动式起重机吊装作业安全管理规范》：

5.4.3.6　操作中起重机应处于水平状态。在操作过程中可通过牵引绳来控制货物的摆动，禁止将牵引绳缠绕在身体的任何部位。

5.4.3.7　任何人不得在悬挂的货物下工作、站立、行走，不得随同货物或起重机机械升降。

Q/SY 02018—2017《顶驱使用和维护保养规范》：

5.2.1　顶驱的安装、拆卸、吊装及高空作业过程为事故多发阶段，应避免交叉作业。

5.2.2　对顶驱实施运移前，应确保顶驱各部件间、顶驱与运输工具的可靠连接与固定。

5.2.3　高空作业应确保钻台与井架人员之间的联系，听从现场专人的指挥。

7.1.2.2　安装导轨时应避免导轨与井架发生碰撞，导轨连接后应安装防松装置。

7.1.2.3　安装顶驱时应避免顶驱与井架、导轨发生碰撞。

7.2.1　拆卸前应确认顶驱已完全停止运转，动力源已全部切断，剩余能量已完全释放或处于安全锁定状态，所需设备工具等齐全。

7.2.2　对顶驱的拆卸原则上为安装的逆过程，应按照制造商技术文件要求执行。

> 《中国石油天然气集团公司高处作业安全管理办法》(安全〔2015〕37号):
>
> 第四十五条　高处作业禁止投掷工具、材料和杂物等,工具应采取防坠落措施,作业人员上下时手中不得持物。所用材料应堆放平稳,不妨碍通行和装卸。
>
> 第四十八条　高处作业与其他作业交叉进行时,应按指定的路线上下,不得上下垂直作业。如果需要垂直作业时,应采取可靠的隔离措施。

(五)典型“三违”行为

(1)高处作业不系安全带。

(2)高处作业时安全带尾绳系在吊篮上。

(3)井架上方拆卸安装作业时所用工具不系尾绳。

(4)顶驱安装、拆卸时与钻井队上、下立体交叉作业。

(5)作业人员上下抛递工具。

(六)作业现场常见未遂事件和典型事故案例

顶驱卸保护接头倾倒事件:

1. 事件经过

2016年8月19日20:30,某钻井队因定向仪器信号原因进行起钻,在修理定向仪器的间隙决定更换顶驱保护接头,由副队长霍某、钻台大班朱某、张某带人将防松扣装置卸松后,利用顶驱背钳和自身动力把保护接头卸掉,下放游车将保护接头公扣放至提前准备的桌子上,松开背钳让保护接头脱开,吴某怕防松扣装置也一起脱落,就用手去扶着防松扣装置,保护接头脱开退出喇叭口后发生倾斜,倒在桌子上,吴某扶着的防松扣装置也掉落下来,由于躲闪及时,无人员受伤。

2. 主要原因

(1)保护接头脱开退出喇叭口后发生倾斜,扶着的防松扣装置同时掉落。

(2)工作中人员的分工配合不好。

(3)岗位员工安全意识淡薄,对安全隐患不能及时识别。

(4)工作前安全分析不到位,风险未识别全面。

3. 吸取教训

(1)加强工作前安全分析,对可能出现的安全隐患分析透彻,并制定防范措施。

(2)加强员工岗位操作技能培训,工作中协同配合到位。

(3)提高安全培训质量,使员工学以致用,提升个人安全意识。

七、起下钻作业

（一）主要风险

（1）带式刹车钻机在起高速过程中，意外刹车造成刹把回落伤人。

（2）大绳盘乱、未及时更换、顿钻、超负荷提升导致大绳断裂伤人。

（3）高速起钻、气路冻结、防碰天车失效造成游动系统上顶下砸。

（4）下钻过程中未及时挂合辅助刹车，或辅助刹车突然失效，起钻过程中刹带下垫异物，或刹车毂抹油导致刹车失灵造成顿钻伤人。

（5）钻台上提升短节、接头、吊卡、卡瓦等工具、手工具、材料固定不牢，且踢脚板或钻台铺板孔、洞过大，导致工具、手工具、材料坠落伤人。

（6）工作过程中滑跌、坠落伤害。

（7）误合钻井泵气门导致维修人员伤害、憋泵导致高压钻井液刺漏或钻井泵附件飞出伤人。

（8）误操作转盘气门导致吊环飞甩，转盘上的人员、工具甩出，造成人员伤害。

（9）使用双吊卡起下钻时，操作配合不当造成单吊环伤人。

（10）刹把未刹死造成顿钻伤人。

（11）旋绳缠乱或配合不当造成人员伤害。

（12）拉断钳体或钳绳造成人员伤害。

（13）油气层高速起钻、拔活塞起钻、不及时灌钻井液导致溢流或井涌。

（14）井架上的附件、工具等浮置物，钻柱上的泥块等由于震动等原因下落，造成物体打击伤害。

（15）盘刹钻机工作钳刹车块厚度不足，安全钳刹车块与刹车盘间隙过大，安全钳碟簧弹力不足或液压站储能器压力不足，停电后未及时启动液压站，导致刹车失效，造成顿钻和人身伤害。

（16）下钻过程中由于下钻速度过快、开泵过猛等原因憋漏地层导致钻井液漏失严重，造成井控险情。

（17）高空作业未正确使用安全带，未正确使用直梯攀升保护器、防坠落器等安全设施，或安全防护装置失效，或安全防护装置悬挂位置不当，或井架直梯变形、破损、湿滑，底座湿滑，造成坠落伤害。

（18）拉钻柱进指梁时，钻柱、吊索具挤、压作业人员，造成人身伤害。

（19）游车、顶部驱动装置在起、放过程中，挂压猴台、压断兜绳，导致猴台断裂、二层台倾斜、栏杆坠落，造成二层台及钻台作业人员伤害。

（20）提升短节倒扣，未及时向司钻发出停止作业信号，导致钻柱倾倒，造成物体打击伤害。

（21）液压大钳前行、后退、摆动，或回位后没有及时拴挂绳索，人员站位不合理，造成物体打击伤害。下钳未抱死进行上、卸扣作业，导致扶正花篮螺栓、环链（钢丝绳）断开，液压大钳飞甩，造成物体打击伤害。高压油管线老化、磨损严重，且未加保险绳，导致脱开或破裂，造成管线弹击、高压射流伤害。

（22）钻柱入钻杆盒时，人员站在钻柱运动的方向，肩扛或用手臂环抱推钻具，造成人员挤伤。出钻杆盒时，人员站在钻柱运动方向，未使用兜绳或钻杆钩控制钻具，造成物体打击伤害。

（二）监督内容

（1）检查钻井队起下钻作业前的准备工作（安全会议，工作计划等）。

（2）检查起下钻作业人员的资格证（司钻操作证、高空作业证等）是否齐全有效。

（3）检查钻井队安全防护设备、设施（如防碰天车、钻机刹车系统、二层台逃生设施等）的安全可靠性。

（4）督促现场作业人员正确穿戴劳动防护用品。

（5）监督现场作业人员位置和活动范围的安全状况。

（6）监督作业人员安全操作情况及工作范围内的设备安全运行状况。

（7）监督作业人员操作范围内各种工具、设施安全摆放状况。

（8）督促司钻起下钻作业前对转盘进行锁定。

（三）主要监督依据

AQ 2012—2007《石油天然气安全规程》；

SY/T 5974—2014《钻井井场、设备、作业安全技术规程》；

Q/SY 08124.2—2018《石油企业现场安全检查规范　第2部分：钻井作业》；

《中国石油天然气集团公司高处作业安全管理办法》（安全〔2015〕37号）。

（四）监督控制要点

（1）作业前检查跟班干部、司钻、副司钻、井架工等人员资格证是否齐全有效。

> 监督依据标准：AQ 2012—2007《石油天然气安全规程》、SY/T 5974—2014《钻井井场、设备、作业安全技术规程》、Q/SY 08124.2—2018《石油企业现场安全检查规范　第2部分：钻井作业》。
>
> AQ 2012—2007《石油天然气安全规程》：

6.3.8.1 平台经理、钻井队长、司钻、副司钻等以上钻井作业人员应具有司钻操作证,在起钻开始和下钻后期以及处理复杂情况时,应由司钻以上钻井作业人员操作。

SY/T 5974—2014《钻井井场、设备、作业安全技术规程》:

6.2.5 上岗人员应经过相关安全资质培训合格,持证上岗(上岗人员具备上岗资质,特种作业人员和特种设备操作人员持证上岗)。

Q/SY 08124.2—2018《石油企业现场安全检查规范 第2部分:钻井作业》:

6.3.2 钻井队(队长、指导员、副队长、钻井工程师、钻井液工程师)井架工及以上的岗位(钻井技师、正副司钻、动力技师、坐岗人员以及内外钳工等)、安全监督、钻井监督、地质监督、地质技术人员应进行井控培训,并持有效井控操作证。

(2)检查钻井队召开班前、班后会,督促班组负责人落实作业前安全讲话,作业后安全讲评。

监督依据标准:Q/SY 08124.2—2018《石油企业现场安全检查规范 第2部分:钻井作业》。

5.1.10 司钻

5.1.10.1 安全职责履行情况检查内容

5.1.10.1.2 组织开展班组安全活动,召开班前、班后会;安排各岗位对所负责设备的检查、保养工作。

5.1.10.1.3 执行班组作业计划书和安全技术措施;遵守操作规程,及时制止、纠正违章行为;确保人身、井下和设备安全。

5.1.10.1.4 组织班组安全检查,带领员工整改安全隐患。

5.1.11 副司钻(班组兼职安全员)

5.1.11.1 安全职责履行情况检查内容

5.1.11.1.1 履行属地管理责任,协助司钻做好班组安全工作。

5.1.11.1.2 参加班组安全活动,提出安全措施,督促检查措施落实情况。

6.2.6.3 队、班组应定期开展安全活动,并做好记录。

6.2.6.4 班组应针对工况进行安全提示,班后应进行安全讲评。

(3)检查钻井队起下钻作业前是否做到岗位负责分工,进行安全检查。

监督依据标准:SY/T 5974—2014《钻井井场、设备、作业安全技术规程》。

8.4.1 起下钻前应按照操作岗位负责分工,做好仪表、工具、管材和安全防护设施的安全检查,井口操作应有防落物入井措施。

（4）检查作业人员劳保穿戴是否齐全、完好，符合规定。

> 监督依据标准：SY/T 5974—2014《钻井井场、设备、作业安全技术规程》。
>
> 6.2.7　进入井场应按规定穿戴好防护用品。

（5）起下钻作业前，督促井队检查高处作业人员（井架工）身体健康状况。

> 监督依据标准：《中国石油天然气集团公司高处作业安全管理办法》（安全〔2015〕37号）。
>
> 第二十四条中规定：
>
> 高处作业人员及搭设脚手架等高处作业安全设施的人员，应经过专业技术培训及专业考试合格，持证上岗，并应定期进行身体检查。对患有心脏病、高血压等职业禁忌证，以及年老体弱、疲劳过度、视力不佳等其他不适于高处作业的人员，不得安排从事高处作业。

（6）起下钻作业前，督促井队及时检查刹车系统，确保井口工具等完好。

> 监督依据标准：Q/SY 08124.2—2018《石油企业现场安全检查规范　第2部分：钻井作业》。
>
> 7.7.1　作业前应确认防碰天车、提升系统、刹车系统、井口工具完好，锁定转盘。

（7）起下钻作业前，检查井队钻台应急逃生滑道、钻台护栏、梯子等完好情况。

> 监督依据标准：Q/SY 08124.2—2018《石油企业现场安全检查规范　第2部分：钻井作业》。
>
> 6.5.1.3　钻台应安装紧急滑梯至地面，下端设置缓冲垫或缓冲沙土，距离下端前方5m范围内无障碍物。
>
> 6.5.1.6　天车、井架、二层台、钻台、机房、泵房、循环系统、钻井液储备罐的护栏和梯子应齐全牢固，扶手光滑，坡度适当。

（8）督促钻井队检查登高助力器、保险带、防坠落装置以及井架二层台逃生器的完好情况。

> 监督依据标准：Q/SY 08124.2—2018《石油企业现场安全检查规范　第2部分：钻井作业》。
>
> 6.5.1.4　二层台应配置紧急逃生装置、防坠落装置（速差自控器、全身式安全带），工具拴好保险绳。逃生装置、防坠落装置应在安装完成后进行测试、定期检查，并做好记录。
>
> 6.5.1.5　紧急逃生装置着地处应设置缓冲沙坑（缓冲垫），周围无障碍物。

（9）检查防碰装置，保证气动防碰装置、机械防碰装置均处在良好工作状态。

监督依据标准：AQ 2012—2007《石油天然气安全规程》、SY/T 5974—2014《钻井井场、设备、作业安全技术规程》。

AQ 2012—2007《石油天然气安全规程》：

6.3.8.3　常规钻井除应符合 5.2.6.1 的规定外，起下钻还应按以下规定执行：

——每个班次应对游动系统防碰天车装置进行一次功能性试验。

SY/T 5974—2014《钻井井场、设备、作业安全技术规程》：

5.4.6　防碰天车

5.4.6.1　过卷阀式防碰天车：过卷阀的拨杆长度和位置依游车上升到工作所需极限高度时钢丝绳在滚筒上缠绳位置来调整（依据使用说明书或现场设备要求）；气路应无泄漏，臂杆受碰撞时，反应动作应灵敏，总离合器、高低速离合器同时放气，刹车气缸或液压盘式刹车应立即动作，刹住滚筒。

5.4.6.2　重锤式或机械式防碰天车：阻拦绳距天车梁下平面距离依据使用说明书或现场设备要求安装，引绳采用直径 6.4mm 钢丝绳，松紧合适；不扭、不打结，不与井架、电缆干涉；灵敏、制动速度快。

5.4.6.3　安装了数码防碰装置的，其数据采集传感器应连接牢固，工况显示正确，动作反应灵敏准确。

（10）检查作业人员在起下钻中是否按要求灌好钻井液，做好坐岗观察。

监督依据标准：AQ 2012—2007《石油天然气安全规程》、Q/SY 08124.2—2018《石油企业现场安全检查规范　第 2 部分：钻井作业》。

AQ 2012—2007《石油天然气安全规程》：

6.3.8.3　常规钻井除应符合 5.2.6.1 的规定外，起下钻还应按以下规定执行：

——应通过计量罐向井内灌满钻井液以平衡地层压力，并注意观察井内溢流及漏失情况。

Q/SY 08124.2—2018《石油企业现场安全检查规范　第 2 部分：钻井作业》：

7.7.4　每起出 3～5 柱钻杆或 1 柱钻铤，应将井内钻井液灌满，若钻具水眼堵塞，起钻中每柱灌满钻井液或连续灌入钻井液。下钻带止回阀的钻具组合，每下 20～30 柱向钻柱内灌满钻井液，钻具在裸眼段灌钻井液时应上下活动。

7.7.5　坐岗人员记录并校对钻井液灌入和返出量，发现异常及时报告当班司钻（刹把操作人员）。

（五）典型“三违”行为

（1）起钻不按规定灌满钻井液。

（2）攀爬直梯井架不正确使用防坠落装置。

（3）井架工到二层台将安全带尾绳系在猴台上。

（4）人员乘坐游动系统、钻杆等非专用设施上下井架。

（5）起下钻时，井控坐岗人员不认真填写记录，脱岗或不能及时发现溢流、漏失，或发现异常不及时报警。

（6）拉钻具立柱入钻具盒时，用肩推送钻具。

（7）起下钻作业时，井架工扣飞车或用手抓钻杆内螺纹。

（六）作业现场常见未遂事件和典型事故案例

起钻吊卡活门未扣好事件：

1. 事件经过

2015 年 4 月 29 日 9:29 左右，某钻井队起钻作业时，内钳工扣完吊卡后准备刮泥浆，大班司钻荣某发现活门没有扣上，及时制止并扣上活门，未造成人员伤亡。

2. 主要原因

（1）员工操作后未进行检查确认，对可能发生的风险识别不到位。

（2）岗位操作规程掌握不熟练，岗位技能较差。

（3）班前班后会未及时提醒，对个别岗位操作规程掌握不熟练，岗位技能较差的员工，及时签订导师带徒协议和进行兼职教师培训。

3. 吸取教训

（1）对个别岗位操作规程掌握不熟练，岗位技能较差的员工，及时签订导师带徒协议和进行兼职教师培训。

（2）强化工作前安全分析，员工扣完吊卡后应检查确认，增强安全防范意识。

八、取芯作业

（一）主要风险

（1）含硫化氢井出芯时未佩戴防护设施造成人员中毒伤害事故。

（2）出芯时人员站位不合理易造成人员伤害事故。

（二）监督内容

（1）督促钻井队按设计要求、取芯钻进的技术措施和安全操作规程，做好取芯前的准备工作，如防硫设施配置、地面设备的检查、应急预案编制、向施工作业人员进行安全、技术交底等。

（2）检查 H_2S 监测仪、防爆排风扇、正压式空气呼吸器、专用充气泵等防硫设备设施的配备、摆放位置与工作状况，以及机泵房、循环系统及二层台等处设置的防风护套和围布拆除情况。

（3）在进入含硫层前，督促钻井队组织 H_2S 应急演练，有讲评、有记录。

（4）监督取芯工具上下钻台、出入井操作，以及取芯作业过程中的坐岗、防硫设施使用情况。

（5）出芯前，督促所有人员按规定及时佩戴正压式空气呼吸器和便携式 H_2S 监测仪进行作业。

（三）主要监督依据

SY/T 5087—2017《硫化氢环境钻井场所作业安全规范》；

SY/T 5347—2016《钻井取心作业规程》；

SY/T 5974—2014《钻井井场、设备、作业安全技术规程》。

（四）监督控制要点

（1）监督检查取心作业安全措施交底，准备工作完成情况。

> 监督依据标准：SY/T 5347—2016《钻井取心作业规程》、SY/T 5974—2014《钻井井场、设备、作业安全技术规程》。
>
> SY/T 5347—2016《钻井取心作业规程》：
>
> 6.1.2.3 钻井设备应完好，仪表应检验合格、灵敏准确。
>
> 6.1.3.2 井壁稳定，井下无漏失、无溢流，起下钻无阻卡。
>
> SY/T 5974—2014《钻井井场、设备、作业安全技术规程》：
>
> 8.7.1 取心前应做好以下准备：
>
> a）取心前由相关专业人员向钻井队交底，钻井队应清楚取心的要求、依据、井深、段长、岩性、取心工具结构及检查要求，执行好取心技术措施。

（2）监督检查取心作业安全技术措施的执行情况。

> 监督依据标准：SY/T 5347—2016《钻井取心作业规程》。
>
> 9.2.1.5 钻进中如无特殊情况，不停泵，不停转，钻头不提离井底，直到取心钻进完成。如遇井漏、气侵、溢流等复杂情况应立即停止取心作业，井控按规定执行。
>
> 11.1.1 起钻要求井眼无溢流，钻井液的密度应达到压稳地层的要求。

> 11.1.2 起钻速度适当，操作平稳，不应用转盘旋转卸扣。
>
> 11.1.3 起钻过程中应及时向井眼内灌满钻井液。
>
> 12.2.1 密闭取心。
>
> 12.1.1.1 岩心出筒前应先泄掉内筒中的压力。

（3）监督检查含硫化氢的地层取心作业安全技术措施交底、防硫技术措施执行情况。

> 监督依据标准：SY/T 5087—2017《硫化氢环境钻井场所作业安全规范》。
>
> 7.1.1 钻开含硫化氢油气层前应制定防硫化氢安全措施，组织检查，确认防硫化氢安全措施的落实情况。只有防硫化氢安全措施得到全部落实，才能在含硫化氢环境的钻井场所施工。
>
> 7.1.2 防硫化氢安全措施应包括但不限于下述项目：
>
> ——硫化氢监测设备的配置。
>
> ——个人呼吸保护设备的配置。
>
> ——风向标的配置安装。
>
> ——在可能形成硫化氢、二氧化硫聚集处的防爆通风设备配置。
>
> ——逃生通道及安全区的设置。
>
> ——防硫化氢应急处置方案的演练。
>
> ——现场作业人员防硫化氢培训持证情况。
>
> 7.2.4.1 岩心筒到达地面前至少 10 个立柱至出心作业完，应开启防爆通风设备，并持续监视硫化氢浓度，在达到安全临界浓度时应立即戴好正压式空气呼吸器。
>
> 7.2.4.2 在井口取心工具操作和岩心出心过程中发生溢流时，立即停止出心作业，快速抢接防喷钻杆单根或将取心工具快速提出井口，按程序控制井口。
>
> 7.2.4.3 岩心筒已经打开或当岩心已移走后，应使用便携式硫化氢监测仪检查岩心筒。硫化氢含量大于 $1.5g/m^3$ 天然气井段出心和搬运过程中，应持续使用正压式空气呼吸器。
>
> 7.2.4.4 在搬运和运输含有硫化氢的岩心样品时，采取相应包装和措施密封岩心，并标明岩心含硫化氢字样，应保持监测并采取相应防护措施。岩样盒应采用抗硫化氢的材料制作，并附上标签。

（五）典型“三违”行为

（1）含硫化氢井取心作业井口人员不佩戴 H_2S 监测仪。

（2）无关人员进入作业现场。

（3）含硫化氢井出芯时，井口人员不戴正压式空气呼吸器。

（六）作业现场常见未遂事件和典型事故案例

敲击钻具岩心飞溅事件：

1. 事件经过

2016年4月22日，某钻井队承钻的某井在进行取心作业，10:20左右，在进行出心作业时，李某在敲击钻具时，岩心筒崩落到钻台面，随之岩心崩到李某面部，造成李某面部划伤。

2. 事件原因

（1）李某在使用榔头进行出心敲击时，岩心飞溅导致作业人员面部划伤。

（2）作业人员敲击时，用力过猛，未做好防岩心崩出心理准备。

3. 吸取教训

（1）在钻台坡道上出芯时，不得站在取心筒的正前方，防止岩心崩出伤人。

（2）出芯需要敲击时，作业人员佩戴护目镜，敲击用力不能过猛。

（3）加强作业人员安全防护意识培训，及时识别并规避作业风险。

九、欠平衡钻井

（一）主要风险

（1）硫化氢及有毒有害气体泄漏对人体的损伤。

（2）大量可燃气体喷出井口，造成井涌、井喷及火灾爆炸。

（3）上操作台更换旋转防喷器胶芯、检查拆卸旋转头，易造成人员高空坠落伤害。

（4）安装旋转总成，司钻在下压过程中下压过多，造成钻杆弯曲弹伤井口操作人员。

（5）常规钻井作业中的主要风险。

（二）监督内容

（1）督促欠平衡技术服务、钻井队等相关方参加的联席会，并进行相互安全告知，欠平衡施工负责人对参加该井施工作业的全体人员进行安全技术交底。

（2）检查欠平衡操作人员资格证（如井控证、硫化氢证等）是否齐全有效。

（3）督促欠平衡施工单位及钻井队准备好欠平衡钻井装置，确保性能安全可靠，仪表灵敏准确。

（4）检查施工现场正压式空气呼吸器、硫化氢报警仪等配置情况。

（5）检查欠平衡钻井应急预案，监督施工过程中井控等应急演练。

（三）主要监督依据

SY/T 5974—2014《钻井井场、设备、作业安全技术规程》；

SY/T 6444—2018《石油工程建设施工安全规程》；

SY/T 6543.1—2008《欠平衡钻井技术规范　第1部分：液相》；

Q/SY 08124.2—2018《石油企业现场安全检查规范　第2部分：钻井作业》；

《中国石油天然气集团公司高处作业安全管理办法》（安全〔2015〕37号）；

《中国石油天然气集团公司临时用电作业安全管理办法》（安全〔2015〕37号）。

（四）监督控制要点

（1）监督井口装置安装及井口小平台操作过程中防坠落措施的落实情况。

> 监督依据标准：《中国石油天然气集团公司高处作业安全管理办法》（安全〔2015〕37号）。
>
> 第二十三条　坠落防护应通过采取消除坠落危害、坠落预防和坠落控制等措施来实现，否则不得进行高处作业。
>
> 第四十三条　作业人员应按规定系用与作业内容相适应的安全带。安全带应高挂低用，不得系挂在移动、不牢固的物件上或有尖锐棱角的部位，系挂后应检查安全带扣环是否扣牢。

（2）检查电路安装人员是否持有电工证，是否执行上锁挂牌制度。

> 监督依据标准：《中国石油天然气集团公司临时用电作业安全管理办法》（安全〔2015〕37号）。
>
> 第十七条　用电申请人、用电批准人、作业人员必须经过相应培训，具备相应能力。电气专业人员，应经过专业技术培训，并持证上岗。
>
> 第三十四条　在接引、拆除临时用电线路时，其上级开关应当断电，并做好上锁挂牌等安全措施。

（3）监督试压作业过程，以及所有人员的安全站位。

> 监督依据标准：SY/T 5974—2014《钻井井场、设备、作业安全技术规程》、SY/T 6543.1—2008《欠平衡钻井技术规范　第1部分：液相》。
>
> SY/T 5974—2014《钻井井场、设备、作业安全技术规程》：
>
> 6.2　岗位操作的安全管理
>
> 6.2.11　注水泥、压井、酸化压裂、测试等高压作业时，非工作人员不应进入高压区。

SY/T 6543.1—2008《欠平衡钻井技术规范　第 1 部分：液相》：

13.4.1　旋转控制头（或旋转防喷器）的试压，在不超过套管抗内压强度 80% 和井口其他设备额定工作压力的前提下，静压用清水试到额定工作压力的 70%，动压试压不低于额定工作压力的 70%。稳压时间不少于 10min，压降不超过 0.7MPa。

13.4.2　充气钻井时，按设计对供气管线进行试压。

13.4.3　所有欠平衡钻井设备安装完毕，都应按欠平衡钻井循环流程试运转。运转正常，连接部位不刺不漏，正常运转时间不少于 10min。

（4）监督使用手持式电动角磨机打磨钻杆毛刺时，电源必须装有检验合格的漏电保护器，操作人员要佩戴好个人防护装备。

监督依据标准：SY/T 6444—2018《石油工程建设施工安全规范》、Q/SY 08124.2—2018《石油企业现场安全检查规范　第 2 部分：钻井作业》。

SY/T 6444—2018《石油工程建设施工安全规范》：

5.8.12　施工现场所有配电箱和开关箱应装设剩余电流动作保护器。严禁将保护线路或设备的漏电开关退出运行。严禁一个开关控制两台（条）及以上用电设备（线路）。配电箱正常工作时应加锁，开关箱正常工作时不得加锁。

5.8.15　开关箱中剩余电流动作保护器的额定漏电动作电流不得大于 30mA，额定漏电动作时间不得大于 0.1s。在潮湿、有腐蚀介质场所和受限空间采用的剩余电流动作保护器，其额定漏电动作电流不得大于 15mA，额定漏电动作时间不得大于 0.1s。手持式电动工具和移动式设备相关开关箱中漏电保护电器，其额定漏电动作电流不得大于 15mA，额定漏电动作时间不得大于 0.1s。剩余电流动作保护器的安装和使用应符合 GB/T 13955 和产品技术文件的规定。

Q/SY 08124.2—2018《石油企业现场安全检查规范　第 2 部分：钻井作业》：

6.6.3　在机房、发电房作业时应佩戴护耳器，进行有损害视力或可能存在物品飞溅造成眼睛伤害的作业时，应佩戴护目镜、面罩或其他保护眼睛的设备。

（五）典型“三违”行为

（1）欠平衡操作人员无证上岗。

（2）含气井井口作业不使用防爆工具。

（3）打磨作业未佩戴个人防护装备。

（4）高处作业不使用防坠落装置。

（六）作业现场常见未遂事件和典型事故案例

吊装作业明杆飞出事件：

1. 事件经过

2016 年 3 月 17 日，某公司欠平衡作业人员周某，在搬家回迁卡车上进行设备吊卸作业。在进行吊卸欠平衡旋转控制装置壳体时，由于壳体一端液动阀明杆卡在设备缝隙处，吊车起吊时未能平稳起吊，这时在卡车上的周某就想用手去掰被卡住的明杆，被现场指挥人员及时制止。就在这时明杆突然弹出，随即壳体跟着升空弹出，所幸周某站位较远，否则后果不堪设想。

2. 主要原因

（1）旋转控制装置明杆弹出。

（2）作业人员对该项作业风险安全识别不强，未识别出此类事件可能造成的危害。

（3）现场负责人在作业前安全分析时流于形式，未将吊装风险告知到每个员工，对存在的潜在危险没有足够的警觉性。

3. 吸取教训

（1）开展吊装作业安全风险识别与知识培训，对各种重点设备、设施吊装过程中可能存在的突发性风险进行辨识，并定期进行闭卷考试，进一步夯实风险管理基础提供人员能力保障。

（2）严格作业前安全分析，要求参与作业人员全部参加风险识别，对存在风险认真制定措施并严格执行。

（3）加强对员工进行制度、规程的培训学习，要开展多种形式的培训教育，现场与理论相结合，帮助员工理解掌握规章制度。

（4）管理人员要加强日常的监督检查特别是过程监督，合理运用新工具新方法提高安全管理实效，对重复问题，加大处罚力度。

十、测井作业

（一）主要风险

（1）测井人员操作钻井队设备易发生人身伤害及设备损坏事故。

（2）非专业电工连接线路、电源线未接在有漏电断路器的电源上造成人员触电事故。

（3）未回避到安全区域，可能接触到放射性物质，造成放射性伤害。

（4）测井车不加碾木，在起电缆遇卡时，造成测井车移动挤轧人员导致人员伤害。

（5）触摸滑轮及电缆导致人员伤害。

（二）监督内容

（1）督促测井队、钻井队等相关方参加的联席会，并进行相互安全告知；

（2）督促测井队召开班前会会议，明确安全要求；

（3）检查测井作业人员的持证和劳动防护用品的穿戴情况；

（4）监督测井队作业现场警示标识的设置；

（5）监督测井过程中放射源、火工品（射孔弹）的管理情况。

（三）主要监督依据

GB 6722—2014/XG1—2016《爆破安全规程》/ 国家标准第 1 号修改单；

GB/T 12801—2008《生产过程安全卫生要求总则》；

AQ 2012—2007《石油天然气安全规程》；

SY/T 5326.1—2018《井壁取心技术规范　第 1 部分：撞击式》；

SY/T 5600—2016《石油电缆测井作业技术规范》；

SY/T 5726—2018《石油测井作业安全规范》；

《中国石油天然气集团公司临时用电作业安全管理办法》（安全〔2015〕37 号）。

（四）监督控制要点

（1）作业前检查放射工作人员是否持有有效证件（爆破证、押运证等）。

> 监督依据标准：GB 6722—2014《爆破安全规程》、GB/T 12801—2008《生产过程安全卫生要求总则》、SY/T 5726—2018《石油测井作业安全规范》。
>
> GB 6722—2014《爆破安全规程》：
>
> 3.3　爆破工程技术人员是指具有爆破专业知识和实践经验并通过考核，获得从事爆破工作资格证书的技术人员。
>
> 5.1.3　爆破设计施工、安全评估与安全监理负责人及主要人员应具备相应的资格和作业范围。
>
> GB/T 12801—2008《生产过程安全卫生要求总则》：
>
> 5.9.2 g）特种作业人员应按照国家有关规定经专门的安全作业培训，取得特种作业操作资格证书，方可上岗作业。
>
> SY/T 5726—2018《石油测井作业安全规范》：
>
> 3.3.1　陆地测井人员应取得“HSE 培训合格证”“井控培训合格证”，按要求取得“硫化氢培训合格证”“辐射安全与防护培训合格证”等证件。海上测井人员还应取得“海上求生”“救生艇筏操纵”、“海上消防”“海上急救”培训合格证书及“健康证”等证件，并应符合 SY/T 6345 和 SY/T 6608 的相关要求。

（2）督促测井作业人员劳动防护用品的穿戴符合规定，遵守钻井队有关安全规定。

监督依据标准：SY/T 5600—2016《石油电缆测井作业技术规范》。

3.1.1.2 工作期间应正确穿戴劳动防护用品，正确使用职业健康、安全和环保防护设施。

3.1.1.3 遵守作业安全规程，服从管理指挥，不应擅自操作钻井（试油）设备，不应攀登高层平台，不应在禁烟区内吸烟。

3.1.1.4 测井作业人员应清楚施工作业内容，具有现场风险管控能力。

3.1.1.5 海上测井作业的还应遵守以下要求：

a）熟悉海上测井作业应急预案，并参加平台救生演习。

b）上下平台时应穿救生衣，冬季依据天气温度穿防寒救生服。

c）不应下海游泳、钓鱼。

（3）督促测井队召开班前会会议，明确安全要求。

监督依据标准：SY/T 5726—2018《石油测井作业安全规范》。

6.1.1 作业前，作业队长应向钻井队（采油队或试油队）详细了解井下情况和井场安全要求，召开安全交底会，应有测井监督及相关人员参加，提出安全要求并做记录。将有关数据书面通知操作工程师和绞车操作人员。钻井队（采油队或试油队）应指定专人配合测井施工。

（4）监督测井作业队临时用电是否符合安全管理规定。

监督依据标准：《中国石油天然气集团公司临时用电作业安全管理办法》（安全〔2015〕37号）。

第十五条 临时用电作业实行作业许可管理，办理临时用电作业许可证，无有效的作业许可证严禁作业。临时用电设备安装、使用和拆除过程中应执行相关的电气安全管理、设计、安装、验收等规程、标准和规范。

第十八条 安装、维修、拆除临时用电线路应由电气专业人员进行，按规定正确佩戴个人防护用品，并正确使用工器具。

第十九条 临时用电线路和设备应按供电电压等级和容量正确使用，所有的电气元件、设施应符合国家标准规范要求。临时用电电源施工、安装应严格执行电气施工安装规范，并接地或接零保护。

第二十七条 所有的临时用电线路必须采用耐压等级不低于500V的绝缘导线。

第二十八条　临时用电设备及临时建筑内的电源插座应安装漏电保护器，在每次使用之前应利用试验按钮进行测试。所有的临时用电都应设置接地或接零保护。

第三十四条　在接引、拆除临时用电线路时，其上级开关应当断电，并做好上锁挂牌等安全措施。

第三十七条　在防爆场所使用的临时用电线路和电气设备，应达到相应的防爆等级要求。

（5）监督测井队现场施工应符合以下要求：

① 测井施工作业使用放射源和火工品的现场应设置相应的安全标志。

② 测井人员禁止操作钻井队各种设备；

③ 测井绞车应打好掩木，复杂井施工应采取加固措施；

④ 气井施工时，发电机和车辆排气管应使用阻火器；

⑤ 测井队应按规定配备硫化氢监测仪。

监督依据标准：AQ 2012—2007《石油天然气安全规程》、SY/T 5600—2016《石油电缆测井作业技术规范》、SY/T 5726—2018《石油测井作业安全规范》。

AQ 2012—2007《石油天然气安全规程》：

5.4.2.1.8　测井作业时，钻井队（作业队、采油队）不应进行影响测井施工的作业及大负荷用电。

5.4.2.5.2　测井队应配备的检测仪器：

——在可能含有硫化氢等有毒有害气体井作业时，测井队应配备一台便携式硫化氢气体监测报警仪。

SY/T 5600—2016《石油电缆测井作业技术规范》：

3.1.2.6.2　发动机、发电机工作正常，并在进入井场和一级消防场所前安装排气火花熄灭器。

3.1.4.5　可能发生能量或物料意外释放的仪器设备检维修等作业，应实施上锁挂签程序。

3.2.1.3　车辆 / 拖橇和发电机排气火花熄灭器置于开启状态。

3.2.2.6　含硫化氢井测井作业时，应佩戴并使用硫化氢监测报警仪器。在硫化氢浓度达到第一级阈值（15mg/m^3）时穿戴好正压式呼吸器。在硫化氢浓度达到第二级阈值（30mg/m^3）时使用正压式呼吸器呼吸，在得到紧急撤离命令后，应立即从逃生路线撤离到紧急集合点。

3.2.3.2　安装仪器车接地线，接地电阻应小于 5Ω（地面干燥时应采取减阻措施）。

3.2.3.3 外接电源由井队(或试油队)有资质的人员进行配接,确认电压和频率等参数应满足设备要求 。

SY/T 5726—2018《石油测井作业安全规范》:

6.1.6 绞车到井口的距离应大于25m。作业前,应放好绞车掩木。安装天滑轮应加装保险装置(安全杠、链条等)。

6.1.7 作业时,发动机、发电机的排气管阻火器应处于关闭状态,测井设备摆放应充分考虑风向。

6.1.8 接外引电源时,应由专业人员接线,并专人监护。

6.1.9 绞车和井口应保持联络畅通。夜间施工,井场应保证照明良好。

6.1.10 测井车接地良好,地面仪器、车辆仪表应完好无损,电器系统不应有短路和漏电现象,接触电阻值等参数应达到技术指标的规定,并记录。

6.1.11 下井仪器应正确连接,牢固可靠。出入井口时,应有专人在井口指挥。

6.1.13 人员不应触摸或跨越运动中的滑轮、马丁代克、滚筒和电缆。绞车运行时,人员不应进入滚筒室,电缆下方不应站人或穿行。

6.1.14 仪器车和绞车(工作车辆)上使用电取暖设备时,应远离易燃物,单个设备用电负荷不应超过3kW,当用电总负荷超过车载电缆的安全负荷时,应单独供电。不应使用电炉丝直接散热的电炉,车(拖橇)内无人时,应切断电源。

6.1.15 遇有六级(含六级)以上大风、暴雨、雷电、大雾等恶劣天气,不应进行作业;若正在作业,应将仪器起入套管内并暂停作业。

6.1.16 在测井过程中,作业队长应进行巡回检查并做记录。测井完毕应回收废弃物。

6.1.17 对于高压油气井,应将应急工具摆放在井口适当位置。在作业过程中,钻井队应有专人观察井口,如发现有异常(溢流等)现象,应立即停止作业并采取应急措施。

6.1.18 在工作基准面2m及以上位置进行测井作业,应执行防坠落操作规范。

(6)监督测井作业中放射源的管理:

① 在井口装卸放射源时,应将井口盖好。

② 测井队应配备放射性剂量监测仪、个人剂量计。

③ 浅海测井专用的贮源箱应设浮标。

④ 浅海施工时,专用贮源箱应放在钻井平台的专用释放架上或指定区域。

监督依据标准:AQ 2012—2007《石油天然气安全规程》、SY/T 5600—2016《石油电缆测井作业技术规范》、SY/T 5726—2018《石油测井作业安全规范》。

AQ 2012—2007《石油天然气安全规程》：

5.4.2.2.2　在井口装卸放射源时，应将井口盖好。

5.4.2.5.2　测井队应配备的检测仪器：

——测井队应配备便携式放射性剂量监测仪，定期检查并记录。

——从事放射性的测井人员每人应配备个人放射性剂量计，定期检查并记录。

SY/T 5600—2016《石油电缆测井作业技术规范》：

3.4.1.3　卸源后对放射源进行清理后装入源罐，并检测源罐辐射数据，确认放射源装入源罐，同时检查装卸源工具和仪器源仓不应遗留放射源。源罐放入运源车内固定，锁好源仓门，同时确认监控报警系统运行良好。

3.4.1.4　填写相关记录。

SY/T 5726—2018《石油测井作业安全规范》：

5.2.3　贮源箱、雷管保险箱、射孔弹保险箱均应单独吊装。

6.2.1.5　测井现场（井口）装卸放射性同位素时，装源人员应确保井口封盖严密。

6.2.2.6　装源人员确保井口封盖严密，不应在井口转盘上搁放物品或工具。作业队长应做好随钻核测井仪器放射性监测。

8.1.3　放射性同位素测井单位应制订放射源丢失、被盗和放射性污染事故应急预案，并定期开展应急演练。

（7）监督测井队火工品的使用与管理：

① 使用火工品时，应设立警示标志，现场严禁吸烟和使用明火。

② 火工品储存箱应及时上锁，妥善保管。

③ 作业人员严禁近距离面对已装药的取心器弹道。

监督依据标准：GB 6722—2014《爆破安全规程》、SY/T 5326.1—2018《井壁取心技术规范　第1部分：撞击式》、SY/T 5726—2018《石油测井作业安全规范》。

GB 6722—2014《爆破安全规程》：

6.5.1.4　搬运爆破器材应轻拿轻放，装药时不应冲撞起爆药包。

SY/T 5326.1—2018《井壁取心技术规范　第1部分：撞击式》：

9.2　民用爆炸物品的储存应使用专用存储箱，并实行双人双锁管理；运输过程应明确责任人负责押运；海上作业时，存储箱应远离人员密集或活动频繁的地点、电源、动力源、热源及燃油等易燃易爆 物品，且发生紧急情况时，能够迅速将存储箱释放到海中。

9.3　井壁取心作业现场应放置爆炸作业警示标志、设置装枪作业区，无关人员不应进入。

9.4 进入装枪作业区的作业人员在保证完成装枪工作的前提下应尽可能少，且进入人员不得动用明火、不得吸烟、不得携带火种和手机等无线电通信装置。

9.6 装配井壁取心器应远离火源并避开受限空间的区域，装配现场不应使用电焊设备。

9.7 使用专用工具将岩心筒装入取心器弹道，不应直接敲击岩心筒。

9.12 含有未发射岩心筒的取心器起出井口至拆除过程中，作业人员身体应避开该取心器弹道的方向。

SY/T 5726—2018《石油测井作业安全规范》：

6.4.1 划分装炮区域，摆放警示牌，将火工器材放到装炮工作区域内，装炮区域人员不应超过3人。

6.4.2 装炮前，作业队长应：

——确认关掉阴极保护系统。

——确认所有用电作业已停止。

——确认车体、井场无漏电或已采取措施消除漏电。

——确认所有无线通信工具已关闭。

——确认作业人员已正确穿戴防静电服等劳动防护用品。

6.4.3 射孔器与缆芯连接前，仪器与电缆断开，缆芯对地放电。

6.4.7 射孔作业应加安全枪。

（五）典型“三违”行为

（1）触摸转动中的井口滑轮。

（2）绞车上提电缆时，绞车后站人、穿行。

（3）测井地滑轮链条连接在鼠洞上。

（4）已装药的取心器弹筒朝向工作人员。

（5）未起完钻将放射源提前放置到钻台。

（6）测井天滑轮没有卡保险绳。

（六）作业现场常见未遂事件和典型事故案例

拉拽仪器碰伤事件：

1. 事件经过

2016年6月17日1:30，某测井队在某井准备放射性测井施工时，因提前已经将下井仪器抬到锚道上，锚道距离地面只有50cm左右，而且仪器都排成了一排，为了便于在仪器尾部安装扶正器，就需要把仪器往后拽一点。此时，周某用短绳套挂在仪器尾部，站在正对仪器尾部往后拖拽。由于仪器较轻，周某用力过猛，导致仪器尾部直接撞到周某的左腿膝盖处。所幸仪器较轻，碰撞并无大碍。

2. 主要原因

（1）周某站在仪器的正后方，拖拽仪器时用力过猛，导致仪器尾部直接撞到左腿膝盖。

（2）作业人员拖拽仪器未多人协作配合。

（3）周某个人安全意识淡薄，没有识别出自己工作所处位置的危险性。

（4）队长或 HSE 监督员，对作业过程中的队员监护不到位。

（5）对员工的安全教育不到位，风险识别不全面。

3. 吸取教训

（1）作业人员挪动仪器时应两人协作，且同时站在拖拽仪器两侧，使用绳套用力均匀拖拽。

（2）强化现场作业人员的安全意识教育，提高自我保护能力。在进行任何作业前，多观察多思考，加强对安全隐患的识别，避免将自己身处危险中，及时制定相应控制消减措施。

（3）在作业过程中，队长或 HSE 监督员加强对作业人员的全程监护。

十一、下套管（尾管）作业

（一）主要风险

（1）钻台面不清洁，可能造成滑跌伤害。

（2）大门坡道处可能存在人员坠落风险。

（3）气动绞车操作时未确认场地人员离开套管可能坠落的危险区域即起吊套管，场地人员未撤离至安全位置，可能造成人员伤害。

（4）使用棕绳、钢丝绳等非标准吊索具，可能造成人员伤害。

（5）套管钳操作不当，可能造成人员伤害。

（6）作业时未锁定转盘手柄造成误操作引发事故。

（7）由于司钻与井口操作人员配合不当，引发单吊环事故等可能造成人员伤害或套管落井事故。

（8）吊卡未扣合好、绳索挂碰导致活门打开造成管柱坠落伤人。

（9）坐岗制度未落实未及时发现溢流，或未及时灌入泥浆，可能造成井喷事故。

（10）夜间施工照明不足，可能造成人员伤害。

（11）起高速过程中，意外刹车，造成刹把回落伤人。

（12）旋绳缠乱或配合不当造成人身伤害。

（13）吊套管小绞车操作不当、钢丝绳未排齐、吊索具不合格或拴挂不牢等，导致吊装物脱落、坠落、倾倒造成物体打击伤害。

（14）卸护丝、套管入鼠洞过程中，手脚处于套管正下方，造成剪切脚趾、手指。套管被压后弹击，造成物体打击伤害。抛掷套管护丝、手工具等可能造成人员伤害。

（15）站在套管上或可能被套管挤压、撞击的位置，进行滚套管作业，造成人身伤害。

（二）监督内容

（1）监督检查钻井队下套管作业前是否进行风险识别并制订控制措施。

（2）督促钻井队下套管作业前召开专项会议进行安全措施交底和岗位分工。

（3）督促钻井队作业前对设备、仪表进行系统检查，存在问题进行整改。

（4）检查钻井队岗位操作人员劳动防护用品的穿戴、人员站位、井架工防坠落措施情况。

（5）监督下套管（尾管）作业过程。

（三）主要监督依据

GB/T 12801—2008《生产过程安全卫生要求总则》；

SY/T 5412—2016《下套管作业规程》；

SY/T 5974—2014《钻井井场、设备、作业安全技术规程》；

Q/SY 08124.2—2018《石油企业现场安全检查规范　第 2 部分：钻井作业》；

《中国石油天然气集团公司临时用电作业安全管理办法》（安全〔2015〕37 号）。

（四）监督控制要点

（1）检查作业前制定技术措施、技术交底工作。

> 监督依据标准：SY/T 5412—2016《下套管作业规程》、Q/SY 08124.2—2018《石油企业现场安全检查规范　第 2 部分：钻井作业》。
>
> SY/T 5412—2016《下套管作业规程》：
>
> 3.5　制定下套管技术措施
>
> 下套管技术措施主要包括但不限于以下内容
>
> a）下套管次序。
>
> b）套管附件与套管的连接要求及注意事项。
>
> c）套管上下钻台的保护措施。
>
> d）套管连接对应的扭矩推荐值。

e)套管下放的速度和灌钻井液要求。

f)下套管过程中的应急预案。

Q/SY 08124.2—2018《石油企业现场安全检查规范　第2部分：钻井作业》：

7.8.1　作业前应进行技术交底，做好劳动组织分工，落实到人头，明确各岗位职责及操作要求。

(2)检查钻井队岗位操作人员劳动防护用品的穿戴情况。

监督依据标准：GB/T 12801—2008《生产过程安全卫生要求总则》、SY/T 5974—2014《钻井井场、设备、作业安全技术规程》。

GB/T 12801—2008《生产过程安全卫生要求总则》：

6.2.1　企业应当按照GB 11651和国家颁发的劳动防护用品配备标准以及有关规定，为从业人员配备劳动防护用品。

6.2.2　企业为从业人员提供的劳动防护用品，应符合国家标准或行业标准，不得超过使用期限。

6.2.3　企业应当督促、教育从业人员正确佩戴和使用劳动防护用品。

6.2.4　从业人员在作业过程中，应按照安全生产规章制度和劳动防护用品使用规则，正确佩戴和使用劳动防护用品，未按规定佩戴和使用劳动防护用品的，不得上岗作业。

SY/T 5974—2014《钻井井场、设备、作业安全技术规程》：

5.1.1　上岗人员应按规定穿戴劳动防护用品。

(3)督促钻井队作业前对设备、工具、仪表进行检查。

监督依据标准：SY/T 5412—2016《下套管作业规程》、Q/SY 08124.2—2018《石油企业现场安全检查规范　第2部分：钻井作业》。

SY/T 5412—2016《下套管作业规程》：

3.3.3　下套管工具准备：

a)下套管工具应配备齐全，易损部件应有备用件。

b)送井工具应有质量检验合格证。

c)钻井工程人员对所有工具进行规格、尺寸、承载能力、工作表面磨损程度，液压套管钳扭矩表的准确性及套管钳使用灵活、安全可靠性的质量检查。

3.4.2　对地面设备及材料进行检查，对不合格项及时进行整改，重点检查但不限于下列部位：

a）井架及底座。

b）刹车系统。

c）提升系统：绞车、天车、游动滑车、大钩吊环、大绳及固定绳卡等。

d）动力系统：柴油机、钻井泵、空气压缩机、发电机及传动系统等。

e）钻井参数仪表：指重表、泵冲数表、泵压表及扭矩表等。

f）循环系统：振动筛、循环罐及储备罐等。

g）井控系统：防喷器、内防喷工具等。

h）井口：吊卡、套管卡瓦、安全卡瓦、转盘和套管钳等。

i）钻井液：重钻井液及加重剂等。

Q/SY 08124.2—2018《石油企业现场安全检查规范　第2部分：钻井作业》：

7.8.2　作业前对井架、天车、游车、钢丝绳、刹车系统、动力传输系统进行检查，校正指重表，确定固定部位安全可靠、转动部分运转正常、仪表准确灵活。

（4）监督套管服务队临时用电是否符合安全管理规定。

监督依据标准：《中国石油天然气集团公司临时用电作业安全管理办法》（安全〔2015〕37号）。

第十五条　临时用电作业实行作业许可管理，办理临时用电作业许可证，无有效的作业许可证严禁作业。临时用电设备安装、使用和拆除过程中应执行相关的电气安全管理、设计、安装、验收等规程、标准和规范。

第十八条　安装、维修、拆除临时用电线路应由电气专业人员进行，按规定正确佩戴个人防护用品，并正确使用工器具。

第十九条　临时用电线路和设备应按供电电压等级和容量正确使用，所有的电气元件、设施应符合国家标准规范要求。临时用电电源施工、安装应严格执行电气施工安装规范，并接地或接零保护。

第二十七条　所有的临时用电线路必须采用耐压等级不低于500V的绝缘导线。

第二十八条　临时用电设备及临时建筑内的电源插座应安装漏电保护器，在每次使用之前应利用试验按钮进行测试。所有的临时用电都应设置接地或接零保护。

第三十四条　在接引、拆除临时用电线路时，其上级开关应当断电，并做好上锁挂牌等安全措施。

第三十七条　在防爆场所使用的临时用电线路和电气设备，应达到相应的防爆等级要求。

（5）监督钻井队下套管（尾管）作业过程。

监督依据标准：SY/T 5412—2016《下套管作业规程》、Q/SY 08124.2—2018《石油企业现场安全检查规范 第2部分：钻井作业》。

SY/T 5412—2016《下套管作业规程》：

4.2 套管柱的连接

4.2.1 对扣前，螺纹应擦洗干净，并保持清洁。

4.2.2 上钻台套管应戴好螺纹保护器，防止损坏套管螺纹。

4.2.3 在碰压座以上一根套管及以下全部套管和附件的螺纹表面，应清洗干净并擦干，涂抹套管螺纹锁紧密封脂，其余套管在螺纹表面均匀涂抹套管螺纹密封脂。

4.2.4 对扣时套管应扶正。开始旋合转动应慢，如发现错扣应卸开检查处理。

Q/SY 08124.2—2018《石油企业现场安全检查规范 第2部分：钻井作业》：

附录表C.1：钻井工序过程安全检查项目及要求：

下套管作业

b）套管上钻台应戴护帽，绳套应牢固，吊套管上钻台不应挂碰，场地上人员及时离开跑道，站在安全位置。

c）不应在井口擦洗套管螺纹、抹密封脂；井口套管应用套管帽盖好。

d）下套管时，井场应使用一只内径规，并指定专人看管，每根套管同井内套管柱连接前和交接班都应见实物，下完套管回收。

e）上提套管对扣应把护丝置于安全位置。

f）井口有人操作时不应吊套管上钻台。

g）管串的下入速度应缓慢均匀，在易漏井段，控制下入速度，每根套管均匀下放速度小于0.5m/s。

h）下套管过程中，按设计分段灌满钻井液，应指定专人双岗制负责观察钻井液出口、钻井液循环池液面变化情况。

i）N80钢级及以上的套管，不应在套管上作焊接工作。

（五）典型“三违”行为

（1）随意向钻台下扔护丝。

（2）场地人员站在套管排上用脚滚动套管。

（3）使用不合格的吊索、吊具。

（4）上提套管过程中，场地人员站在滑道上操作。

（5）下套管前不执行锁定转盘措施。

（6）井口有人操作时吊套管上钻台。

（六）作业现场常见未遂事件和典型事故案例

下套管挤手事件：

1. 事件经过

2016 年 5 月 19 日 22:00，某钻井队在下套管期间，当套管坐在井口套管母扣上，套管队人员推套管钳前行，司钻翟某站在井口用左手拉套管钳钳柄，当钳子运行到套管时，撤手稍微迟缓，手指尖被挤在钳子和套管之间，食指与中指指尖淤青，未造成骨折伤害。

2. 主要原因

（1）司钻手扶在套管钳钳柄本体，导致手指尖被挤在钳子和套管之间。

（2）员工安全意识差，风险识别不到位没有识别出此项风险。

（3）基层员工风险防控培训不到位，尤其是特殊作业、高危作业的安全工作分析培训不够细致。

（4）安全监管责任履职不到位，在下套管特殊作业期间，安全监督未在场。

3. 吸取教训

（1）认真开展工作前安全分析，针对风险制定相应的防范措施。

（2）加强基层员工风险防控培训，尤其是特殊作业、高危作业的安全培训。

（3）落实安全监管责任，在下套管等特殊作业期间，安全监督严格履行监管责任。

十二、固井作业

（一）主要风险

（1）摆放车辆未注意周围人员易导致车辆伤害事故。

（2）管线连接及试压时易发生物体打击事故。

（3）连接电路过程中易发生触电事故。

（4）下灰管线连接不牢，人员站位不当，可能导致眼部伤。

（5）替水泥浆过程中，井口、泵房、高压管汇、安全阀等高压区域存在人员伤害的可能。

（6）下灰罐倾倒、蹩压爆裂伤人。

（二）监督内容

（1）督促固井施工队召开作业安全会议、固井施工队与钻井队召开协作会。

（2）督促作业人员穿戴好劳动防护用品，并保证钻台安全通道（逃生滑道）畅通。

（3）督促井队执行转盘锁定措施，检查操作手柄挂牌情况。

（4）监督作业班组及相关人员的安全站位。

（5）检查作业现场的安全警示标志的设置情况。

（三）主要监督依据

SY/T 5374.1—2016《固井作业规程　第1部分：常规固井》；

SY/T 5974—2014《钻井井场、设备、作业安全技术规程》；

Q/SY 08124.2—2018《石油企业现场安全检查规范　第2部分：钻井作业》；

Q/SY 08240—2018《作业许可管理规范》；

《中国石油天然气集团公司临时用电作业安全管理办法》（安全〔2015〕37号）。

（四）监督控制要点

（1）作业前检查施工人员劳动防护用品穿戴情况。

> 监督依据标准：SY/T 5974—2014《钻井井场、设备、作业安全技术规程》。
>
> 5.1.1　上岗人员应按规定穿戴劳动防护用品。

（2）督促钻井队在固井前召开安全会议，做好技术与安全交底。

> 监督依据标准：Q/SY 08124.2—2018《石油企业现场安全检查规范　第2部分：钻井作业》。
>
> 7.9.2　在固井施工前应召开固井现场办公协作会，由建设方、钻井、固井、钻井液、录井等参加施工的有关单位负责人或工程技术人员参加。

（3）监督固井作业队临时用电是否符合安全管理规定。

> 监督依据标准：《中国石油天然气集团公司临时用电作业安全管理办法》（安全〔2015〕37号）。
>
> 第十五条　临时用电作业实行作业许可管理，办理临时用电作业许可证，无有效的作业许可证严禁作业。临时用电设备安装、使用和拆除过程中应执行相关的电气安全管理、设计、安装、验收等规程、标准和规范。
>
> 第十八条　安装、维修、拆除临时用电线路应由电气专业人员进行，按规定正确佩戴个人防护用品，并正确使用工器具。
>
> 第十九条　临时用电线路和设备应按供电电压等级和容量正确使用，所有的电气元件、设施应符合国家标准规范要求。临时用电电源施工、安装应严格执行电气施工安装规范，并接地或接零保护。
>
> 第二十七条　所有的临时用电线路必须采用耐压等级不低于500V的绝缘导线。
>
> 第二十八条　临时用电设备及临时建筑内的电源插座应安装漏电保护器，在每次

使用之前应利用试验按钮进行测试。所有的临时用电都应设置接地或接零保护。

第三十四条　在接引、拆除临时用电线路时，其上级开关应当断电，并做好上锁挂牌等安全措施。

第三十七条　在防爆场所使用的临时用电线路和电气设备，应达到相应的防爆等级要求。

（4）督促作业队检查转盘锁止、操作手柄悬挂安全标识牌等相关防护设施的完好性，作业前核查均已符合安全作业施工程序要求后，再开始固井作业。

监督依据标准：Q/SY 08240—2018《作业许可管理规范》。

5.6　现场核查

现场确认内容包括：

——与作业有关的设备、工具、材料等；

——现场作业人员资质及能力情况；

——系统隔离、置换、吹扫、检测情况等；

——个人防护装备的配置情况；

——安全消防设施的配备，应急措施的落实情况；

——培训、沟通情况；

——安全工作方案中提出的其他安全措施落实情况；

——确认安全设施的提供方，并确认安全设施的安全性。

（5）监督固井作业中相关人员的安全站位：

① 固井作业时，相关人员严禁在高压管汇附近停留。

② 施工时，固井队作业人员禁止操作钻井队设备。

监督依据标准：Q/SY 08124.2—2018《石油企业现场安全检查规范　第 2 部分：钻井作业》。

7.9.5　固井施工作业时应明确各岗位职责及操作要求，统一指挥。

7.9.8　开泵替钻井液时，人员不应靠近井口、高压管汇、安全阀等部位，在管线放压方向上不应有人员过往。

（6）监督固井作业过程及程序，满足 HSE 相关要求：

① 水泥头和高压管线安装牢固无刺漏现象。

② 高压管线无长距离架空，无相互交叉现象。

监督依据标准：SY/T 5374.1—2016《固井作业规程　第1部分：常规固井》、Q/SY 08124.2—2018《石油企业现场安全检查规范　第2部分：钻井作业》。

SY/T 5374.1—2016《固井作业规程　第1部分：常规固井》：

5.3.2　固井施工作业要求

l）固井施工作业过程中，高压管汇区域应有明显安全警示，高压区附近不允许有人员逗留。

Q/SY 08124.2—2018《石油企业现场安全检查规范　第2部分：钻井作业》：

7.9.6　井口水泥头和地面管线安装固定牢固，试压合格。

（五）典型“三违”行为

（1）高压管线连接彼此交叉，未设置安全警示标志。

（2）员工倒水时在水罐车上跳跃。

（3）人员在高压管汇附近经过和逗留。

（4）固井时提前甩钻具，拆除护栏等安全设施。

（5）不在指定地点排放废液。

（六）作业现场常见未遂事件和典型事故案例

固井施工现场第三方车辆剐蹭水泥车事件：

1. 事件经过

2016年6月22日，在某井施工前，固井施工车组已摆放完毕，一辆运送井队物资的半挂卡车此时想要驶离井场，在倒车时刮碰到一固井水泥车右前保险杠，造成保险杠轻微凹陷。

2. 主要原因

（1）半挂车驾驶员操作失误，倒车时没有避开固井车辆。

（2）半挂车驾驶员第一次驾驶该车，对车况不熟悉，倒车转向时转向角度过大。

（3）固井施工车辆摆放完毕后，井场所剩空间较小，且半挂车倒车时无专人进行指挥。

（4）对相关方的告知不到位，带队负责人没有通过井队对第三方车辆提出告知和警示。

3. 吸取教训

（1）井场环境狭小，停放车辆时尽量靠近坡道一侧。

（2）井场有第三方作业单位时，要及时告知井队或直接告知第三方人员。

十三、甩钻具

(一)主要风险

(1)钻台面不清洁,可能造成滑跌和磕碰导致伤害。

(2)高空作业,存在人员坠落风险。

(3)液压大钳操作不当,可能造成机械伤害。

(4)气动绞车操作配合不当,可能造成人员伤害。

(5)吊索具的选择、使用不当,可能造成人员伤害。

(6)场地人员站位不合理,可能造成人员伤害。

(7)提升短节倒开扣引发钻具脱落,造成人员伤害。

(8)夜间施工照明不足,可能造成人员伤害。

(9)防碰装置失效、人员操作失误,可能造成顶天车事故。

(10)悬吊索具挂碰吊卡活门,可能导致钻具脱落伤人。

(11)井架上的附件、工具等浮置物,钻柱上的泥块等由于震动等原因下落,造成物体打击伤害。

(12)起高速过程中,意外刹车,造成刹把回落伤人。

(13)高速起下钻未及时摘气门、气路冻结、控制开关失灵、防碰天车失效,导致游动系统上顶下砸,造成人身伤害。

(14)B 型大钳使用过程中,猫头绳拉断、钳头和本体断裂、钳框崩开,导致人员伤害。

(15)猫头操作不当,或与井口人员配合不当,导致旋绳拉断、猫头绳缠乱、钳体断裂,造成人身伤害。

(16)气动绞车操作不当、钢丝绳未排齐、刹车失灵,断丝超标等,导致吊装物脱落、坠落、倾倒,造成物体打击伤害。

(17)液压大钳前行、后退、摆动,或回位后没有及时拴挂绳索,人员站位不合理,造成物体打击伤害。下钳未抱死进行上、卸扣作业,导致扶正花篮螺栓、环链(钢丝绳)断开,液压大钳飞甩,造成物体打击伤害。高压油管线老化、磨损严重,且未加保险绳,导致脱开或破裂,造成管线弹击、高压射流伤害。

(18)钻具入鼠洞过程中,手脚处于管具正下方,造成剪切脚趾、手指。

(19)甩管具时,人员处在管具坠落范围之内,人员未使用猫道气动绞车或大于猫道长度的牵引绳拉拽,管具滑落造成物体打击伤害。

(20)站在钻具上进行滚、排管具作业,造成人身伤害。

（二）监督内容

（1）督促钻井队作业前召开安全会议。

（2）检查钻井队作业人员劳动防护用品的穿戴情况。

（3）督促钻井队对施工场地及各种使用工具、设备、安全设施等进行检查。

（4）监督作业班组相关人员安全站位情况。

（5）对甩钻铤过程实施旁站监督。

（三）主要监督依据

SY/T 5974—2014《钻井井场、设备、作业安全技术规程》；

Q/SY 08124.2—2018《石油企业现场安全检查规范　第 2 部分：钻井作业》。

（四）主要控制要点

（1）作业前检查钻井队人员劳动防护用品穿戴情况。

> 监督依据标准：SY/T 5974—2014《钻井井场、设备、作业安全技术规程》。
>
> 5.1.1　上岗人员应按规定穿戴劳动防护用品。

（2）督促作业班组在施工前召开安全会，并针对工况进行风险提示。

> 监督依据标准：Q/SY 08124.2—2018《石油企业现场安全检查规范　第 2 部分：钻井作业》。
>
> 6.2.6.4　班前应针对工况进行安全提示，班后应进行安全讲评。

（3）监督检查高空作业人员的作业行为符合安全要求。

> 监督依据标准：Q/SY 08124.2—2018《石油企业现场安全检查规范　第 2 部分：钻井作业》。
>
> 6.2.7.3　高于地面 2m 的高处作业时应使用防坠落用具，坠落用具的选择、使用、检查、保养与检验应符合 Q/SY 08515.1 的要求。
>
> 7.7.7　二层台作业时，禁止用手抓钻具内螺纹。要使用二层台气动绞车时，二层台应至少有两人配合作业。

（五）典型“三违”行为

（1）场地人员用手推、脚蹬滚动钻具。

（2）场地人员在滑道附近滚动钻具时，钻台向场地甩放钻具。

（3）公扣端卡在鼠洞边沿时，用脚蹬立柱入鼠洞。

（4）未使用提环和双绞车将钻具抬下钻台。

（六）作业现场常见未遂事件和典型事故案例

气动小绞车供气管线接头崩开事件：

1. 事件经过

2016年3月8日，某钻井队在某井甩钻具作业，8:30某钻杆立柱上部单根放入小鼠洞后，内钳工上紧提丝，挂好气动小绞车旋转吊钩，副司钻操作气动小绞车上提单根出鼠洞，内、外钳工将单根推出大门坡道钻杆单根下滑时，气动小绞车供气管线接头处突然崩开，副司钻立即采取制动措施刹住气动小绞车，经检查发现由于气路管线接头公、母扣频繁安装、拆卸造成丝扣磨损承受不住正常气源压力，气管线接头处安装有保护链，起到了保护作用，未造成人身伤害。

2. 主要原因

（1）小绞车气管线接头丝扣滑脱。

（2）小绞车供气管线接头频繁拆卸、安装，连接丝扣磨损，无法承受正常气源压力。

（3）员工风险意识不强，巡检不到位，没有发现小绞车供气管线老化有漏气现象。

（4）安全监管不力，对作业过程监控不到位，未督促要求岗位认真检查。

3. 吸取教训

（1）举一反三，认真检查设备各处接头、丝扣、活接头连接部位，对锈蚀、老化、强度不够的接头立即更换。

（2）对接头连接部位加装保护链。

（3）加强监管，严格落实交接班巡检制度，加强各处连接固定及保险链的检查。

十四、原钻机试油

（一）主要风险

（1）防喷器未更换与管柱外径相匹配的闸板，可能导致井喷或井喷失控事故。

（2）接触酸液未佩戴护目镜、耐酸手套、口罩等防护用具可能导致人员伤害事故。

（3）人员在试油期间处在高压区域可能发生人员伤害事故。

（4）非专人操作油气加热、加压或其他辅助设施可能导致人员伤害及设备损坏事故。

（二）监督内容

（1）督促钻井队按设计要求，配置安全设备设施、检查地面设备、编制应急预案以及向施工作业人员进行安全、技术交底等。

（2）监督钻井队组织相关方召开协调会，签订安全协议，明确各方安全责任。

（3）检查各相关方施工作业单位人员的岗位资格证（井控操作证、HSE合格证、司钻操作证等）等是否齐全有效。

（4）检查消防设施、灭火器材、防硫设施、报警装置、井控装备、防碰天车装置、污水处理装置等配备情况。

（5）对关键环节进行旁站监督。

（三）主要监督依据

SY 5225—2012《石油天然气钻井、开发、储运防火防爆安全生产技术规程》；

SY/T 5325—2013《射孔作业技术规范》；

SY 5727—2014《井下作业安全规程》；

SY/T 5974—2014《钻井井场、设备、作业安全技术规程》；

Q/SY 08240—2018《作业许可管理规范》。

（四）监督要点

1. 地面流程安装

（1）检查作业许可证的办理和执行情况：

① 作业现场临时用电、动火作业、受限空间等特殊作业必须办理作业许可。

② 办理作业许可后必须严格执行。

> 监督依据标准：Q/SY 08240—2018《作业许可管理规范》。
>
> 5.1.2 如果工作中包含下列工作，还应同时办理专项作业许可证：
>
> ——进入受限空间。
>
> ——挖掘作业。
>
> ——高处作业。
>
> ——移动式吊装作业。
>
> ——管线打开。
>
> ——临时用电。
>
> ——动火作业。

（2）检查流程的走向、规格、固定与试压情况：

① 流程走向、规格应符合设计要求。

② 流程固定间距、方式以及基礅尺寸符合规定要求。

③ 按规定要求进行试压并合格。

> 监督依据标准：SY 5727—2014《井下作业安全规程》。
>
> 3.15.1 压井、替喷、放喷、气举、气化水洗井的施工，流程连接应使用钢质硬管线并用地锚固定，放喷管线不应安装小于 120° 钢质弯头。
>
> 3.15.2 节流压井管汇各连接部位应采用螺纹或标准法兰进行连接。流程各部位应试压合格。
>
> 3.15.5 出口管线应使用钢质管线，中间每 10m～15m 和转弯处用地锚(水泥基墩等)固定。
>
> 4.4.3.3 压裂管柱、压裂工具下井前，应按设计要求进行检查，检查结果记入记录，下井时连接紧固，达到设计要求。

2. 拆装井口、试压

(1)井压平稳后才能拆装井口。

(2)监督钻井队准备好钻井液泵(或螺杆泵)、压井液及应急预案。

(3)吊装作业有专人指挥。

> 监督依据标准：SY 5727—2014《井下作业安全规程》。
>
> 3.2.4 吊装作业时，应有专人指挥。
>
> 4.1.6 根据施工环境变化应进行风险识别、评估，采取风险控制措施并制定应急预案。
>
> 4.1.7 按施工设计要求做好施工前准备，经开工验收合格方可开工。
>
> 4.1.8 施工前进行技术、安全交底，每班坚持安全讲话和班后评价。

(4)监督井口试压作业：

① 试压时，督促无关人员撤离高压区，并提示操作人员应选择正确的位置站位。

② 监督钻井队对防喷器、防喷管线、放喷管线、节流压井管汇等按设计要求逐一试压。

③ 监督操作人员按泄压程序进行泄压。

> 监督依据标准：SY 5727—2014《井下作业安全规程》。
>
> 4.4.3.2 压裂用工具、管柱和井口装置应符合设计要求。
>
> 4.4.3.3 压裂管柱、压裂工具下井前，应按设计要求进行检查，检查结果记入记录，下井时连接紧固。达到设计要求。
>
> 4.4.5.11 地面流程承压时，未经现场指挥批准，任何人员不应进入高压危险区。
>
> 4.5.2 井口、套管和流程按规定试压合格。

3. 起下管柱(通井、刮管、特殊管柱)

(1)督促钻井队在起下钻前检查提升系统、刹车系统、防碰天车、井口工具、井控设备、防硫设施、消防器材等是否安全可靠。

(2)监督液面坐岗人员观察、记录压井液灌入或返出量及出口显示。

(3)监督关键工具和管串出入井的井口安全操作。

监督依据标准:SY 5225—2012《石油天然气钻井、开发、储运防火防爆安全生产技术规程》、SY 5727—2014《井下作业安全规程》、SY/T 5974—2014《钻井井场、设备、作业安全技术规程》。

SY 5225—2012《石油天然气钻井、开发、储运防火防爆安全生产技术规程》:

4.2.8 油气井起下管柱时应连续向井筒内灌入压井液,并计量灌入量,保持压井液液面在井口,并控制起、下钻速度。

SY 5727—2014《井下作业安全规程》:

4.1.9 施工过程应执行相关操作规程、质量标准及安全措施规定。

SY/T 5974—2014《钻井井场、设备、作业安全技术规程》:

8.4.1 起下钻前应按照操作岗位负责分工,做好仪表、工具、器材和安全防护设施的检查,井口操作应有防落物入井措施。

4. 射孔(补孔)

(1)钻台上应配备内防喷工具、油管挂、配合接头等。

(2)组装射孔枪时应在规定区域内,禁止无关人员进入,禁止使用手机及火种。

(3)射孔枪上钻台由射孔队专人指挥。

(4)射孔结束后,应安排专人观察井口。

监督依据标准:SY/T 5325—2013《射孔作业技术规范》、SY 5727—2014《井下作业安全规程》。

SY/T 5325—2013《射孔作业技术规范》:

11.1.3 射孔施工全过程中,应设立醒目的安全警示标志;并用安全警示带设置作业警示区域,非本专业人员不应进入作业警示区域内。

11.1.6 检测电雷管的电阻值时,应使用专用雷管表,并将雷管置于雷管检测筒内进行检测。

11.1.15 检查和拆卸下过井的射孔器时,射孔器两端不得站人,防止射孔枪内带压气体泄压伤人。

11.1.19 射孔作业宜在白天进行,夜间不应进行开工作业。

11.1.20 电起爆施工全过程中,井场内不应动用电气焊和明火,不应使用无线通信设备。

SY 5727—2014《井下作业安全规程》:

4.3.3 装射孔弹、下射孔枪时,非操作人员不应靠近射孔弹或井口。

4.3.4 射孔过程中,应设专人观察井口,防止井喷。

4.3.5 射孔连接时应切断电源。

5. 替喷、放喷、排液、测试

(1)检查放喷管线固定牢靠,分离器安全阀朝向井场外侧。

(2)检查点火装置工作情况。

(3)含硫油气井放喷测试、更换孔板、压力表等作业时,有专人指挥,划定警戒区域,设立警戒点,作业人员佩戴正压式空气呼吸器、有毒有害气体监测仪等。

(4)高压气井放喷时有保温措施。

监督依据标准:SY 5727—2014《井下作业安全规程》。

3.15.1 压井、替喷、放喷、气举、气化水洗井的施工,流程连接应使用钢质硬管线并用地锚固定,放喷管线不应安装小于120° 钢质弯头。

3.15.2 节流压井管汇各连接部位应采用螺纹或标准法兰进行连接。流程各部位应试压合格。

3.15.5 出口管线应使用钢质管线,中间每10m～15m和转弯处用地锚(水泥基墩等)固定。

4.4.3.2 压裂用工具、管柱和井口装置应符合设计要求。

4.4.3.3 压裂管柱、压裂工具下井前,应按设计要求进行检查,检查结果记入记录,下井时连接紧固,达到设计要求。

4.6.2 在含有或可能含有有毒有害气体井施工,应配备合格的个人防护用具和相应气体监测仪。对硫化氢的监测和人身安全防护,应符合SY/T 6277—2005中的第4章、第5章的规定。

6. 压裂、酸化

(1)督促压裂酸化施工队安排专人指挥,禁止无关人员进入高压区。

(2)检查运酸车、储酸罐、高低压管线无跑、滴、漏、刺现象。

(3)施工结束后,督促施工队将剩余的酸、药品及冲洗管线的水排入专用储液罐或排酸池，残酸综合处理后排入指定的污水池内。

> 监督依据标准：SY 5727—2014《井下作业安全规程》。
>
> 4.4.5.1　压裂施工应由现场指挥统一指挥、协调。
>
> 4.4.5.11　地面流程承压时，未经现场指挥批准，任何人员不应进入高压危险区。因需要进入高压危险区时，应符合下列安全要求：
>
> a）经现场指挥允许；
>
> b）危险区以外有人监护；
>
> c）执行任务完毕迅速离开；
>
> d）操作人员未离开危险区时，不应变更作业内容。
>
> 4.4.2.1　应按设计选配压裂设备，并达到下列安全要求：
>
> a）完整，无泄漏及其他故障；
>
> b）阀门开关灵活，提示标识清晰可辨；
>
> c）计量仪表和限压保护及其他指示、报警、控制装置完好；
>
> d）安全阀有效，泄压管畅通、安全牢靠、出口朝下；
>
> e）防护设施齐全。
>
> 4.4.2.2　储液罐应达到下列安全要求：
>
> a）摆放平稳；
>
> b）罐内清洁，无异物、无泄漏；
>
> c）进出口阀门，接头完好；
>
> d）储存易燃易爆、有毒有害物质时，罐体应有相应的警示标志和警句；
>
> e）金属容罐应有可靠的接地；
>
> f）移动的储液罐应有罐盖、换气阀。

（五）典型“三违”行为

（1）电缆起下作业过程中，人员跨越电缆。

（2）桥塞工具起出井口后进行地面泄压拆卸，泄压孔前方站人。

（3）在射孔枪组装区域内使用手机。

（4）在井口敞开的情况下长时间空井。

（5）使用压裂车活动弯头、高压软管等进行冲砂作业。

（六）作业现场常见未遂事件和典型事故案例

压裂施工中旋塞阀打脱事件：

1. 事件经过

2016 年 4 月 10 日，某公司某压裂队参加某井交底会。要求进入井场必须遵从相关方要求，劳保穿戴齐全，施工中远离高压区域。当施工到该井第 12 段，排量从 8m/min 降至 6m/min，压力处于 82.7MPa 时，高压管汇上的旋塞阀连带管线从管汇上挣脱甩出，仪表指挥命令紧急停泵，井口人员紧急关井，现场负责人到管汇处检查人员设备状况，发现旋塞阀与母环连接处的卡瓦断裂。经 1 个小时的抢修更换，恢复施工，直至第 15 段结束。

2. 主要原因

（1）旋塞阀与母环之间的卡瓦断裂。

（2）旋塞阀经过长时间的高压工况施工，出现机械损伤。

（3）施工前连接高压管件，岗位人员未对旋塞阀进行检查，风险防范意识不强。

（4）开工前，队干部对高压区监督检查不彻底。

（5）基层队缺乏对日常高压件保养、登记。

3. 吸取教训

（1）旋塞阀应定期检验探伤并填写台账，加强维护保养，强化使用前自检制度。

（2）强化人员“远离高压区域”意识。

（3）加强施工现场值班坐岗制度和岗位巡回检查，发现隐患及时整改并上报。

十五、爆炸松扣

（一）主要风险

（1）未遵守安全操作要求，爆炸品无控制的引爆导致人员伤亡。

（2）爆炸品保管不当丢失，导致人员伤亡。

（3）非作业人员进入警戒区，爆炸品被意外引爆导致人员伤亡。

（二）监督内容

（1）督促钻井队施工前与相关方召开施工协调会，明确各方职责，对作业风险进行提示。

（2）检查作业人员的持证和劳动防护用品的穿戴情况。

（3）督促钻井队施工前对井架各处连接、悬吊和大绳进行详细检查。

（4）督促钻井队在钻台周围和装药区设立警戒区，严禁无关人员靠近。

（5）监督火工品（导爆索等）的管理情况。

（三）主要监督依据

SY/T 5247—2008《钻井井下故障处理推荐方法》；
SY 5436—2016《井筒作业用民用爆炸物品安全规范》；
SY/T 6308—2012《油田爆破器材安全使用推荐作法》。

（四）监督控制要点

（1）督促钻井队，施工前在井场入口处设立危险警示标志。

> 监督依据标准：SY/T 6308—2012《油田爆破器材安全使用推荐作法》。
>
> 4.4.1.1　警示标志
>
> 应将写有“危险爆炸品——关掉无线发射机”或相应警语的警示标志安放在井场及所有入口的显著位置。

（2）督促钻井队，施工期间禁止无关人员、车辆进入井场。

> 监督依据标准：SY/T 6308—2012《油田爆破器材安全使用推荐作法》。
>
> 4.3.2.3　人员安全
>
> 在任何操作过程中，只有经过爆炸品使用负责人批准的人员才允许进入拆装现场。

（3）监督钻井队，在进行装药直至设备入井期间，井场内任何可释放无线电信号的设备必须关闭。

> 监督依据标准：SY/T 5247—2008《钻井井下故障处理推荐方法》、SY/T 6308—2012《油田爆破器材安全使用推荐作法》。
>
> SY/T 5247—2008《钻井井下故障处理推荐方法》：
>
> 7.2.4.10　爆炸松扣作业人员应经过专业安全技术培训，持特种作业操作证，并穿戴防静电服装上岗。
>
> 7.2.4.11　操作人员在接触电雷管前应对身体携带的静电进行放电。
>
> 7.2.4.13　爆炸杆起出井口时，应关掉无线电通信工具，切断电源，关闭井场发电机。
>
> SY/T 6308—2012《油田爆破器材安全使用推荐作法》：
>
> 4.4.1.1　警示标志
>
> 应将写有“危险爆炸品——关掉无线电发射机”或相应警语的警示标志放置在井场及所有入口的显著位置。

（4）监督钻井队，井场发电机停止供电。

监督依据标准：SY/T 5247—2008《钻井井下故障处理推荐方法》、SY/T 6308—2012《油田爆破器材安全使用推荐作法》。

SY/T 5247—2008《钻井井下故障处理推荐方法》：

7.2.4.13 爆炸杆起出井口时，应关掉无线电通信工具，切断电源，关闭井场发电机。

SY/T 6308—2012《油田爆破器材安全使用推荐作法》：

4.4.1.2 消除杂散电能源

根据下列要求消除杂散电能源：

a）关掉阴极保护系统。

b）停止所有的电焊作业。

d）检查井口与钻机、射孔绞车、发电机滑橇、钻井辅助电源、驳船之间的杂散电压。一旦检测到则应彻底消除。

f）在设备安装及操作过程中，与射孔绞车、电缆或爆破装置连接的任何钻机电路都要移开或切断。钻机顶部驱动系统宜按厂家要求进行电绝缘。

（5）监督施工队对爆炸品的取用、装填、入井未爆的处理符合安全要求；

监督依据标准：SY 5436—2016《井筒作业用民用爆炸物品安全规范》。

4.1 民用爆炸物品从业单位应取得相应人民政府主管部门核发的相关证件。

4.2 涉爆人员应取得人民政府公安、交通部门核发的相关证件，并持证上岗。

6.4.3 施工剩余、报废爆炸物品应全部回收，直接交回库房，填写爆炸物品回收表，交货人和收货人应分别在爆炸物品回收表上签字。

（五）典型“三违”行为

（1）作业现场不设置警戒区。

（2）无关人员进入警戒区。

（3）施工人员携带手机或对讲机。

（4）未引爆的爆炸品随意丢弃。

（六）作业现场常见未遂事件和典型事故案例

爆炸品保管不当事件：

1. 事件经过

2010 年 8 月 13 日，某钻井队在某井实行爆炸松扣作业，当施工结束时，发现未引爆的爆炸品数量出现缺失，后经多方寻找调查，在一职工宿舍中发现被该队职工拾取的爆炸品。

避免了恶性事件的发生。

2. 主要原因

（1）在进行爆炸松扣作业时，现场人员对爆炸品监管力度不够，使用中存在交接不严等问题。

（2）未使用的爆炸品也缺乏有效监控。

3. 吸取教训

（1）加强施工队伍对爆炸品从取用、装填、到未爆品处理等一系列环节的全程掌控。

（2）强化监督火工品管理意识。

（3）加强施工现场的管理，对爆炸施工专业以外的人员严禁进入作业现场。

第三节　通用作业安全监督要点

一、动火作业

（一）主要风险

（1）电气焊动火点设备内存在爆炸性混合气体，没有采取通风、置换、检测等措施，引燃引爆爆炸性混合气体。

（2）管线或容器有易燃易爆气体未有效隔离，导致可燃气体窜入电气焊动火点，发生火灾或爆炸。

（3）周围环境存在可燃物或作业人员对电气焊动火作业的危险性认识不足，采取措施不力，违章操作等引发火灾或爆炸。

（4）储存、搬运、使用乙炔气瓶或氧气瓶不符合安全要求，发生气瓶爆炸事故伤害。

（5）更换焊条过程、电焊设备有缺陷、在潮湿或水中进行电气焊作业，有发生触电的危险。

（6）在电弧的高温作用下，焊条和被焊金属熔化的同时产生金属烟尘和有毒气体，对呼吸系统造成损害，电弧光对人的皮肤和眼睛造成损伤。

（7）高空电气焊动火作业可能发生高空坠落或高空落物伤害。

（8）进入有限空间内进行电气焊，没有检测有毒有害气体浓度或氧气浓度，导致中毒伤害。

（二）监督内容

（1）检查动火人员是否持有效的资格证；

（2）督促作业队进行风险评估，检查动火点，以及各种使用工具、设备、安全设施安全性，在核查确保符合安全作业程序要求后，再进行动火审批程序；

（3）检查动火作业人员劳动防护用品的穿戴情况；

（4）监督相关人员的安全站位情况；

（5）检查动火作业许可各项措施的落实情况，特殊作业环境实施旁站监督；

（6）检查动火施工完成后是否按要求关闭作业许可。

（三）主要监督依据

GB/T 31033—2014《石油天然气钻井井控技术规范》；

SY 6516—2010《石油工业电焊焊接作业安全规程》；

Q/SY 08124.2—2018《石油企业现场安全检查规范　第 2 部分：钻井作业》；

Q/SY 08238—2018《工作前安全分析管理规范》；

Q/SY 08240—2018《作业许可管理规范》；

《中国石油天然气集团公司动火作业安全管理办法》（安全〔2014〕86 号）。

（四）监督控制要点

（1）作业前检查动火人员的资格证，以及劳动防护用品穿戴情况。

> 监督依据标准：SY 6516—2010《石油工业电焊焊接作业安全规程》、Q/SY 08124.2—2018《石油企业现场安全检查规范　第 2 部分：钻井作业》。
>
> SY 6516—2010《石油工业电焊焊接作业安全规程》：
>
> 5.1.3　焊接作业人员应正确穿戴和使用个人劳保防护用品。
>
> Q/SY 08124.2—2018《石油企业现场安全检查规范　第 2 部分：钻井作业》：
>
> 6.2.5.7　特种作业人员应经有资质的单位培训、考核合格，持证上岗。

（2）督促作业队人员在动火作业前召开安全会，必要时编制安全工作方案、应急预案。

> 监督依据标准：Q/SY 08238—2018《工作前安全分析管理规范》、《中国石油天然气集团公司动火作业安全管理办法》（安全〔2014〕86 号）。
>
> Q/SY 08238—2018《工作前安全分析管理规范》：
>
> 5.4.2　作业前应召开班前会，进行有效的沟通，确保：
>
> ——让参与此项工作的每个人理解完成该工作任务所涉及的活动细节及相应的风险、控制措施和每个人的职责；
>
> ——参与此项工作的人员进一步识别可能遗漏的危害因素；
>
> ——如果作业人员意见不一致，异议解决后，达成一致，方可作业；

——如果在实际工作中条件或者人员发生变化，或原先假设的条件不成立，则应对作业风险进行重新分析。

《中国石油天然气集团公司动火作业安全管理办法》（安全〔2014〕86号）：

第二十五条　必须在带有易燃易爆、有毒有害介质的容器、设备和管线上动火时，应当制定有效的安全工作方案及应急预案，采取可行的风险控制措施，达到安全动火条件后方可动火。

第三十一条　作业区域所在单位应当针对动火作业内容、作业环境等进行风险分析，作业单位应当参加风险分析并根据其结果制定相应控制措施，必要时编制安全工作方案。

第五十五条　紧急情况下的应急抢险所涉及的动火作业，遵循应急管理程序，确保风险控制措施落实到位。

（3）监督检查作业队按照规定办理作业许可证。

监督依据标准：GB/T 31033—2014《石油天然气钻井井控技术规范》、《中国石油天然气集团公司动火作业安全管理办法》（安全〔2014〕86号）。

GB/T 31033—2014《石油天然气钻井井控技术规范》：

8.1.7　钻开油气层后应避免在井场使用电焊、气焊；若需动火，应履行动火审批程序。

《中国石油天然气集团公司动火作业安全管理办法》（安全〔2014〕86号）：

第四条　所属企业应当根据动火场所、部位的危险程度，结合动火作业风险发生的可能性、后果严重程度以及组织管理层级等情况，对动火作业实行分级管理。

第二十一条　动火作业实行动火作业许可管理，应当办理动火作业许可证，未办理动火作业许可证严禁动火。

（4）督促作业队动火人员在动火作业前检查动火点周围消防器械、易燃易爆物料、乙炔瓶、氧气瓶、防火隔离带等施工环境及相关防护设施的完好性。

监督依据标准：SY 6516—2010《石油工业电焊焊接作业安全规程》、Q/SY 08240—2018《作业许可管理规范》、《中国石油天然气集团公司动火作业安全管理办法》（安全〔2014〕86号）。

SY 6516—2010《石油工业电焊焊接作业安全规程》：

4.4.4　在防火区域内使用手持式磨光机时，应采取防护隔离措施。

4.4.7　磨光机防护罩破损禁止使用。禁止拆掉防护罩打磨工件。

6.2.1　应采取措施避免或减少作业人员直接呼吸到焊接操作所产生的烟气流。

6.2.4 在特殊环境下焊接施工产生粉尘和有害烟气应采取局部通风排烟措施。

Q/SY 08240—2018《作业许可管理规范》：

5.6 现场核查

现场确认内容包括：

——与作业有关的设备、工具、材料等。

——现场作业人员资质及能力情况。

——系统隔离、置换、吹扫、检测情况等。

——个人防护装备的配置情况。

——安全消防设施的配备，应急措施的落实情况。

——培训、沟通情况。

——安全工作方案中提出的其他安全措施落实情况。

——确认安全设施的提供方，并确认安全设施的安全性。

5.10.3 作业许可证分发后，不得再做任何修改，许可证第一联由申请人、批准方签字关闭后交批准方存档。许可证存档并保存一年(包括已取消作废的许可证)。

《中国石油天然气集团公司动火作业安全管理办法》(安全〔2014〕86 号)：

第三十三条 动火作业区域应当设置灭火器材和警戒，严禁与动火作业无关人员或车辆进入作业区域。必要时，作业现场应当配备消防车及医疗救护设备和设施。

第三十五条 应当对作业区域或动火点可燃气体浓度进行检测，合格后方可动火。动火时间距气体检测时间不应超过 30 分钟。超过 30 分钟仍未开始动火作业的，应当重新进行检测。

使用便携式可燃气体报警仪或其他类似手段进行分析时，被测的可燃气体或可燃液体蒸气浓度应小于其与空气混合爆炸下限的 10%（LEL），且应使用两台设备进行对比检测。使用色谱分析等分析手段时，被测的可燃气体或可燃液体蒸气的爆炸下限大于等于 4%（V/V）时，其被测浓度应小于 0.5%（V/V）；当被测的可燃气体或可燃液体蒸气的爆炸下限小于 4%（V/V）时，其被测浓度应小于 0.2%（V/V）。

第四十三条 动火作业前应当清除距动火点周围 5 米之内的可燃物质或用阻燃物品隔离，半径 15 米内不准有其他可燃物泄漏和暴露，距动火点 30 米内不准有液态烃或低闪点油品泄漏。

第五十三条 进入受限空间的动火作业应当将内部物料除净，易燃易爆、有毒有害物料必须进行吹扫和置换，打开通风口或人孔，并采取空气对流或采用机械强制通风换气；作业前应当检测氧含量、易燃易爆气体和有毒有害气体浓度，合格后方可进行动火作业。

（5）监督动火作业中人员的位置与活动范围满足相应要求。

> 监督依据标准:《中国石油天然气集团公司动火作业安全管理办法》（安全〔2014〕86号）。
>
> 第四十二条　动火作业实施前应当进行安全交底，作业人员应当按照动火作业许可证的要求进行作业。
>
> 第四十四条　动火作业人员应当在动火点的上风向作业。必要时，采取隔离措施控制火花飞溅。
>
> 第五十二条　高处动火作业使用的安全带、救生索等防护装备应当采用防火阻燃的材料，需要时使用自动锁定连接；高处动火应当采取防止火花溅落措施；遇有五级以上（含五级）风停止进行室外高处动火作业。

（6）监督动火作业过程及程序满足相应要求，在动火作业安全制度未落实、突发异常情况或天气状况不良时，制止动火作业。

> 监督依据标准：SY 6516—2010《石油工业电焊焊接作业安全规程》、《中国石油天然气集团公司动火作业安全管理办法》（安全〔2014〕86号）。
>
> SY 6516—2010《石油工业电焊焊接作业安全规程》：
>
> 5.1.8　露天作业时遇到风、雨、雪和雾天等，在无保护措施的条件下，禁止焊接作业。
>
> 5.1.9　凡带有压力、带电以及密封的承压设备，禁止施焊。
>
> 5.1.10　使用压缩气瓶时，应采取预防气瓶爆炸着火的安全措施。
>
> 《中国石油天然气集团公司动火作业安全管理办法》（安全〔2014〕86号）：
>
> 第二十一条　动火作业实行动火作业许可管理，应当办理动火作业许可证，未办理动火作业许可证严禁动火。
>
> 第二十三条　动火作业许可证是现场动火的依据，只限在指定的地点和时间范围内使用，且不得涂改、代签。一份动火作业许可证只限在同类介质、同一设备（管线）、指定的区域内使用，严禁与动火作业许可证内容不符的动火。
>
> 第二十六条　遇有六级风以上（含六级风）应当停止一切室外动火作业。
>
> 第二十七条　在夜晚、节假日期间，以及异常天气等特殊情况下原则上不允许动火；必须进行的动火作业，要升级审批，作业申请人和作业批准人应当全过程坚守作业现场，落实各项安全措施，保证动火作业安全。
>
> 第四十五条　动火作业过程中，应当根据动火作业许可证或安全工作方案中规定的气体检测时间和频次进行检测，间隔不应超过2小时，记录检测时间和检测结果，结果不合格时应立即停止作业。

在有毒有害气体场所的动火作业，应当进行连续气体监测。

第四十八条 如果动火作业中断超过30分钟，继续动火作业前，作业人员、作业监护人应当重新确认安全条件。

（7）监督使用设备，特殊场地环境，监护人的变更，作业完成后的撤离。

监督依据标准：Q/SY 08240—2018《作业许可管理规范》、《中国石油天然气集团公司动火作业安全管理办法》（安全〔2014〕86号）。

Q/SY 08240—2018《作业许可管理规范》：

5.7.5 作业人员、监护人员等现场关键人员变更时，应经过批准人和申请人的审批。

《中国石油天然气集团公司动火作业安全管理办法》（安全〔2014〕86号）：

第二十五条 必须在带有易燃易爆、有毒有害介质的容器、设备和管线上动火时，应当制定有效的安全工作方案及应急预案，采取可行的风险控制措施，达到安全动火条件后方可动火。

第四十一条 当作业人员、作业监护人等人员发生变更时，应当经过作业批准人的审批。

第四十七条 用气焊（割）动火作业时，氧气气瓶与乙炔气瓶的间隔不小于5m，两者与动火作业地点距离不得小于10m。在受限空间内实施焊割作业时，气瓶应当放置在受限空间外面；使用电焊时，电焊工具应当完好，电焊机外壳须接地。

第五十条 当发生下列任何一种情况时，现场所有人员都有责任立即终止作业，取消动火作业许可证。需要重新恢复作业时，应当重新申请办理动火作业许可证。

（一）作业环境和条件发生变化而影响到作业安全时。

（二）作业内容发生改变。

（三）实际动火作业与作业计划的要求不符。

（四）安全控制措施无法实施。

（五）发现有可能发生立即危及生命的违章行为。

（六）现场发现重大安全隐患。

（七）发现有可能造成人身伤害的情况或事故状态下。

第五十一条 动火作业结束后，作业人员应当清理作业现场，解除相关隔离设施，现场确认无隐患后，作业申请人和作业批准人在动火作业许可证上签字，关闭作业许可。

（五）典型“三违”行为

（1）动火人员未持有效资格证。

（2）动火作业不履行作业许可。

（3）动火作业现场无专人监护。

（4）乙炔瓶倒地使用，氧气、乙炔瓶缺少防震圈，使用间距不足5米。

（5）在苇塘、草原、林地动火不打防火隔离带。

（6）动火作业时不准备消防设施。

（7）实际动火部位与审批动火部位不一致。

（六）作业现场常见未遂事件和典型事故案例

切割油桶发生爆炸事故：

1. 事故经过

2009年4月20日，某钻井队需要对一油桶进行切割，队长安排大班进行切割作业。大班未按要求开具动火作业许可，并且未对油桶进行开盖、注水排气工作，在进行切割时发生爆炸着火，造成人员烧伤。

2. 事件原因

（1）人员安全意识差，未进行工作前安全分析。

（2）未对油桶进行开盖置换可燃气体，风险识别不到位。

3. 吸取教训

（1）在动火作业前必须对所作业容器进行全面检查，确保系统内安全无可燃物。

（2）认真开展作业许可审批和工作前安全分析工作，对现场作业风险进行充分辨识，制定并实施风险削减控制措施，确保现场生产安全。

二、吊装作业

（一）主要风险

（1）吊物坠落损坏或致人伤亡。

（2）吊索具突然断裂造成吊物坠落致人伤亡。

（3）起重机吊装过程中发生翻倒致人伤亡。

（4）人员攀爬摘挂绳索导致伤害。

（5）人员处于吊车旋转范围或受限空间造成挤压伤害。

（6）吊物碰撞其他设备造成设备损坏或致人伤害。

（7）吊物上有浮置物掉落致人伤害。

（8）吊车碰触高压线放电区域致人伤亡。

（9）人员滑跌造成伤害。

（10）装卸吊车支腿垫板失手造成伤害。

（11）吊装点突然断裂飞出致人伤亡。

（二）监督内容

（1）监督检查特种作业及相关人员是否持有有效资格证。

（2）检查吊装作业前的准备工作（安全会议，吊装方案等）。

（3）督促作业人员按规定穿戴劳动防护用品。

（4）督促施工队检查吊装设备、设施以及安全防护设施的完好度和安全性能。

（5）监督吊装作业及相关人员的安全站位。

（6）监督防止吊装过程中交叉作业，或对特定的交叉作业实施旁站监督。

（三）主要监督依据

GB/T 6067.1—2010《起重机械安全规程　第1部分：总则》；

SY/T 5974—2014《钻井井场、设备、作业安全技术规程》；

Q/SY 08248—2018《移动式起重机吊装作业安全管理规范》。

（四）监督控制要点

（1）作业前检查吊装作业许可证，按国家规定持证上岗的人员证件在有效期内，以及劳动防护用品穿戴情况。

> 监督依据标准：GB/T 6067.1—2010《起重机械安全规程　第1部分：总则》、SY/T 5974—2014《钻井井场、设备、作业安全技术规程》、Q/SY 08248—2018《移动式起重机吊装作业安全管理规范》。
>
> GB/T 6067.1—2010《起重机械安全规程　第1部分：总则》：
>
> 12.3.2　司机应具有：
>
> j）操作起重机械的资质；出于培训目的在专业技术人员指挥监督下的操作除外。
>
> 12.4.2　吊装工应具备下列条件：
>
> h）具有担负该项工作的资质。出于培训目的在专业技术人员指挥监督下的操作除外。
>
> SY/T 5974—2014《钻井井场、设备、作业安全技术规程》：
>
> 5.1.1　上岗人员应按规定穿戴劳动防护用品。

5.1.4 起重机吊装、拆卸设备时的指挥信号应符合 GB 5082 的规定。

Q/SY 08248—2018《移动式起重机吊装作业安全管理规范》:

5.1.1 移动式起重机吊装作业实行作业许可管理,吊装前需办理吊装作业许可证。

5.6.1 任何非固定场所的临时吊装作业都应办理吊装作业许可证。

5.6.2 吊装作业许可证的有效期限一般不超过一个班次。如果在书面审查和现场核查过程中经确认需要更多的时间进行作业,应根据作业性质、作业风险、作业时间,经相关各方协商一致确定作业许可证有效期限和延期次数。超过延期次数,应重新办理作业许可证。

5.7.3 起重指挥人员接受专业技术培训及考核,持证上岗。

5.7.4 司索人员(起重工)接受专业技术培训及考核,持证上岗。

(2)督促施工队在吊装作业前召开安全会议,对较复杂的吊装作业制订吊装计划,对关键性吊装作业制订关键性吊装作业实施方案。

监督依据标准:Q/SY 08248—2018《移动式起重机吊装作业安全管理规范》。

5.4.3.2 较复杂的吊装作业还应编制吊装作业计划。

5.4.4 凡属关键性吊装作业的,应制定关键性吊装作业计划。

关键性吊装作业:符合下列条件之一的,应视为关键性吊装作业:

——货物载荷达到额定起重能力的 75%;

——货物需要一台以上的起重机联合起吊的;

——吊臂和货物与管线设备或输电线路的距离小于规定的安全距离;

——吊臂越过障碍物起吊,操作员无法目视且仅靠指挥操作;

——起吊偏离制造厂家的要求,如吊臂的组成与说明书中的吊臂组合不同,使用的吊臂长度超过说明书中的规定等。

(3)督促施工队检查起重机、吊具、吊钩等机械设备及相关防护设施的完好性,作业前核查均已符合安全作业施工程序要求后,再开始吊装作业。

监督依据标准:Q/SY 08248—2018《移动式起重机吊装作业安全管理规范》。

5.4.2 起重机安全基本要求:起重机随机备有安全警示牌、使用手册、载荷能力铭牌并根据现场情况设置;

起重机操作室和驾驶室中应配置灭火器,所有排气管道应设置防护装置或隔热层、驾驶室所有窗户的玻璃应为安全玻璃,配置有标尺的油箱应密封良好,避免燃油溅出或溢出,起重机平台和走道应采用防滑表面,人员可接触的运动件或旋转件应安装有保护

> 罩或面板；
>
> 根据起重机型号、出入起重机驾驶室、操作室均应配备梯子(带栏杆或扶手)或台阶；所有主臂、副臂应设置机械式安全停止装置；
>
> 如果起重机遭受了异常应力或载荷的冲击，或吊臂出现异常振动、抖动等在重新投入使用前，应由专业机构进行彻底地检查和修理。

（4）监督吊装作业中人员的安全站位满足相应要求：

① 吊装指挥人员应站在便于与司机沟通的安全位置，并利于观察人员、设备的状况，严禁不佩戴标识或无证人员指挥。

② 起重机起吊时，所有人员禁止站在悬吊物下方或从悬吊物下方通过。

③ 起重机起重臂下和旋转范围内严禁站人。

④ 被吊货物倾倒范围内严禁站人。

> 监督依据标准：Q/SY 08248—2018《移动式起重机吊装作业安全管理规范》。
>
> 5.3.6　起重机处于工作状态时，不应进行维护、修理及人工润滑。严禁人员在吊臂上下方停留或通过。凡 2m 以上的高处维修作业应采取防坠落措施。
>
> 5.4.3　起重机吊臂回转范围内应采用警戒带或其他方式隔离，无关人员不得进入该区域。
>
> 起重作业指挥人员应佩戴标识，并与起重机司机保持可靠的沟通，指挥信号应明确并符合规定，沟通方式的优先顺序如下：
>
> ——视觉联系；
>
> ——有线对讲装置；
>
> ——双向对讲机。
>
> 当联络中断时，起重机司机应停止所有操作，直到重新恢复联系。
>
> 操作中起重机应处于水平状态，在操作过程中可通过引绳来控制货物的摆动，禁止将引绳缠绕在身体的任何部位。
>
> 任何人员不得在悬挂的货物下工作、站立、行走，不得随同货物或起重机械升降。
>
> 指挥人员应站在便于与起重机司机沟通的安全位置，并利于观察人员、设备的状况。
>
> 在下列情况下，起重机司机不得离开操作室：
>
> ——货物处于悬吊状态；
>
> ——操作手柄未复位；
>
> ——手刹未处于制动状态；
>
> ——起重机未熄火关闭；
>
> ——门锁未锁好。

(5)吊装过程中,重点监督以下内容:

① 吊装设备应使用专用吊具,长度适宜,强度满足吊装要求。

② 不得超出起重机额定荷载吊装重物。

③ 严禁吊装成串的散件货物,以及吊装冻结、埋在地下或重量不清的货物。

④ 光线阴暗看不清或在恶劣环境状态下,停止吊装作业。

⑤ 被吊货物上的小件物品应固定牢固。

⑥ 起吊货物时,被吊货物上严禁站人或堆放浮置物。

⑦ 吊管材时,吊具应挂在管材的两端,平稳起吊。

⑧ 起重机在吊装或卸货物时,严禁与周围物体靠得过近。

⑨ 吊装重物时,起重机千斤必须加垫专用基础。

⑩ 吊挂时,严禁吊具夹角过小。

⑪ 电力线附近吊装作业,要保持安全距离。

监督依据标准:Q/SY 08248—2018《移动式起重机吊装作业安全管理规范》。

5.1.3 禁止起吊超载、质量不清的货物和埋置物件。在大雪、暴雨、大雾等到恶劣天气及风力达到六级时应停止起吊作业,并卸下货物,收回吊臂。

5.1.4 任何情况下,严禁起重机带载行走;无论何人发出紧急停车信号,司机都应立即停车。

5.4.3.1 进入作业区域之前,应对基础地面及地下土层承载力,作业环境进行评估。起重机司机必须巡视工作场所,确认支腿已按要求垫枕木。

5.4.3.3 需在电力线路附近使用起重机时,起重机与电力线路的安全距离应符合相关标准的规定。在没有明确告知的情况下,所有电线电缆均应视为带电电缆。必要时应制定关键性吊装计划并严格实施。

(五)典型“三违”行为

(1)指挥吊装人员不戴指挥袖标或不使用指挥旗。

(2)货物在起吊和装车过程中不使用牵引绳,用脚蹬吊具,手扶货物。

(3)起吊时人员站在悬吊物下方或从悬吊物下方通过。

(4)移动式起重机带载行驶。

(六)作业现场常见未遂事件和典型事故案例

吊车吊物作业前倾事件:

1. 事故经过

2011 年 5 月 7 日，某钻井队在安装井架过程中，安装队人员指挥井架右侧的吊车将左侧的钻具垫杠吊至井架右侧。由于距离过远，吊车吊臂伸出过长，在起重作业时，吊车前倾，吊臂砸在场地井架上，将第二节井架穿插连接销的耳板砸坏。

2. 主要原因

（1）指挥人员违章指挥，起重司机违章作业，吊臂伸出过长，盲目增大工作幅度，致使吊车倾倒。

（2）指挥人员和起重司机风险识别能力差。

3. 吸取教训

（1）加强起重指挥起重作业安全操作规程培训，提高起重作业风险辨识能力。

（2）起重司机应认真执行吊装作业规定。吊装前选择合适位置摆放吊车，避免吊臂伸出过长的状态下起吊重物。

三、高处作业

（一）主要风险

（1）工具传接失败，工具下落，可能造成工具砸伤人员，导致人员伤亡。

（2）人员攀爬井架或高空作业中未按要求使用安全设施发生坠落，导致人员伤亡。

（3）二层台逃生装置不能正常使用，发生紧急情况时，人员不能及时逃生发生伤亡。

（4）二层台作业，气动小绞车意外旋转造成人员伤亡。

（二）监督内容

（1）督促作业人员按规定穿戴劳动防护用品。

（2）督促钻井队作业前进行风险评估并制定安全措施，办理作业许可。

（3）督促钻井队检查高处作业场所各种使用工具、设备、设施的安全性。

（三）主要监督依据

SY/T 5974—2014《钻井井场、设备、作业安全技术规程》；

SY 6516—2010《石油工业电焊焊接作业安全规程》；

Q/SY 08240—2018《作业许可管理规范》；

《中国石油天然气集团公司高处作业安全管理办法》（安全〔2015〕37 号）。

（四）监督控制要点

（1）作业前检查高处作业人员经过安全培训合格，以及劳动防护用品穿戴情况。

监督依据标准：SY/T 5974—2014《钻井井场、设备、作业安全技术规程》。

6.2.5　上岗人员应经过相关安全资质培训合格，持证上岗（上岗人员具备上岗资质，特种作业人员和特种设备操作人员持证上岗）。

6.2.7　进入井场应按规定穿戴好防护用品。

（2）督促检查钻井队作业前进行风险评估，制定控制措施，按照规定办理作业许可，进行安全交底。

监督依据标准：Q/SY 08240—2018《作业许可管理规范》、《中国石油天然气集团公司高处作业安全管理办法》（安全〔2015〕37号）。

Q/SY 08240—2018《作业许可管理规范》：

5.3.2　申请人应组织对申请的作业进行风险评估，风险评估的内容应包括工作步骤、存在的风险及危害程度、相应的控制措施等，具体执行 Q/SY 08238—2018。

5.3.4　作业单位应根据风险评估的结果编制安全工作方案。通过风险评估确定的危害和不可承受的风险，均应在安全工作方案中提出针对性的控制措施。

《中国石油天然气集团公司高处作业安全管理办法》（安全〔2015〕37号）：

第三条　本办法所称的高处作业是指距坠落高度基准面 2m 及以上有可能坠落的高处进行的作业。坠落高度基准面是指可能坠落范围内最低处的水平面。

第八条　高处作业实行许可管理，高处作业许可流程主要包括作业申请、作业审批、作业实施和作业关闭等四个环节。

第二十一条　高处作业应办理高处作业许可证，无有效的高处作业许可证严禁作业。

对于频繁的高处作业活动，在有操作规程或方案，且风险得到全面识别和有效控制的前提下，可不办理高处作业许可。

第二十二条　高处作业许可证是现场作业的依据，只限在指定的地点和规定的时间内使用，且不得涂改、代签。

第二十九条　作业区域所属单位应针对高处作业内容、作业环境等组织风险分析，并对作业单位进行安全交底；作业单位应参加风险分析并根据其结果制定相应控制措施或方案。特级高处作业以及以下特殊高处作业时，应编制安全工作方案。

（一）在室外完全采用人工照明进行的夜间高处作业。

（二）在无立足点或无牢靠立足点的条件下进行的悬空高处作业。

（三）在接近或接触带电体条件下进行的带电高处作业。

（四）在易燃、易爆、易中毒、易灼烧的区域或转动设备附近进行高处作业。

（五）在无平台、无护栏的塔、炉、罐等化工容器、设备及架空管道上进行的高处作业。

（六）在塔、炉、罐等化工容器设备内进行高处作业。

（七）在排放有毒、有害气体、粉尘的排放口附近进行的高处作业。

（八）其他特殊高处作业。

第四十条　高处作业实施前作业申请人必须对作业人员进行安全交底，明确作业风险和作业要求，作业人员应按照高处作业许可证的要求进行作业。

（3）督促钻井队对各种操作工具、设备、安全设施等进行检查。

监督依据标准：SY 6516—2010《石油工业电焊焊接作业安全规程》、Q/SY 08240—2018《作业许可管理规范》、《中国石油天然气集团公司高处作业安全管理办法》（安全〔2015〕37号）。

SY 6516—2010《石油工业电焊焊接作业安全规程》：

5.2.3.1　高处焊接作业时，应正确使用安全带。

5.2.3.2　所使用的焊条应放在焊条桶内，且焊条桶应固定在合适位置，工具等应装在无孔的工具袋内，焊条头应放在回收桶内。

5.2.3.3　在电焊火星所及的范围内，应彻底清除易燃物品，若无法清除应采取隔离措施，并设专人监护。

5.2.3.4　六级及其以上的大风、雷、雨、雪和雾天等条件下，禁止焊接作业。

Q/SY 08240—2018《作业许可管理规范》：

5.6　现场核查

现场确认内容包括：

——与作业有关的设备、工具、材料等；

——现场作业人员资质及能力情况；

——系统隔离、置换、吹扫、检测情况等；

——个人防护装备的配置情况；

——安全消防设施的配备，应急措施的落实情况；

——培训、沟通情况；

——安全工作方案中提出的其他安全措施落实情况；

——确认安全设施的提供方，并确认安全设施的安全性。

《中国石油天然气集团公司高处作业安全管理办法》（安全〔2015〕37号）：

第三十条　高处作业中使用的安全标志、工具、仪表、电气设施和各种设备，应在作前加以检查,确认完好后方可投入使用。

第三十一条　高处作业应根据实际需要搭设或配备符合安全要求的吊架、梯子、脚手架和防护棚等。作业前应仔细检查作业平台,确保坚固、牢靠。

第三十二条　供高处作业人员上下用的通道板、电梯、吊笼、梯子等要符合有关规定要求,并随时清扫干净。

第三十三条　雨天和雪天进行高处作业时,应采取可靠的防滑、防寒和防冻措施,水、冰、霜、雪均应及时清除。暴风雪及台风暴雨后,应对高处作业安全设施逐一加以检查,发现有松动、变形、损坏或脱落等现象,应立即修理完善。对进行高处作业的高耸建筑物,应事先设置避雷设施。

(4)高处作业过程中,重点监督以下内容:

① 高处作业时,严禁抛递工具和物品。

② 高处作业时,其正下方及附近禁止交叉作业,严禁其他人员停留和通过。

③ 逃生索道固定牢靠,并有软着陆设施。

④ 工作高度距离基准面 2m 以上作业,必须系安全带。

⑤ 夜间高处作业时,照明应满足要求。

⑥ 防坠落措施无法实施,禁止高处作业。

⑦ 患有高空作业禁忌证者,禁止高处作业。

⑧ 五级以上大风、雷电、暴雨、大雾时,禁止进行高处作业。

监督依据标准:SY/T 5974—2014《钻井井场、设备、作业安全技术规程》、《中国石油天然气集团公司高处作业安全管理办法》(安全〔2015〕37 号)。

SY/T 5974—2014《钻井井场、设备、作业安全技术规程》:

5.1.3　高处作业的下方及其附近不应有人作业、停留和通过。

5.3.1.7　作业人员在井架上不应横向或上下抛、传工具;不应将工具装在口袋里,高空使用的工具应有保险绳。

《中国石油天然气集团公司高处作业安全管理办法》(安全〔2015〕37 号):

第二十五条　严禁在六级以上大风和雷电、暴雨、大雾、异常高温或低温等环境条件下进行高处作业;在 30℃~40℃高温环境下的高处作业应进行轮换作业。

第四十一条　高处作业过程中,作业监护人应对高处作业实施全过程现场监护,严禁无监护人作业。

第四十二条　作业人员应按规定正确穿戴个人防护装备,并正确使用登高器具和设备。

第四十三条　作业人员应按规定系用与作业内容相适应的安全带。安全带应高挂低用，不得系挂在移动、不牢固的物件上或有尖锐棱角的部位，系挂后应检查安全带扣环是否扣牢。

第四十四条　作业人员应沿着通道、梯子等指定的路线上下，并采取有效的安全措施。作业点下方应设安全警戒区，应有明显警戒标志，并设专人监护。

第四十五条　高处作业禁止投掷工具、材料和杂物等，工具应采取防坠落措施，作业人员上下时手中不得持物。所用材料应堆放平稳，不妨碍通行和装卸。

第四十六条　梯子使用前应检查结构是否牢固。禁止在吊架上架设梯子，禁止踏在梯子顶端工作。同一架梯子只允许一个人在上面工作，不准带人移动梯子。

第四十七条　禁止在不牢固的结构物上进行作业，作业人员禁止在平台、孔洞边缘、通道或安全网内等高处作业处休息。

第四十八条　高处作业与其他作业交叉进行时，应按指定的路线上下，不得上下垂直作业。如果需要垂直作业时，应采取可靠的隔离措施。

第四十九条　高处作业应与架空电线保持安全距离。夜间高处作业应有充足的照明。高处作业人员应与地面保持联系，根据现场需要配备必要的联络工具，并指定专人负责联系。

第五十条　因作业需要临时拆除或变动高处作业的安全防护设施时，应经作业申请人和作业批准人同意，并采取相应的措施，作业后应立即恢复。

第五十四条　高处动火作业、进入受限空间内的高处作业、高处临时用电等除执行本办法的相关规定外，还应满足动火作业、进入受限空间作业、临时用电作业安全管理等相关要求。

（五）典型“三违”行为

（1）高处作业不系安全带。

（2）高处作业随意抛递物件。

（3）使用的工具不系尾绳。

（4）上下井架不使用防坠落装置。

（六）作业现场常见未遂事件和典型事故案例

拆卸井架作业人员掉落事件：

1. 事故经过

2013 年 9 月 20 日，某钻井队在放完井架进行拆井架作业时，由 3 名井架工协助钻前作业人员拆卸井架。在拆卸第三节井架时，井架工虽系了安全带，却把安全带尾绳固定在身体前方、与头部基本平行的井架笼梯下方横梁上，尾绳从该员工身前垂至腰部，然后又绕到了后背。当该员工用榔头砸井架下部连接销时，不慎榔头砸空，身体失去重心向前倾倒掉落，双脚直接着落地面，同时悬挂在身前的安全带尾绳与其下颚发生轻微剐蹭，未造成人员伤害。

2. 主要原因

（1）安全带尾绳被固定在了人员的上前方，而未固定在身体背部后方，导致在下坠过程中安全带尾绳与员工下颚发生了剐蹭。

（2）虽然该员工使用安全带，但安全带尾绳挂并没有挂在高于头部上方 80cm 左右的笼梯上横梁上，而是挂在和头部基本平行的井架笼梯下横梁上，没有做到高挂低用。

3. 吸取教训

（1）安全带做到高挂低用，使用前必须考虑到可能导致发生坠落的操作点至作业面（地面）之间的垂直距离，对尾绳合理地进行调整。

（2）安全带尾绳应固定在身体的后上方使用，以避免人员在下坠过程中尾绳不会与身体部位发生剐蹭、缠绕。

四、进入受限空间作业

（一）主要风险

（1）氧气不足而窒息。

（2）有毒有害气体中毒。

（3）在作业时，可能造成滑跌、坠落、触电、中暑等伤害。

（4）在循环罐内作业时，停用的搅拌机没有断电、上锁、挂牌，以及无专人监护，导致搅拌机意外运转，造成人员伤害事故。

（5）人员进入钻井液池（坑）作业，发生边坡坍塌，导致人员掩埋事故。

（二）监督内容

（1）督促施工队按规定办理作业许可审批手续。

（2）检查进入受限空间作业过程中，监护人的落实情况和职责履行情况。

（3）监督检查施工队是否按要求配置安全防护设施、通信工具，作业人员是否按规定穿戴和使用劳动防护用品用具。

（4）监督检查人员在循环罐内作业时，搅拌机等设备是否已断电并上锁挂牌。

（5）监督受限空间作业完毕后，作业人员是否全部撤出。

(三)主要监督依据

《中国石油天然气集团公司进入受限空间作业安全管理办法》(安全〔2014〕86号)。

(四)监督控制要点

(1)监督检查是否按照程序办理作业许可证,进行风险分析并制定相应控制措施。

> 监督依据标准:《中国石油天然气集团公司进入受限空间作业安全管理办法》(安全〔2014〕86号)。
>
> 第十九条　进入受限空间作业实行作业许可管理,应当办理进入受限空间作业许可证,未办理作业许可证严禁作业。
>
> 第二十一条　进入受限空间作业许可证是现场作业的依据,只限在指定的作业区域和时间范围内使用,且不得涂改、代签。
>
> 第二十六条　进入受限空间作业许可证应当包括作业单位、作业区域所在单位、作业地点、作业内容、作业时间、作业人员、作业监护人、属地监督、危害识别、安全措施、气体检测,以及作业批准、延期、取消、关闭等基本信息。
>
> 进入受限空间作业许可证应当编号,作业过程中应分别放置于作业现场、作业区域所在单位及相关方处;关闭后的进入受限空间作业许可证应收回,并保存一年。
>
> 第二十七条　作业区域所在单位应组织针对进入受限空间作业内容、作业环境等进行风险分析,作业单位应参加风险分析并根据结果制定相应控制措施,必要时编制安全工作方案和应急预案。
>
> 第二十八条　受限空间出入口应保持畅通,并设置明显的安全警示标志,空气呼吸器、防毒面具、急救箱等相应的应急物资和救援设备应配备到位。

(2)监督检查作业前已将相关机械和电气隔离并上锁挂牌;对受限空间进行清理、清洗工作。

> 监督依据标准:《中国石油天然气集团公司进入受限空间作业安全管理办法》(安全〔2014〕86号)。
>
> 第二十九条　根据需要,进入受限空间作业前应当做好以下准备工作:
>
> (一)可采取清空、清扫(如冲洗、蒸煮、洗涤和漂洗)、中和危害物、置换等方式对受限空间进行清理、清洗;
>
> (二)编制隔离核查清单,隔离相关能源和物料的外部来源,上锁挂牌并测试,按清单内容逐项核查隔离措施。

(3)监督施工作业前及作业期间对受限空间氧含量、有毒有害气体进行测定。

监督依据标准:《中国石油天然气集团公司进入受限空间作业安全管理办法》(安全〔2014〕86号)。

第三十条　对可能存在缺氧、富氧、有毒有害气体、易燃易爆气体、粉尘等受限空间,作业前应进行检测,合格后方可进入。进入受限空间作业的时间距气体检测时间不应超过30分钟。超过30分钟仍未开始作业的,应当重新进行检测。

第四十五条　进入受限空间作业期间,应当根据作业许可证或安全工作方案中规定的频次进行气体监测,并记录监测时间和结果,结果不合格时应立即停止作业。气体监测应当优先选择连续监测方式,若采用间断性监测,间隔不应超过2小时。

(4)督促检查是否对受限空间进行自然通风或强制排风。

监督依据标准:《中国石油天然气集团公司进入受限空间作业安全管理办法》(安全〔2014〕86号)。

第四十一条　受限空间内应当保持通风,保证空气流通和人员呼吸需要,可采取自然通风或强制通风,严禁向受限空间内通纯氧。

(5)监督检查受限空间内是否有足够的照明且符合安全使用要求。

监督依据标准:《中国石油天然气集团公司进入受限空间作业安全管理办法》(安全〔2014〕86号)。

第四十二条　受限空间内应当有足够的照明,使用符合安全电压和防爆要求的照明灯具;手持电动工具等应当有漏电保护装置;所有电气线路绝缘良好。

(6)监督检查作业人员在受限空间作业期间采取安全防护措施,发生紧急情况时,救援措施得当。

监督依据标准:《中国石油天然气集团公司进入受限空间作业安全管理办法》(安全〔2014〕86号)。

第二十三条　作业人员在进入受限空间作业期间应采取适宜的安全防护措施,必要时应佩戴有效的个人防护装备。

第二十四条　发生紧急情况时,严禁盲目施救。救援人员应经过培训,具备与作业风险相适应的救援能力,确保在正确穿戴个人防护装备和使用救援装备的前提下实施救援。

第四十三条　受限空间作业应当采取防坠落或滑跌的安全措施;必要时,应当提供符合安全要求的工作面。

第四十七条　如发生紧急情况,需进入受限空间进行救援时,应当明确监护人员与救援人员的联络方法。救援人员应当佩戴相应的防护装备。必要时,携带气体防护装备。

（7）监督检查作业条件的终止、延期、取消和关闭。

监督依据标准：《中国石油天然气集团公司进入受限空间作业安全管理办法》（安全〔2014〕86号）。

第四十九条　如果进入受限空间作业中断超过30分钟，继续作业前，作业人员、作业监护人应当重新确认安全条件。作业中断过程中，应对受限空间采取必要的警示或隔离措施，防止人员误入。

第五十条　进入受限空间作业许可证的期限一般不超过一个班次，延期后总的作业期限原则上不能超过24小时。办理延期时，作业申请人、批准人应当重新核查工作区域，确认所有安全措施仍然有效，且作业条件和风险未发生变化。

第五十一条　当发生下列任何一种情况时，现场所有人员都有责任立即终止作业，取消进入受限空间作业许可证。需要重新恢复作业时，应当重新申请办理进入受限空间作业许可证。

（一）作业环境和条件发生变化而影响到作业安全时；

（二）作业内容发生改变；

（三）实际作业与作业计划的要求不符；

（四）安全控制措施无法实施；

（五）发现有可能发生立即危及生命的违章行为；

（六）现场发现重大安全隐患；

（七）发现有可能造成人身伤害的情况或事故状态下。

第五十二条　进入受限空间作业结束后，作业人员应当清理作业现场，解除相关隔离设施，现场确认无隐患后，作业申请人和作业批准人在作业许可证上签字，关闭作业许可。

（五）典型“三违”行为

（1）不执行作业许可制度。

（2）作业前不进行气体检测，工作过程中没有进行气体周期性或连续监测。

（3）不配备或不正确使用正压式空气呼吸器等安全防护设施。

（4）作业过程中，没有安排专门监护人。

（六）作业现场常见未遂事件和典型事故案例

清洗废水池中毒事故：

1. 事故经过

2015年3月18日，某公司组织进行废水池清洗作业，1名员工在废水池中作业时突然晕倒，其他 2 名员工和闻讯赶来的队长先后下池救人，最终导致 3 人中毒死亡。

2. 主要原因

（1）员工未穿戴安全防护用品进入废水池内吸入含有有毒混合气体中毒。

（2）未对有限空间作业风险进行全面辨识评估，未落实安全防范措施即进入有限空间作业。

（3）救援人员未识别出存在风险、未采取有效防护措施即进行盲目施救。

（4）安全生产制度不健全，制度落实不到位，安全管理不到位。

3. 吸取教训

（1）有限空间作业应当严格遵守“先通风、再检测、后作业”的原则。

（2）有限空间作业属于高风险作业，须严格落实危险作业审批制度，按照有关法规要求配备有关检测、通风、防护等设施，在有限空间场所设立安全警示标识，确保作业安全。

五、动土挖掘作业

（一）主要风险

（1）作业致地下管线、电缆破坏，造成流体泄漏或漏电事故。

（2）边坡发生坍塌，造成机具损坏或人员伤亡。

（3）人员坠落，造成伤害。

（二）监督内容

（1）核查挖掘作业许可证和作业人员的能力。

（2）监督确认作业前的安全条件。

（3）监督检查作业过程中安全措施是否落实。

（4）监督检查作业结束后的安全措施是否落实。

（三）监督依据

Q/SY 08240—2018《作业许可管理规范》；

Q/SY 08247—2018《挖掘作业安全管理规范》。

（四）监督控制要点

（1）作业前，检查作业许可证、作业人员能力等方面的情况。

监督依据标准：Q/SY 08240—2018《作业许可管理规范》、Q/SY 08247—2018《挖掘作业安全管理规范》。

Q/SY 08240—2018《作业许可管理规范》：

5.1.2 如果工作中包含下列工作，还应同时办理专项作业许可证：

——进入受限空间；

——挖掘作业；

——高处作业；

——移动式吊装作业；

——管线打开；

——临时用电；

——动火作业。

Q/SY 08247—2018《挖掘作业安全管理规范》：

5.1.1 挖掘作业实行作业许可，并办理挖掘作业许可证，地面挖掘深度不超过 0.5m 除外。

5.8.2 挖掘作业许可证的有效期限一般不超过一个班次。如果在书面审查和现场核查过程中，经确认需要更多的时间进行作业，应根据作业性质、作业风险、作业时间，经相关各方协商一致确定许可证的有效期限。

（2）作业前，核查各项安全防护措施的落实情况。

监督依据标准：Q/SY 08247—2018《挖掘作业安全管理规范》。

5.1.2 挖掘工作开始前应进行工作安全分析，根据分析结果，确定应采取的相关措施，必要时制定挖掘方案。

5.3.1 挖掘前应确定附近结构物是否需要临时支撑，必要时由有资质的专业人员对邻近结构物基础进行评价并提出保护措施建议。

5.1.3 挖掘工作开始前，应保证现场相关人员拥有最新的地下设施布置图，明确标注地下设施的位置、走向及可能存在的危害，必要时可采用探测设备进行探测。在铁路路基 2m 内的挖掘作业，须经铁路管理部门审核同意。

5.1.4 对地下情况复杂、危险性较大的挖掘项目，施工区域主管部门根据情况，组织电力、生产、机动设备、调度、消防和隐蔽设施的主管部门联合进行现场地下设施交底，根据施工区域地质、水文、地下管道、埋设电力电缆、永久性标桩、地质和地震部门设置的长期观测孔等情况，向施工单位提出具体要求。

5.1.5 施工区域所在单位应指派一名监督人员，对开挖处、邻近区域和保护系统进行检查，发现异常危险征兆，应立即停止作业。连续挖掘超过一个班次的挖掘作业，每日作业前应进行安全检查。

5.1.8 在坑、沟槽内作业应正确穿戴安全帽、防护鞋、手套等个人防护装备。

5.7.2 挖掘作业现场应设置护栏、盖板和明显的警示标志。在人员密集场所或区域施工时，夜间应悬挂红灯警示。

5.7.3 挖掘作业如果阻断道路，应设置明显的警示和禁行标志，对于确需通行车辆的道路，应铺设临时通行设施，限制通行车辆吨位，并安排专人指挥车辆通行。

5.7.4 采用警示路障时，应将其安置在距开挖边缘至少1.5m之外。如果采用废石堆作为路障，其高度不得低于1m。在道路附近作业时应穿戴警示背心。

（3）作业过程中，检查各项安全措施的落实情况。

监督依据标准：Q/SY 08247—2018《挖掘作业安全管理规范》。

5.1.6 挖掘前应用手工工具（例如铲子、锹、尖铲）来确认1.2m以内的任何地下设施的正确位置和深度。

5.1.7 所有暴露后的地下设施都应及时予以确认，不能辨识时，应立即停止作业，并报告施工区域所在单位，采取相应安全保护措施后，方可重新作业。

5.7.1 采用机械设备挖掘时，应确认活动范围内没有障碍物（如架空线路、管架等）。

5.6.1 对深度超过1.2m可能存在危险性气体的挖掘现场，应进行气体检测，并依据检测结果采取相应安全措施。

5.6.2 在填埋区域、危险化学品生产、储存区域等可能产生危险性气体的施工区域挖掘时，应对作业环境进行气体检测，并采取相关措施，如使用呼吸器、通风设备和防爆工具等。

5.2.1 对于挖掘深度6m以内的作业，为防止挖掘作业面发生坍塌，应根据土质的类别设置斜坡和台阶、支持和挡板等保护系统。对于挖掘深度超过6m所采取的保护系统，应由有资质的专业人员设计。

5.2.2 在稳固岩层中挖掘或挖掘深度小于1.5m，且已经过施工单位技术负责人员检查，认定没有坍塌可能性时，不需要设置保护系统。作业负责人应在挖掘作业许可证上说明理由。

5.4.1 挖掘深度超过1.2m时，应在合适的距离内提供梯子、台阶或坡道等，用于安全进出。

5.4.2 作业场所不具备设置进出口条件，应设置逃生梯、救生索及机械升降装置等，并安排专人监护作业，始终保持有效的沟通。

5.2.7 挖出物或其他物料至少应距坑、沟槽边沿1m，堆积高度不得超过1.5m，坡度不大于45度，不得堵塞下水道、窨井以及作业现场的逃生通道和消防通道。

5.2.8 在坑、沟槽的上方，附近放置物料和其他重物或操作挖掘机械、起重机、卡车时，应在边沿安装板桩并加以支撑和固定，设置警示标志或障碍物。

5.3.2 如果挖掘作业危及邻近的房屋、墙壁、道路或其他结构物，应使用支撑系统或其他保护措施，如支撑、加固或托换基础来确保这些结构物的稳固性，并保护员工免受伤害。

5.2.6 如果需要临时拆除个别构件，应先安装替代构件，以承担加载在支撑系统上的负荷。工程完成后，应自下而土拆除保护性支撑系统，回填和支撑系统的拆除应同步进行。

5.3.3 不得在邻近建筑物基础的水平面下或挡土墙的底脚下进行挖掘，除非在稳固的岩层上挖掘或已经采取了下列预防措施：

（一）提供诸如托换基础的支撑系统；

（二）建筑物距挖掘处有足够的距离；

（三）挖掘工作不会对员工造成伤害。

5.1.8 不应在坑、沟槽内休息，不得在升降设备、挖掘设备下或坑、沟槽上端边沿站立、走动。

5.4.3 当允许员工、设备在挖掘处上方通过时，应提供带有标准栏杆的通道或桥梁，并明确通行限制条件。

5.5.1 雷雨天气应停止挖掘作业，雨后复工时，应检查受雨水影响的挖掘现场，监督排水设备的正确使用，检查土壁稳定和支撑牢固情况。发现问题，要及时采取措施，防止骤然崩坍。

5.5.2 如果有积水或正在积水，应采用导流渠，构筑堤防或其他适当的措施，防止地表水或地下水进入挖掘处，并采取适当的措施排水，方可进行挖掘作业。

5.8.3 当作业环境发生变化、安全措施未落实或发生事故，应及时取消作业许可，停止作业，并应通知相关方。

（4）作业结束后，检查完工安全措施的情况。

监督依据标准：Q/SY 08247—2018《挖掘作业安全管理规范》。

5.1.9 施工结束后，应根据要求及时回填，并恢复地面设施。若地下隐蔽设施有变化，施工单位应将变化情况向作业区域所在单位通报，以完善地下设施布置图。

5.8.4 挖掘工作结束后，申请人和批准人（或其授权人）在现场验收合格后，双方签字关闭挖掘作业许可证。

(五)典型的“三违”行为

(1)不办理挖掘作业许可手续,擅自进行作业。

(2)对地下管道、线路的走向、埋深不清楚,擅自进行挖掘作业。

(3)支护和放坡不合适、作业机械选择不正确、作业场所的机动车道和人行道未设路障等安全防护措施落实不到位,即开始实施作业。

(4)涉及其他危险作业时,未同时办理相关许可票证。

(六)作业现场常见未遂事件和典型事故案例

挖基墩坑造成采油注水管线泄漏事件:

1. 事件经过

2017 年 4 月 13 日,某钻井队施工的某井进行安装节流、压井管汇作业。15:20,指导员任某在指挥挖掘机司机挖防喷管线基墩坑的过程中发现,有水从地面冒出,随后任某要求挖掘机司机立即停止挖掘作业。任某安排本队员工用铁锹清理已挖开的泥土,发现一根金属管线变形且出现裂缝。任某安排技术员立即通知采油站值班人员,告知对方现场情况。经采油站值班人员现场鉴定,确认是采油注水井管线破损,后经采油站于 21:20 抢修完成,事件处理结束。

2. 主要原因

(1)老井场开采,地下管网复杂,采油站人员无法详细指出管线布局及走向。

(2)井队作业前未使用金属探测仪对地下管网情况进行探测。

(3)挖掘机司机作业过程中将采油注水管线挖破。

(4)作业人员安全意识能力不足,人员培训存在短板。

3. 吸取教训

(1)加强对人员的安全风险识别能力培训,提高作业员工进行安全风险识别和制定消减措施的能力。

(2)动土作业应对地下情况摸清后,作业前使用金属探测器进行探测确认,确保作业点地下无管线和电缆。

六、手工具使用

(一)主要风险

(1)电动工具绝缘失效漏电致人触电事故。

(2)角磨机、砂轮机、切割机等无防护罩或人员站位不正确,作业时发生人员伤害。

（3）气动工具管线未固定牢或老化爆裂，造成人员伤害。

（4）手工具意外启动造成人员伤害。

（5）作业时人员操作不平稳造成伤害。

（二）监督内容

（1）监督钻井队按照工作内容配置适用的手工具。

（2）督促使用者在使用前对手工具进行检查。

（3）监督钻井队在使用特殊手工具时采取相应安全防护措施。

（三）主要监督依据

GB/T 3787—2017《手持式电动工具的管理、使用、检查和维修安全技术规程》；

Q/SY 1367—2011《通用工器具安全管理规范》；

Q/SY 1368—2011《电动气动工具安全管理规范》。

（四）监督控制要点

（1）检查钻井队，手工具操作人员必须要熟知工具的性能、特点和使用方法。

> 监督依据标准：Q/SY 1367—2011《通用工器具安全管理规范》、Q/SY 1368—2011《电动气动工具安全管理规范》。
>
> Q/SY 1367—2011《通用工器具安全管理规范》：
>
> 4.2.2 使用工器具前，使用者应经过相应的培训，熟知工器具的性能、特点、使用及保养方法。
>
> Q/SY 1368—2011《电动气动工具安全管理规范》：
>
> 4.6 作业员工接受培训，执行电动气动工具安全管理程序，并提出改进建议。
>
> 5.1.1 电动气动工具的管理、使用和维修人员应进行有关的安全教育和培训，并经考核合格。
>
> 5.3.1 应选择使用符合工作要求的相应型号电动气动工具。

（2）督促钻井队使用正规厂家生产的合格的手工具。

> 监督依据标准：GB/T 3787—2017《手持式电动工具的管理、使用、检查和维修安全技术规程》、Q/SY 1367—2011《通用工器具安全管理规范》、Q/SY 1368—2011《电动气动工具安全管理规范》。
>
> GB/T 3787—2017《手持式电动工具的管理、使用、检查和维修安全技术规程》：
>
> 4.1 工具的管理内容应包括：

a)检查工具是否具有国家强制认证标志、产品合格证和使用说明书;

Q/SY 1367—2011《通用工器具安全管理规范》:

4.1.1　企业应采购符合国家相关规定要求的合格产品。自行设计使用的工器具在使用前应进行危害分析,并经批准后方可使用。

Q/SY 1368—2011《电动气动工具安全管理规范》:

5.1.2　应购买使用符合安全技术要求、经检验合格的电动气动工具。

5.1.4　不得使用不符合原设计指标的附件及配件。

(3)检查钻井队,带有牙口、刃口尖锐的工具及转动部分应有防护装置。

监督依据标准:GB/T 3787—2017《手持式电动工具的管理、使用、检查和维修安全技术规程》、Q/SY 1367—2011《通用工器具安全管理规范》、Q/SY 1368—2011《电动气动工具安全管理规范》。

GB/T 3787—2017《手持式电动工具的管理、使用、检查和维修安全技术规程》:

5.1 d)　工具的危险运动零、部件的防护装置(如防护罩、盖等)不得任意拆卸。

Q/SY 1367—2011《通用工器具安全管理规范》:

4.3.3　工器具尖锐的牙口、刃口及其转动部分,防护装置应始终保证有效。

Q/SY 1368—2011《电动气动工具安全管理规范》:

5.2.6　对使用电动气动工具可能产生飞溅、冲击、触电等危害的区域应进行隔离防护,如设防护板、围栏或防护屏等。

(4)督促钻井队,使用工具时,应佩戴合适的个人防护装备。

监督依据标准:Q/SY 1368—2011《电动气动工具安全管理规范》。

5.2　人员安全要求

5.2.1　操作人员应正确穿戴个人劳动防护用品。

5.2.2　在作业可能产生火花时,操作者应穿戴阻燃防护服。

5.2.3　在使用电动气动工具时操作者应佩戴护目镜和听力、面部、呼吸防护用品。

5.2.4　在作业区域内存在粉尘、噪声时,应采取通风除尘、降噪音或个体防护措施。

5.2.5　作业时振动强度超过 GB 10434 规定的限值时,应采取相应的防护措施,如戴防振手套、减少作业时间或采取轮换作业方式等。

(五)典型“三违”行为

(1)用扳手进行敲击操作。

(2)使用破损的工具。

（3）把工具放在运转的机器或设备上。

（4）高处作业时手工具不系尾绳。

（六）作业现场常见未遂事件和典型事故案例

切割作业受伤事故：

1. 事故经过

2013年4月29日，某队作业人员将磨光机的砂轮去掉，将手工电锯用的锯片安装于此，并用于切割木头，因缺少防护罩，故在使用时，不慎受伤，受伤者手臂严重割伤。

2. 主要原因

（1）作业人员私自拆除拼装电动手工具，缺少保护罩。

（2）作业人员安全意识淡薄，违反操作规程作业，未能有效识别存在的风险。

3. 吸取教训

（1）手持电工工具使用前，检查工作正常、护罩牢靠有效方可使用。

（2）使用手工具时，用力应均匀，禁止用力过猛导致伤害。

（3）加强员工安全教育培训，提高员工安全意识。

七、吊索吊具使用

（一）主要风险

（1）吊索具超负荷使用导致吊物掉落或吊索具断裂导致人员伤亡。

（2）吊索具磨损超过标准使用导致吊物掉落或吊索具断裂导致人员伤亡。

（3）吊索具未按照使用要求使用导致吊物掉落或吊索具断裂导致人员伤亡。

（二）监督内容

（1）督促钻井队根据吊装作业类型选用适宜的吊索吊具。

（2）督促钻井队对要使用的吊索吊具进行检查，包括钢丝绳套、铁链式绳套、扁平尼龙软吊带、环形吊带、吊钩、卸（吊）扣、提丝等。

（3）监督钻井队现场严禁使用自制或破损的吊索吊具。

（4）检查钻井队游车、大钩、吊环、吊卡等吊具是否按规定进行定期检验。

（三）主要监督依据

SY/T 6605—2018《石油钻、修井用吊具安全技术检验规范》；

SY/T 6666—2017《石油天然气工业用钢丝绳的选用和维护的推荐作法》；

Q/SY 08248—2018《移动式起重机吊装作业安全管理规范》。

（四）监督控制要点

（1）监督钻井队根据吊装作业类型选用专用的吊索吊具，且吊索吊具的使用不能超过安全工作载荷，作业人员在使用过程中检查吊具、索具的完好状态。

> 监督依据标准：SY/T 6666—2017《石油天然气工业用钢丝绳的选用和维护的推荐作法》、Q/SY 08248—2018《移动式起重机吊装作业安全管理规范》。
>
> SY/T 6666—2017《石油天然气工业用钢丝绳的选用和维护的推荐作法》：
>
> 3.3.2　选用钢丝绳时应根据钻机类型、相应的滑轮尺寸、最大钻柱重量、最大钩载等选用合适的钢丝绳结构、尺寸、强度等级、捻法、长度等。
>
> Q/SY 08248—2018《移动式起重机吊装作业安全管理规范》：
>
> 5.7.4　司索人员（起重工）
>
> ——接受专业技术培训及考核，持证上岗；
>
> ——测算货物质量与起重机额定起吊质量是否相符；根据货物的质量、体积和形状等情况选择合适的吊具与吊索；
>
> ——检查吊具、吊索与货物的捆绑或吊挂情况；
>
> ——听从指挥人员的指挥，及时报告险情；
>
> ——熟知作业过程中的危害和控制措施。

（2）检查钻井队，各种吊索吊具必须要有合格证。

> 监督依据标准：SY/T 6605—2018《石油钻、修井用吊具安全技术检验规范》。
>
> 4.1　产品应符合现行国家标准、行业标准的安全质量技术要求。主承载件应有可追溯性永久性标记。
>
> 4.2　使用单位应建立使用档案，至少应包括产品使用说明书、合格证、检验报告。

（3）督促钻井队对游车、大钩、吊环、吊卡等吊具按规定进行定期检验。

> 监督依据标准：SY/T 6605—2018《石油钻、修井用吊具安全技术检验规范》。
>
> 6　检验周期
>
> 6.1　在用石油、钻修井用吊具应进行定期检验。定期检验周期为 2 年。
>
> 6.2　下列情况之一应进行检验：
>
> a）新吊具使用前；
>
> b）主承载件更换或修理后；

c)承受过重大冲击载荷后;

d)存在较严重的变形、锈蚀、磨损、裂纹等影响安全使用的其他缺陷是;

e)使用单位认为应该进行检验的。

9 检验报告与标识

9.1 检验报告

经检验的石油钻、修井用吊具,检验机构应出具检验报告,检验报告应有检验人、审核人、批准人签字和检验机构检验专用章。

9.2 检验标识

经过检验合格的石油钻、修井用吊具,在显著部位应标出检验合格标识。主承载件应打上可追溯性的检验标记。检验标记的部位和方式不应影响被标记件的强度。

(五)典型"三违"行为

(1)吊装作业使用非专用的吊索吊具。

(2)使用自制或破损的吊索吊具。

(3)判废的吊索吊具不及时销毁。

(六)作业现场常见未遂事件和典型事故案例

吊车作业倾斜事件:

1. 事件经过

2012年3月19日,某钻井队进行搬迁作业,吊车在卸滑道时,由于距离较远,滑道放不到位,当吊车在往远处摆放时,由于地面较软,吊车发生倾斜,吊车司机迅速放绳,将滑道快速放在地上,吊车未损坏,作业人员由于手握牵引绳远端也未造成伤害。

2. 主要原因

(1)吊车位置距滑道摆放位置较远,地面松软,吊车吊臂伸出过长。

(2)司机安全意识淡薄,未能有效识别地面、距离等潜在的危险因素。

3. 吸取教训

(1)加强吊装作业安全培训,杜绝违章作业。

(2)认真做好工作前安全分析,对吊装作业过程中的风险制定消减控制措施,并对作业人员进行安全交底。

(3)及时对相关方进行风险告知和安全要求,严格吊装作业规程的有效实施。

八、设备维修

（一）主要风险

（1）设备意外启动导致人员伤亡。

（2）维修作业电、气、液未有效隔离或释放导致人员伤亡。

（3）敲击时未佩戴护目镜等防护措施，导致人员伤害。

（4）检修完毕未将工具、材料清理，设备运转导致损坏致人伤亡。

（二）监督内容

（1）督促钻井队在设备维修前按规定进行工作前安全分析，断开动力源，落实上锁挂牌制度。

（2）监督钻井队按要求办理高处作业、动火、动土、临时用电等相应的作业许可。

（3）检查作业场所安全措施落实情况。

（4）在检修作业结束后，督促钻井队做好场地清理和设备起动前安全检查。

（三）监督依据

GB 50194—2014《建设工程施工现场供用电安全规范》；

AQ 2012—2007《石油天然气安全规程》；

SY/T 6586—2014《石油钻机现场安装及检验》；

Q/SY 08053—2017《石油天然气钻井作业健康、安全与环境管理导则》；

Q/SY 08124.2—2018《石油企业现场安全检查规范　第 2 部分：钻井作业》。

（四）监督要点

（1）检修作业前，检查电源、气源、液压源断开、上锁挂牌情况，电气维修作业人员须持证上岗。

> 监督依据标准：AQ 2012—2007《石油天然气安全规程》、Q/SY 08124.2—2018《石油企业现场安全检查规范　第 2 部分：钻井作业》。
>
> AQ 2012—2007《石油天然气安全规程》：
>
> 5.1.2.3.1　用电安全，应符合下列要求：
>
> ——应配备持证电工负责营地电气线路、电气设备的安装、接地、检查和故障维修。
>
> Q/SY 08124.2—2018《石油企业现场安全检查规范　第 2 部分：钻井作业》：
>
> 6.2.3.5　从事检修机械设备、电气设施等需进行能量隔离的作业时，应进行切断和锁定，应在其控制开关处悬挂“正在检修、禁止启动”“正在检修、禁止合闸”等警告标识。

（2）监督检查施工人员在维修作业时佩戴相应护具。

> 监督依据标准：Q/SY 08124.2—2018《石油企业现场安全检查规范　第2部分：钻井作业》。
>
> 6.2.7.5　从事敲击、打磨、切割、电焊、气焊、机械加工、设备维修、吹扫清洗等可能对眼睛造成伤害的作业时应使用眼护具，眼护具的选择、使用、检查、保养与检验应符合Q/SY 08515.3的要求。
>
> 6.2.7.6　从事维修工作、操作转动设备时，不应佩戴手镯、戒指、耳环、项链等饰物。

（3）在检修作业结束后，督促钻井队对使用的设备进行检查，工器具进行清点，将卸下的护罩复位等。

> 监督依据标准：SY/T 6586—2014《石油钻机现场安装及检验》、Q/SY 08053—2017《石油天然气钻井作业健康、安全与环境管理导则》。
>
> SY/T 6586—2014《石油钻机现场安装及检验》：
>
> 4.2.8　井场设备应按使用说明书中要求的运行前准备工作和检查条目执行。
>
> 5.1.3　井场设备各紧固件应有防松措施，未紧固前不得运转。
>
> Q/SY 08053—2017《石油天然气钻井作业健康、安全与环境管理导则》：
>
> 4.5.1.6　设施在首次使用前，维修后重新使用前及停用恢复使用前，均应按规定进行检查、试验、评估、验收和确认。备用设施应处于良好状态，报废设施应经过评价和授权批准，并及时得到处理。

（4）非应急抢险严禁带电检修。

> 监督依据标准：GB 50194—2014《建设工程施工现场供用电安全规范》。
>
> 12.0.4　在全部停电和部分停电的电气设备上工作时，应完成下列技术措施且符合相关规定：
>
> （1）一次设备应完全停电，并应切断变压器和电压互感器二次侧开关或熔断器；
>
> （2）应在设备或线路切断电源，并经验电确无电压后装设接地线，进行工作；
>
> （3）工作地点应悬挂“在此工作”标示牌，并应采取安全措施。

（五）典型“三违”行为

（1）钻具静止在裸眼内检修设备。

（2）电气设备检修时没有锁定、挂牌以及无人监护。

（3）带压管线或闸门没有泄压进行检修。

（六）作业现场常见未遂事件和典型事故案例

液压大钳检修时旋转挤伤事件：

1. 事故经过

2012年7月5日下午，某钻井队甩钻具作业，由于液压大钳钳牙磨损严重需要更换。在换钳牙过程中，内钳工张某意外碰到控制手柄，液压大钳瞬间发生旋转，将正在装钳牙的外钳工王某胳膊挤压，导致轻伤。

2. 事件原因

（1）内钳工意外触碰控制手柄致使液压大钳旋转。

（2）检修液压大钳前未将液压源、气源关闭。

（3）液压大钳手柄无防误操作装置。

3. 吸取教训

（1）加强员工安全培训，检维修作业严格执行安全操作规程。

（2）整改液压大钳的缺陷，增加防误操作装置。

九、用电安全

（一）主要风险

（1）在防爆场所使用的电气设施未达到防爆要求，易造成火灾或爆炸等事故。

（2）电器操作人员未按规定使用劳动防护用品（绝缘鞋、绝缘手套），导致触电事故。

（3）未按要求使用大功率电气设备导致火灾事故。

（4）电气设施、线缆安装不符合安全要求导致触电事故。

（5）电气设施、线缆老化造成绝缘失效导致触电事故。

（二）监督内容

（1）督促钻井队在井场危险区使用防爆电路和防爆设备。

（2）检查电气操作人员的资格证。

（3）监督操作人员按规定使用劳动防护用品。

（4）检查作业时断开电源，落实上锁挂牌和专人监护制度。

（5）督促钻井队落实临时用电作业许可制度。

（三）主要监督依据

JGJ 46—2005《施工现场临时用电安全技术规范》；

SY/T 5974—2014《钻井井场、设备、作业安全技术规程》;

SY/T 6202—2013《钻井井场油、水、电及供暖系统安装技术要求》;

《中国石油天然气集团公司临时用电作业安全管理办法》(安全〔2015〕37 号)。

(四)监督内容

1. 检查供电设备的安装符合规定

(1)井场电气设备及金属结构房和野营房应采用接零、接地保护。

(2)井场用电设备和电气线路的周围,应留有足够的安全通道和工作空间。

(3)电气装置附近禁止堆放易燃、易爆和腐蚀性物品。

(4)场地照明、防喷器远程控制台的电源应由发电房或井场配电控制中心单独接线并控制;井架、钻台、机泵房的照明线路应各接一组电源。

监督依据标准:SY/T 5974—2014《钻井井场、设备、作业安全技术规程》、SY/T 6202—2013《钻井井场油、水、电及供暖系统安装技术要求》。

SY/T 5974—2014《钻井井场、设备、作业安全技术规程》:

5.10.3.3　钻台、机房、净化系统、井控装置的电器设备、照明灯具应分设开关控制。远程控制台、探照灯应设专线。

5.10.4.2　在电源总闸、各分闸后和每栋野营房应分别安装漏电保护设备。

5.10.4.3　移动照明灯应采用安全电压工作灯。

5.10.5.2　配电柜前地面应设置绝缘胶垫,面积不小于 $1m^2$。

SY/T 6202—2013《钻井井场油、水、电及供暖系统安装技术要求》:

6.3.4　井控远程控制台、井控专用探照灯应设专线。

6.3.12　电气设施应有可靠的接地保护,接地电阻不大于 4Ω。

2. 检查供电线路的安装符合规定

(1)井场供电线路架空时,应分路架设在专用电杆上,高度不低于 3m。

(2)电缆易摩擦处应加保护套管。

(3)机房、泵房、钻井液罐上的照明灯具应高于底座面(罐面)2.5m。

(4)油罐区上方严禁通过供电线路。

(5)冬防保温电热带应采用 36V 以下安全电压,且符合防爆要求。

监督依据标准:SY/T 5974—2014《钻井井场、设备、作业安全技术规程》、SY/T 6202—2013《钻井井场油、水、电及供暖系统安装技术要求》。

SY/T 5974—2014《钻井井场、设备、作业安全技术规程》:

5.10.3.1 井场距井口30m以内的电气系统的所有电气设备(如电动机、开关、照明灯具、仪器仪表、电气线路以及接插件、各种电动工具等)应符合SY 5225的防爆要求。

5.10.3.5 配电房输出的主电路电缆应由井场后部绕过,敷设在距地面200mm高的金属电缆桥架内;过路地段应套有电缆保护钢管;钻井液罐及振动筛内侧应焊接电缆桥架和电缆穿线钢管。

井场电路若需架空时,应分路架设在专用电杆上,高度不低于3m,距柴油机、井架绷绳不小于2.5m,供电线路不应通过油罐上空。

SY/T 6202—2013《钻井井场油、水、电及供暖系统安装技术要求》:

7.3 电热带

7.3.1 防爆电源接线盒、T型接线盒、防爆直流接线盒、防爆尾端的安装做到机体完好、线头无外露。

7.3.4 检测电热带的绝缘性能,绝缘电阻为不小于20MΩ。

3. 检查变压器符合安全规定

(1)变压器应安装在杆架上或台上,距地面不低于2.5m,如需放在地上,其周围应设置高度不低于2m的钢网围栏。

(2)围栏上锁并悬挂“有电(高压)危险”的警示标志。

监督依据标准:SY/T 6202—2013《钻井井场油、水、电及供暖系统安装技术要求》。

6.9.2 变压器应安装在支架上,或使用砖砌水泥台面上,支架高度距地面2.5m,水泥台面距地面为500mm,摆放平稳。

6.9.3 变压器周围宜使用2m高的钢网做围栏,围栏距变压器外壳大于80mm,跌落式熔断器距围栏的垂直距离不小于1.5m。

6.9.6 进出围栏应上锁,并在围栏处设置安全标示。

6.9.8 接地体埋设深度不小于1.5m,接地电阻不大于4Ω。接地方式应采用变压器低压侧零线直接接地。

4. 检查临时用电符合安全规范

(1)临时用电应办理作业许可证。

(2)临时用电配电箱应配备漏电保护装置,安装位置应在防爆区以外。

(3)临时供电线路上禁止使用破损、老化的导线及开关设备。

(4)禁止将临时供电线路直接置于地面,应架杆且杆距小于35m。

（5）使用工作灯、携带式电动手工具、手持工具等用电设备实行“一机一闸”。

（6）严禁两台或两台以上用电设备（含插座）使用同一开关。

（7）具备正规安装条件后，应拆除临时线路。

监督依据标准：JGJ 46—2005《施工现场临时用电安全技术规范》、《中国石油天然气集团公司临时用电作业安全管理办法》（安全〔2015〕37 号）。

JGJ 46—2005《施工现场临时用电安全技术规范》：

4.2.1 电气设备现场周围不得存放易燃易爆物、污染和腐蚀介质，否则应予以清除或做防护处置，其防护等级必须与环境条件相适应。

5.1.10 PE 线上严禁设开关或熔断器，严禁通过工作电流，且严禁断线。

6.1.6 配电柜应装设电源隔离开关及短路、过载、漏电保护电器。电源隔离开关分断时应有明显的可见分段点。

7.1.6 架空线路的档距不得大于 35m。

7.2.3 电缆线路应采用埋地或架空敷设，严禁沿地面明设，并应避免机械损伤和介质腐蚀。埋地电缆路径应设方位标志。

7.2.5 电缆直接埋地敷设的深度不应小于 0.7m，并应在电缆紧邻上、下、左、右侧均匀敷设不小于 50mm 厚的细砂，然后覆盖砖或混凝土板等硬质保护层。

8.1.3 每台用电设备必须有各自专用的开关箱，严禁用同一个开关箱直接控制 2 台及 2 台以上用电设备（含插座）。

8.2.15 配电箱、开关箱的电源进线端严禁采用插头和插座做活动连接。

《中国石油天然气集团公司临时用电作业安全管理办法》（安全〔2015〕37 号）：

第十五条 临时用电作业实行作业许可管理，办理临时用电作业许可证，无有效的作业许可证严禁作业。临时用电设备安装、使用和拆除过程中应执行相关的电气安全管理、设计、安装、验收等规程、标准和规范。

第十六条 临时用电作业许可证是现场作业的依据，只限在指定的地点和规定的时间内使用，且不得涂改、代签。

第二十七条 所有的临时用电线路必须采用耐压等级不低于 500V 的绝缘导线。

第二十八条 临时用电设备及临时建筑内的电源插座应安装漏电保护器，在每次使用之前应利用试验按钮进行测试。所有的临时用电都应设置接地或接零保护。

第三十一条 所有配电箱（盘）、开关箱应有电压标识和安全标识，在其安装区域内应在其前方 1 米处用黄色油漆或警戒带做警示。室外的临时用电配电箱（盘）还应设有安全锁具，有防雨、防潮措施。在距配电箱（盘）、开关及电焊机等电气设备 15m 范围内，不应存放易燃、易爆、腐蚀性等危险物品。

第三十三条　所有临时用电线路应由电气专业人员检查合格后方可使用，在使用过程中应定期检查，搬迁或移动后的临时用电线路应再次检查确认。

第三十四条　在接引、拆除临时用电线路时，其上级开关应当断电，并做好上锁挂牌等安全措施。

第三十六条　临时电源暂停使用时，应切断电源，并上锁挂牌。搬迁或移动临时用电线路时，应先切断电源。

第三十七条　在防爆场所使用的临时用电线路和电气设备，应达到相应的防爆等级要求。

第三十八条　临时用电线路经过有高温、振动、腐蚀、积水及机械损伤等危害部位时，不得有接头，并采取有效的保护措施。

第三十九条　移动工具、手持电动工具等用电设备应有各自的电源开关，必须实行“一机一闸一保护”制，严禁两台或两台以上用电设备（含插座）使用同一开关直接控制。

第四十三条　临时照明应满足以下安全要求：

（四）行灯电源电压不超过36V，灯泡外部有金属保护罩。

（五）在潮湿和易触及带电体场所的照明电源电压不得大于24V，在特别潮湿场所、导电良好的地面、锅炉或金属容器内的照明电源电压不得大于12V。

第五十六条　临时用电作业结束后，用电单位应及时通知供电单位和属地单位，电气专业人员按规定拆除临时用电线路，并签字确认。用电申请人和用电批准人现场确认无隐患后，在临时用电作业许可证上签字，关闭作业许可。

（五）典型“三违”行为

（1）手持电动工具或移动式电气设备不安装漏电保护装置。

（2）检修电气设备不挂牌、无人监护。

（3）危险区接线不使用防爆盒或破损失效。

（六）作业现场常见未遂事件和典型事故案例

潜水泵漏电事件：

1. 事故经过

2010年9月11日，某钻井队场地工常某在对污水沟进行排水时，发现潜水泵无排量，怀疑潜水泵发生堵塞，欲将固定潜水泵的钢丝绳上提进行检查，当手与钢丝绳接触时感到手麻，随即松手，未造成伤害。后经检查发现是潜水泵绝缘损坏导致漏电。

2. 主要原因

(1)员工对潜水泵进行检查时,未先切断电源。

(2)控制开关未接漏电保护装置。

(3)员工未能识别出潜在的风险。

3. 吸取教训

(1)加强对员工安全用电培训,提高安全意识。

(2)检修设备时,要严格执行设备检维修操作规程。

(3)加强岗位员工安全知识的培训,提高其风险识别能力,积极开展工作前安全分析。

十、危化品管理

(一)主要风险

(1)危化品未按要求进行保管,导致人员意外触碰导致伤害事故。

(2)人员未按安全使用要求使用,导致人员伤害事故。

(3)含有危化品成分的污水、钻屑、钻井液泄漏或随意排放造成环境污染。

(二)监督内容

(1)检查钻井队所涉及的危化品 MSDS(化学品安全技术说明书)的配备情况,及相关人员的掌握情况。

(2)督促钻井队健全危化品管理台账,落实危化品防护措施。

(3)监督钻井队对危化品保管、储存、使用等日常管理情况。

(三)监督依据

SY/T 6276—2014《石油天然气工业健康、安全与环境管理体系》;

Q/SY 08124.2—2018《石油企业现场安全检查规范　第 2 部分:钻井作业》;

《中国石油天然气集团有限公司危险化学品安全监督管理办法》(中油质安〔2018〕127 号);

《中国石油天然气集团公司民用爆炸物品安全监督管理办法》(中油质安〔2017〕52 号);

《中国石油天然气集团有限公司安全生产管理规定》(中油质安〔2018〕340 号)。

(四)监督要点

(1)监督检查危险化学品相关人员接受安全教育,掌握安全防护和应急处置措施。

监督依据标准:《中国石油天然气集团有限公司危险化学品安全监督管理办法》(中油质安〔2018〕127号)。

第十六条　所属企业应当按照国家和地方人民政府有关规定,建立健全危险化学品作业关键岗位人员的上岗安全培训、警示教育、继续教育和考核制度,明确文化程度、专业素质、年龄、身体状况等方面安全准入要求。

所属企业应当对相关人员进行危险化学品安全教育和安全技能培训,使其具备与岗位相适应的能力。对有资格要求的岗位人员应当经过专业培训并取得相应资格。未经安全教育合格、未取得相应资格的人员不得从事相关作业活动。

所属企业应当向危险化学品相关人员提供化学品安全技术说明书(中文),并对相关人员教育培训,熟悉危险化学品危险特性,掌握安全防护和应急处置措施等。

(2)监督检查现场按规定进行职业病危害告知,相关人员正确使用防护用品。

监督依据标准:Q/SY 08124.2—2018《石油企业现场安全检查规范　第2部分:钻井作业》、《中国石油天然气集团有限公司危险化学品安全监督管理办法》(中油质安〔2018〕127号)。

Q/SY 08124.2—2018《石油企业现场安全检查规范　第2部分:钻井作业》:

6.6.5　在接触刺激性或可能通过皮肤吸收的化学品时,应正确佩戴防护手套、围裙或其他防护用品。

6.6.6　皮肤破损或患有相关职业禁忌征的人员不应从事化学品使用作业。

《中国石油天然气集团有限公司危险化学品安全监督管理办法》(中油质安〔2018〕127号):

第二十三条　所属企业应当建立职业健康管理制度,组织开展工作场所职业危害因素识别、日常监测、定期检测,加强个体防护用品管理,告知员工工作场所存在的职业病危害因素和防护措施,公示职业病危害因素检测结果,在产生职业病危害的作业岗位设置警示标识。

所属企业应当建立企业职业卫生档案和员工职业健康监护档案,对从事接触职业病危害因素的岗位人员进行上岗前、在岗期间、离岗时的职业健康检查,并将检查结果书面告知岗位人员。

第二十四条　所属企业应当建立劳动防护用品管理制度,明确劳动防护用品采购、验收、保管、发放、使用、报废等环节管理要求,针对危险化学品特性为员工配备相适应的劳动防护用品,教育并监督员工正确使用。

(3)监督检查相关安全设施、设备按规定配备并进行定期维护保养。

监督依据标准：Q/SY 08124.2—2018《石油企业现场安全检查规范　第2部分：钻井作业》、《中国石油天然气集团有限公司安全生产管理规定》（中油质安〔2018〕340号）。

Q/SY 08124.2—2018《石油企业现场安全检查规范　第2部分：钻井作业》：

6.5.1.10　振动筛、循环罐和钻台处应配置洗眼器。

《中国石油天然气集团有限公司安全生产管理规定》（中油质安〔2018〕340号）：

第六十一条　所属企业生产、储存、使用危险化学品，应当编制相应的操作规程，提供危险化学品安全技术说明书和化学品安全标签，并根据危险化学品种类和危险特性设置相应的监测、监控、通风、防晒、调温、防火、灭火、防爆、泄压、防毒、中和、防潮、防雷、防静电、防腐、防泄漏以及防护围堤或者隔离操作等安全设施、设备。安全设施、设备应当按照有关规定进行定期维护、保养和检测，如实记录。

（4）检查危化品的储存符合规定，实际库存与台账是否相符，标识是否齐全、醒目。

监督依据标准：《中国石油天然气集团有限公司安全生产管理规定》（中油质安〔2018〕340号）。

第六十三条　危险化学品应当储存在专用仓库、专用场地或者专用储存室（以下统称专用仓库）内，并由专人负责管理；危险化学品专用仓库应当符合国家标准、行业标准的要求，并设置明显的标志。

危险化学品的储存方式、方法以及储存数量应当符合国家标准或者国家有关规定。

危险化学品出入库应当进行核查、登记，定期盘库，账物相符；入库前应当进行外观、质量、数量等检查验收，如实记录。

（5）督促检查废弃危险化学品处置规范符合要求。

监督依据标准：《中国石油天然气集团有限公司危险化学品安全监督管理办法》（中油质安〔2018〕127号）。

第八十条　所属企业应当规范处置废弃危险化学品及其包装物、容器，不得擅自丢弃、倾倒、堆放、掩埋、焚烧。禁止将废弃危险化学品及其包装物、容器提供或者委托给无危险废物处置资质的单位。

（6）督促钻井队按照相关要求对污水、钻屑、废弃钻井液进行处理。

监督依据标准：SY/T 6276—2014《石油天然气工业健康、安全与环境管理体系》、Q/SY 08124.2—2018《石油企业现场安全检查规范　第2部分：钻井作业》。

SY/T 6276—2014《石油天然气工业健康、安全与环境管理体系》：

5.5.7 清洁生产

组织应建立、实施和保持程序，推行清洁生产。针对活动、产品和服务应采用资源利用率高及污染物产生量少的清洁生产技术、工艺和设备。对使用有毒有害原料进行生产或者在生产中排放有毒有害物质及污染物超标排放时，应进行清洁生产审核，实施清洁生产方案，采取清洁生产措施。

Q/SY 08124.2—2018《石油企业现场安全检查规范　第2部分：钻井作业》：

6.2.8.15　应设置满足需要的废弃物分类收集设施，废弃物定点存放，标识清楚，及时清理。

（7）监督检查涉及民用爆炸物品的现场临时保存、运输、使用符合安全管理规定。

监督依据标准：《中国石油天然气集团公司民用爆炸物品安全监督管理办法》。

《中国石油天然气集团公司民用爆炸物品安全监督管理办法》（中油质安〔2017〕52号）：

第二十五条　民用爆炸物品应当分类装运，装入专用箱内，加锁，专车运送；装卸民用爆炸物品应当轻拿轻放，严禁拖拉、撞击、抛掷、脚踩、翻滚、侧置；装卸作业宜在白天进行，押运员应当在现场监装，遇雷雨、暴风等恶劣天气，禁止进行装卸作业；路面有冰雪时，应当采取防滑措施。

第三十四条　所属企业应当为从事爆破作业人员配备符合标准要求的防静电工作服、工鞋。爆破作业人员、保管员、安全监管人员施工作业期间，以及其他接触或者靠近民用爆炸物品的人员，禁止携带和使用无线通信工具。

第三十八条　所属企业在爆破作业现场临时存放民用爆炸物品的，应当具备临时存放民用爆炸物品的条件，并设专人管理、看护，不得在不具备安全存放条件的场所存放民用爆炸物品。

（五）典型"三违"行为

（1）搬运有毒有害钻井液处理剂时，不配戴劳动防护用品。

（2）用明火照明检查油罐液面。

（3）危化品使用登记记录与实际数量不符。

（六）作业现场常见未遂事件和典型事故案例

甲醛喷溅事件：

1. 事件经过

2011年6月17日下午，某车间生产压裂用交联剂时，用循环泵抽完甲醛，刘某将抽子抽出的过程中，未完全进入反应釜的甲醛从管线里倒流出来，喷到了刘某的身上，幸好劳保穿戴整齐，甲醛残液未直接接触人体皮肤，刘某立即更换工服，没有造成人员伤害。

2. 主要原因

（1）管线残留甲醛喷溅。

（2）操作人员未按规程进行操作。

（3）员工未识别出管线可能残留化学药品的危害因素。

3. 吸取教训

（1）强化员工安全教育，提高识别风险的能力。

（2）加强监督管理，严格执行操作规程。

十一、井场应急

（一）主要风险

（1）井场各类应急标识不全或不符合要求，紧急情况下导致疏散慌乱。

（2）未按要求配备应急物资和装备，紧急情况下的处置失效，导致事故扩大。

（3）作业现场应急药品和急救器械未按要求配备使用，紧急情况下延误急救初期处置效果。

（4）应急预案缺少或应急预案演练不足，导致发生紧急情况时，不能有效进行初期处置，延误最佳时机。

（二）监督内容

（1）检查井场各类应急标识（入场须知牌、危险区分布和紧急逃生路线图、风向标、紧急集合点等）是否符合规定。

（2）检查应急物资和装备是否按规定配备并处于完好状态。

（3）检查生产作业现场应急药品和急救器械是否按规定配备并处于完好状态。

（4）督促钻井队和相关方完善应急预案，并定期进行应急演练和评估。

（5）监督突发事件和险情的报告及应急处置。

（三）主要监督依据

GB/T 31033—2014《石油天然气钻井井控技术规范》；

SY 5225—2012《石油天然气钻井、开发、储运防火防爆安全生产技术规程》；

Q/SY 08136—2017《生产作业现场应急物资配备选用指南》；

Q/SY 02552—2018《钻井井控技术规范》；

Q/SY 08124.2—2018《石油企业现场安全检查规范　第2部分：钻井作业》；

《中国石油天然气集团公司应急预案编制通则》（中油安〔2009〕318号）；

《中国石油天然气集团公司突发事件应急物资储备管理办法》（安全〔2010〕659号）；

《中国石油天然气集团公司安全生产应急管理办法》（中油安〔2015〕175号）。

（四）监督控制要点

（1）检查井场各类应急标识是否符合要求。

监督依据标准：GB/T 31033—2014《石油天然气钻井井控技术规范》、Q/SY 08124.2—2018《石油企业现场安全检查规范　第2部分：钻井作业》。

GB/T 31033—2014《石油天然气钻井井控技术规范》：

8.2　含硫油气井防硫化氢措施

8.2.2　井场周围应设置两到三处临时安全区，一个位于当地季节风的上风风向处，其余与之成90°～120°分布。

8.2.3　在井场入口、临时安全区、井架上、钻台上、循环系统、防喷器远控台等处应设置风向标。

Q/SY 08124.2—2018《石油企业现场安全检查规范　第2部分：钻井作业》：

6.2.8.1　含硫油气田的井场大门方向应面向主导风向风；井场大门入口处应设置施工公告牌、入场须知牌、危险区分布、紧急逃生路线图和硫化氢提示牌。

6.2.8.6　天车、钻台、振动筛、远控房、安全集合点、点火口等处应设置风向标。

6.2.8.8　井场安全通道应进行标识并保持畅通。

（2）检查应急物资和装备是否按规定配备并处于完好状态。

监督依据标准：SY 5225—2012《石油天然气钻井、开发、储运防火防爆安全生产技术规程》、Q/SY 08136—2017《生产作业现场应急物资配备选用指南》、Q/SY 08124.2—2018《石油企业现场安全检查规范　第2部分：钻井作业》、《中国石油天然气集团公司突发事件应急物资储备管理办法》（安全〔2010〕659号）。

SY 5225—2012《石油天然气钻井、开发、储运防火防爆安全生产技术规程》：

3.2.8　在探井、高压油气井的施工中，供水管线上应装有消防管线接口，并备有消防水带和水枪。

3.2.9　施工现场应有可靠的通信联络，并保持24h畅通。

3.4.5　钻井现场应考虑应急供电问题，设置应急电源和应急照明设施。

Q/SY 08136—2017《生产作业现场应急物资配备选用指南》：

5.1 井场应急物资配备标准

钻井(探井、生产井、试油井)、采油(试采井和修井)等生产作业现场应急物资配备标准见表1。国外钻井队至少配置1部卫星电话。

表1 井场应急物资配置数量表

序号	种类	物资名称	单位	井场应急物资配备数量			备注
				钻井			
				探井	生产井	试油井	
1	安全防护	正压式空气呼吸器	套	8	*8	6	
2		空气呼吸器充气机	台	1	*1	1	
3		洗眼液	瓶	2	2	2	
4	监测检测	可燃气体检测仪	套	2	2	2	
5		固定式硫化氢监测仪	套	1	*1	1	四个以上探头
6		携带式硫化氢监测仪	套	5	*4	4	
7		便携式二氧化硫检测仪(或显示长度检测器)	套	1	*1	1	配备检测管
8		一氧化碳检测仪	台	2	2	2	
9		红外线遥感测温仪	台	1	1	—	
10	警戒器材	警示牌	套	1	1	1	
11		警戒带	m	500	—	500	
12		警示灯	个	4	—	4	
13	报警设备	声光报警器	套	1	1	1	
14	生命支持	氧气瓶	个	2	—	—	
15		氧气袋	个	5	—	—	
16	医疗器材	急救包	个	1	1	1	
		担架	副	1	1	1	
17	照明设备	防爆手电筒	个	5	5	2	
18		防爆探照灯	具	2	2	2	
19		应急发电机	台	1	1	1	按需要定规格
20	通信设备	卫星电话	部	1	—	—	
21		防爆对讲机	部	4	—	4	
22	污染清理	吸油毡	kg	200	200	200	
23		集污袋	个	200	200	200	20L/个

注:*表示在油气井中有可能含 H_2S 的情况下配备。

6.1 生产作业现场应建立应急物资的有关制度和记录，包括但不限于：

a）物资清单及使用说明书。

b）物资采购制度。

c）物资储存和保管制度。

d）物资使用和验收管理制度。

e）物资测试检修制度。

f）物资调用和使用记录。

g）物资检查维护、保管保养记录。

h）物资报废及更新记录。

6.2 本标准中规定配备的应急物资应为功能正常、有效，保持完好，随时处于备战状态；现场不得配备、使用超过标校期的应急物资；物资若有损坏或影响安全使用的，应及时修理、更换或报废。

Q/SY 08124.2—2018《石油企业现场安全检查规范 第2部分：钻井作业》：

6.2.11.4 应急物资配备满足要求，落实专人保管，建立台账，定期进行检查，消耗后应及时予以更新和补充。

6.5.1.3 钻台应安装紧急滑梯至地面，下端设置缓冲垫或缓冲沙土，距离下端前方5m范围内无障碍物。

6.5.1.4 二层台应配置紧急逃生装置、防坠落装置（速差自控器、全身式安全带），工具拴好保险绳。逃生装置、防坠落装置应安装完成后进行测试、定期检查，并做好记录。

6.5.1.5 紧急逃生装置着地处应设置缓冲沙坑（缓冲垫），周围无障碍物。

6.5.1.10 振动筛、循环罐和钻台处应配置洗眼器。

6.5.2.1 井场消防室应配备：35kg干粉灭火器3具、8kg干粉灭火器10具、5kg二氧化碳灭火器2具、消防斧2把、消防钩2支、消防铲6把、消防桶8只、65mm消防水龙带150m、直径19mm直流水枪2支、消防沙不少于4m^3。

6.5.2.2 保持消防通道畅通，消防室设有明显标志，室内不应堆放其他物品。

6.5.2.3 员工餐厅、厨房各配备8kg干粉灭火器2具，每栋野营房配备2kg干粉灭火器2具，烟雾报警器1支，精密仪器房应配备2kg二氧化碳灭火器1具。

6.5.2.4 钻台、机房、发电房、电控房、振动筛处、油罐区、保暖设施等处各配备8kg干粉灭火器2具。

6.5.2.5 电动钻机相关配套的SCR房、MCC房、VFD房各配备5kg二氧化碳灭火器2具。

6.5.2.6 应建立消防设施、消防器材登记表，落实专人管理，挂消防器标牌，定期进行检查，不应挪作他用，失效的消防器材应交消防部门处理。

6.5.2.7 井场应设置消防栓2支，消防水泵1台，30m^{3}消防水罐1台并贮备足够的消防用水。

《中国石油天然气集团公司突发事件应急物资储备管理办法》(安全〔2010〕659号)：

第十七条 应急物资储备仓库的设施配备和管理按照国家或集团公司有关仓储管理标准执行。库房应避光、通风良好，应有防火、防盗、防潮、防鼠、防污染等措施。

第十八条 储存的每批物资应有标签，标明品名、规格、产地、编号、数量、质量、生产日期、入库时间等，具有使用期限要求的物资应标明有效期。

储备物资应分类存放，码放整齐，留有通道，严禁接触酸、碱、油脂、氧化剂和有机溶剂等。

第二十三条 应急物资只能在发生突发事件、举行应急演练和危险场所作业的情况下使用。

(3)检查生产作业现场应急药品和急救器械是否按规定配备并处于完好状态。

监督依据标准：Q/SY 08136—2017《生产作业现场应急物资配备选用指南》、Q/SY 08124.2—2018《石油企业现场安全检查规范 第2部分：钻井作业》。

Q/SY 08136—2017《生产作业现场应急物资配备选用指南》：

4.6 b) 20人～100人(含20人)的野外生产作业场所和钻井队、采油队、油库、炼化车间、临时派外作业队伍等流动性比较大的生产作业场所配备中型急救包1个。

6.3 医用急救包管理：

a)医疗急救物品只能用作临时应急使用，不得用作它用。

b)医用急救包置于干燥、通风、避光且取用方便安全的位置，不应与有毒、有害气体接触。

c)急救包应由专人保管，保管人员应经过紧急救护培训，且考核合格。

d)为确保急救包内的药品随时处于有效期内，达到紧急情况下的急救目的，药品有效期应以药品外包装上注明的批号和有效期为准，根据药品的有效期和消耗情况及时对药品进行更换和补充。

e)医疗器械要定期进行消毒处理，确保器械无毒、无菌使用，同时做好相应的消毒处理记录。根据医疗器械受损情况及时更换。

f)相对固定的生产作业现场应组建急救小组，小组成员需经过专门的紧急救护培训，且考核合格，并定期组织急救演练。

Q/SY 08124.2—2018《石油企业现场安全检查规范 第2部分：钻井作业》：

6.4.5.6 在含硫化氢油气田进行钻井作业时，应配备必要的救护设备和硫化氢急救药品。井喷发生后，应立即安排消防车、救护车、医护人员和安全人员到现场参与应急救援。

（4）督促钻井队和相关方完善应急预案，开展全员应急培训并定期进行应急演练和评估。

监督依据标准：Q/SY 08136—2017《生产作业现场应急物资配备选用指南》、Q/SY 08124.2—2018《石油企业现场安全检查规范　第2部分：钻井作业》、《中国石油天然气集团公司安全生产应急管理办法》（中油安〔2015〕175号）、《中国石油天然气集团公司应急预案编制通则》（中油安〔2009〕318号）。

Q/SY 08136—2012《生产作业现场应急物资配备选用指南》：

6.4　本标准中规定配备的应急物资的使用人员，应接受相应的培训和考核，熟悉与本岗位相关的各种应急物资的用途、技术性能及有关使用说明资料，并遵守操作规程。

Q/SY 08124.2—2018《石油企业现场安全检查规范　第2部分：钻井作业》：

6.2.11.1　建立应急组织机构，明确职责，制订应急预案。

6.2.11.2　建立应急通信联络电话，包括地方政府、交通、消防、医疗等部门。

6.2.11.3　核实井场周围500米范围内的人口、房屋情况，了解和掌握道路交通状况和水系情况。

6.2.11.5　建立关键岗位应急处置卡并有效应用。

6.2.11.6　按应急预案要求进行培训和演练，确认培训、演练的有效性。

6.3.10　执行防喷演习制度，安装好防喷器后，各作业班组按钻进、起下钻杆、起下钻铤和空井发生溢流四种工况分别进行一次防喷演习，其后每月不少于一次不同工况的防喷演习，并记录、讲评演习情况。在特殊作业（定向、欠平衡、取心、测试、完井等作业）前，也应进行防喷演习。

6.3.11　钻井队应组织全队员工进行防火演习，含硫地区钻井作业还应按应急预案组织进行防硫化氢防护演习，记录演习情况。并落实防火、防硫预防措施。

6.4.5.1　在含硫化氢油气田进行钻井作业前，钻井队及相关的作业队应制订防喷、防硫化氢的应急预案，并定期组织演练。与钻井相关的各级单位也应编制各级防硫化氢应急预案，钻井各方人员应掌握应急预案的相关内容。

6.4.5.2　应急预案除包括硫化氢和二氧化硫浓度可能产生危害的严重程度和影响区域外，还应包括硫化氢和二氧化硫的扩散特性。

6.4.5.4　在开钻前将防硫化氢的有关知识向周边居民进行宣传，让其了解在紧急情况下应采取的措施，取得他们的支持，在必要的时候正确撤离。

《中国石油天然气集团公司安全生产应急管理办法》（中油安〔2015〕175号）：

第二十条　集团公司及所属企业应当有计划、分层次地开展全员应急培训，通过多种形式培训和针对性训练，提高全员的安全生产应急意识和应急能力。

岗位员工应当加强安全操作、应急反应、自救互救，以及第一时间初期处置与紧急避险能力培训。新上岗、转岗人员必须经过岗前应急培训并考核合格。

第二十二条　集团公司及所属企业应当针对不同内部条件和外部环境，分层级、分类别开展桌面推演、实战演练及综合演练等多种形式的生产安全应急演练活动。

基层站队应当结合实际工况，进行现场处置预案（方案）和处置卡实战演练活动。

第二十八条　所属企业应当明确并落实生产现场带班人员、班组长和调度人员突发紧急状况下的直接处置权和指挥权。在发现直接危及人身安全的紧急情况时，应当立即下达停止作业指令、采取可能的应急措施或组织撤离作业场所。

《中国石油天然气集团公司应急预案编制通则》（中油安〔2009〕318号）：

第八条　基层单位级预案由各类突发事件的现场处置预案组成。现场处置预案是针对基层单位重大危险源、关键生产装置、要害部位及场所，以及大型公众聚集活动或重要生产经营活动等，可能发生的突发事件或次生事故，编制的处置、响应、救援等具体的工作方案。

第二十条　现场处置预案应该做到一事一案，由基层或现场组织有关人员和专家编制，编制完成后由单位主要负责人或授权的现场负责人批准实施。

第二十一条　建立健全预案登记建档制度，各级预案应按照规定报当地政府主管部门备案，同时报上级应急管理部门备案。

（5）监督突发事件的应急处置正确，措施得当。

监督依据标准：SY 5225—2012《石油天然气钻井、开发、储运防火防爆安全生产技术规程》、Q/SY 02552—2018《钻井井控技术规范》、Q/SY 08124.2—2018《石油企业现场安全检查规范　第2部分：钻井作业》。

SY 5225—2012《石油天然气钻井、开发、储运防火防爆安全生产技术规程》：

3.3.8　在生产过程中，对原油、废液等易燃易爆物质泄漏物或外溢物应迅速处理。

3.4.2　放喷天然气或中途测试打开测试阀有天然气喷出时，应立即点火燃烧。

Q/SY 02552—2018《钻井井控技术规范》：

7.18　溢流关井：

a）原则：发现溢流立即关井，疑似溢流关井检查。

b）信号：报警信号为一长鸣笛，关闭防喷器信号为两短鸣笛，开井信号为三短鸣笛。长鸣笛时间15s以上，短鸣笛时间2s左右，鸣笛间隔时间1s。

c）方式：软关井、硬关井。

7.19　起下钻中发生溢流，应尽快抢接钻具止回阀（或旋塞或防喷单根）。在井内钻具较少情况下，只要条件允许，尽可能多下一些钻具，然后按起下钻中溢流关井操作程序关井。下套管和起下加重钻杆发生溢流时，按起下钻工况发生溢流进行处理。

9.2 防硫化氢措施

9.2.12 钻井队在现场条件下不能实施井控作业而决定放喷点火时，应按SY/T 5087中的相应要求进行。

9.2.14 一旦发生井喷事故，应及时上报上一级主管部门，并有消防车、救护车、医护人员和技术安全人员在井场值班。

9.2.15 控制住井喷后，应对井场各岗位和可能聚集硫化氢的地方进行浓度检测；待硫化氢浓度降至安全临界浓度时，人员方能进入。

9.2.16 高含硫化氢天然气井（地层流体中设计硫化氢浓度在30g/m^3及以上）井口失控后的井口点火程序如下：

a）点火条件：

1）高含硫化氢天然气井发生井口失控，短时间无法控制，距井口100m范围内环境中的硫化氢3min平均检测浓度达到150mg/m^3（100ppm），井口点火决策人应在15min内下令实施井口点火。

2）若井场周边1.5km范围内无常住居民，现场作业人员可采取措施进行抢险，可适当延长点火时间。

b）点火决策人、点火人、点火程序：

1）点火决策人为甲方的现场代表或甲方的委托人。

2）基层现场应急处置预案中，应明确点火决策人、点火人以及点火操作程序和方式。

Q/SY 08124.2—2018《石油企业现场安全检查规范　第2部分：钻井作业》：

6.3.13 执行井喷事故逐级汇报制度，发生井喷或井喷失控事故，立即启动应急预案，并同时向钻井（探）公司报告。

6.4.5.5 实施井控作业中放喷时，对通过放喷管线和液气分离器管线排出的含硫化氢气体，应立即进行点火燃烧。点火后应对下风方向，尤其是井场生活区、周围居民区、医院、学校等人员聚集场所的二氧化硫浓度进行监测。

6.4.5.7 如果发生硫化氢中毒，应尽快将中毒人员抬出污染区，转移到空气新鲜的上风位置，并立即进行抢救。

（五）典型“三违”行为

（1）不按规定开展防喷演习。

（2）不按要求对应急物资和装备进行维护保养、检查和更新。

（3）挪用应急物资。

（六）作业现场常见未遂事件和典型事故案例

硫化氢泄漏人员伤亡事故：

1. 事件经过

2003 年 12 月 23 日，重庆市开县高桥镇川东北气矿罗家 16H 井发生井喷失控事故。由于点火不及时，从井内喷出的高含硫气体致 243 人中毒死亡，疏散转移周边居民 65632 人，直接经济损失 9262.71 万元。

2. 主要原因

（1）地层中的硫化氢大量泄漏，弥漫周围空气中，周边居民区群众吸入中毒。

（2）受当地大雾、无风和山区扩散条件不利影响，又恰遇气象上的“逆温层”现象，即地表温度低于空中温度，致使喷出的有毒硫化氢气体被圈闭在了井场周边的洼地范围内，加强了毒害效果。

（3）现场作业人员违反作业规程，未能有效避免井喷险情的发生。

（4）发生井控险情时，现场未能有效控制井口。

（5）发生井喷后，未及时进行放喷点火作业。

（6）钻井队在应急准备和应急能力方面存在着严重不足，应急预案缺乏有效演练，也没有配备必要的应急物资，现场点火的措施、配置，以及人员能力、点火方法等存在严重缺陷。

（7）周边群众对硫化氢造成的危害后果意识不够，没有进行过疏散训练，慌不择路致使撤离无序，效果受到了限制。同时由于延误通知时间，给迅速通知群众撤离增加了难度，降低了信息传递效率。加之一些居民村、组，由于处所偏僻，成了疏散撤离通知的死角。

3. 吸取教训

（1）进一步加强员工的法律知识、规章制度、安全教育培训，使员工严格按照操作规程进行作业，尽职尽责工作，杜绝井喷险情的发生。

（2）做好井喷失控点火，从源头上控制住硫化氢泄漏。

（3）开展情景构建，做好井喷失控的应急准备。

（4）完善应急救援体制建设，系统提升井控应急救援能力。

第三章　安全管理基础知识

安全管理是为实现企业安全目标而进行的有关决策、计划、组织和控制等方面的活动，主要运用现代安全管理原理、方法和手段，分析和研究各种不安全因素，从技术上、组织上和管理上采取有力的措施，解决和消除各种不安全因素，防止事故的发生。

第一节　HSE 体系管理知识

一、体系运行

健康、安全与环境管理体系是组织管理体系的一部分，用于制定和实施组织的健康、安全与环境方针并管理其业务相关的健康、安全与环境风险，包括组织结构、策划活动（例如风险评价、目标建立等）、职责、惯例、程序、过程和资源。

（一）HSE 管理体系基本原理

HSE 管理体系的基本原理是戴明管理模式。该模式将管理过程分为“计划（Plan）—实施（Do）—检查（Check）—改进（Act）”四个相互联系的环节的循环，即 PDCA 循环模式。HSE 管理体系遵循该模式，并将所有管理要素贯穿在这四个环节中。计划（PLAN）是对管理体系总体规划，包括确定企业的方针、目标和领导承诺，识别管理体系运行的相关活动或过程，识别企业应遵守的有关 HSE 法律、法规，并规定活动或过程的实施程序和作业方法等。实施（Do）是建立组织机构，明确和落实各级人员的 HSE 职责、权限及其相互关系，配备必要的资源，包括人力、物力资源等，并按照计划所规定的程序加以实施，保证所有活动在受控状态下进行。检查（Check）是为了确保计划行动的有效实施，需要对计划实施效果进行检查，发现问题，及时采取措施修正消除可能产生的行为偏差。改进（Act）是针对管理活动实践中所发现的缺陷、不足或根据变化的内外部条件，不断进行管理活动调整、完善，实现 HSE 管理体的持续改进，提高 HSE 管理水平。各阶段内部也遵循 PDCA 循环，共同促进整个系统的不断向前发展，提高 HSE 管理绩效。

（二）集团公司 HSE 管理体系发展

1996 年 9 月，原中国石油天然气总公司对 ISO/CD 14690《石油天然气工业健康、安全与环境管理体系》标准进行同等转化，形成了 SY 6276—1997《石油天然气工业健康、安全与环境管理体系》，并于 1997 年开始，在部分油田、炼化企业试点建立运行 HSE 管理体系，1999 年 12 月组建后的中国石油天然气集团公司（以下简称“集团公司”）发布了《健康、安全和环境管理体系手册》，标志着集团公司 HSE 管理体系的全面推行。2001 年起，集团公司在部分企业基层现场试点推行 HSE“两书一表”、HSE 管理方案和 HSE 创优升级工作，2004 年，集团公司制定了 Q/CNPC 104.1—2004《健康、安全与环境管理体系　第 1 部分：规范》及相关系列标准。2007 年，集团公司发布 Q/SY 1002《健康、安全与环境管理体系》系列标准，按照“简明、统一、规范、可操作”的原则，持续优化 HSE 规章制度建设，推行 HSE 管理体系量化审核、诊断评估，形成了具有中国石油特色的 HSE 管理体系建设和运行模式。

目前，全面推行的 HSE 管理体系已经成为集团公司建立长效安全环保机制和实施“建设国际化综合能源公司”发展战略的重要保障，也已经成为集团公司推行现代企业管理制度的重要内容。

（三）HSE 体系构成

目前集团公司 HSE 管理体系框架由 7 个一级要素和 26 个二级要素组成。要素设计是按 PDCA 的戴明模式建立的。既包括了体系标准所需要的一些共性要素，也包括了一些具有集团公司特色的个性要素。体系标准满足了集团公司各级组织健康、安全与环境管理建设的需要，既保持了继承性，又很好地体现了兼容性。

领导和承诺：是 HSE 管理体系建立与实施的前提条件。各级最高管理者是建立实施 HSE 管理体系的第一责任人，应确保 HSE 管理责任的落实，并对持续改进 HSE 管理提供强有力的领导，履行承诺。

健康、安全与环境方针：是 HSE 管理体系建立和实施的总体原则。统一的 HSE 方针是各级组织的行动原则和指南。组织应依据 HSE 战略目标建立层层负责的 HSE 目标责任制。

策划：是 HSE 管理体系建立与实施的输入，包括 4 个要素：危害因素辨识、风险评价和控制措施的确定，法律法规和其他要求，目标和指标，方案。组织应制订 HSE 发展规划和年度计划，确定目标、指标，应对活动任务开展危害因素辨识、风险评价和风险控制策划，编制管理方案。

组织结构、职责、资源和文件：是 HSE 管理体系建立与实施的基础，包括 6 个要素：组织结构和职责，资源，能力、培训和意识，沟通、参与和协商，文件，文件控制。组织应建立合理的组织构架，促进员工广泛参与，确保资源合理配置，落实 HSE 职责，并实施文件化的管理。

实施和运行：是 HSE 管理体系实施的关键，包括 10 个要素：设施完整性，承包方和（或）供应方，顾客和产品，社区和公共关系，作业许可，职业健康，清洁生产，运行控制，变更管理，应急准备和响应。组织在运行的所有环节，贯彻HSE方针，履行HSE责任，有效实施HSE风险管理；控制设施、人员、过程（工艺）等变更风险；承包方和供应方与组织的HSE要求相一致。

检查与纠正措施：是HSE管理体系有效运行的保障，包括6个要素：绩效测量和监视，合规性评价，不符合、纠正措施和预防措施，事故、事件管理，记录控制，内部审核。组织应开展健康、安全、环境监测和检查活动，定期组织内部审核，及时对发现的不符合采取纠正措施。

管理评审：是推进HSE管理体系持续改进的动力。组织的最高管理者应定期对体系运行的适宜性、充分性、有效性进行评审，实现持续改进。

集团公司在其HSE政策的指导下，建立了一系列与每一要素相关联的绩效准则，它是形成良好企业HSE文化的需要，通过HSE管理绩效准则的成功实施促进HSE管理体系的持续改进。

（四）体系审核

“审核”是为获得审核证据，并对其进行客观的评价，以确定满足审核准则的程度所进行的系统的、独立的并形成文件的过程。集团公司全面推行HSE量化审核，强化正向激励，突出风险管控、过程管理和工作效果，通过量化审核综合反映企业HSE管理体系运行绩效和水平。

1. 审核形式与频次

集团公司HSE管理体系审核分为总部审核（含专业分公司审核）、企业审核等形式。集团公司HSE体系审核是以企业审核为主体，自上而下建立多层级、全覆盖，分专业、多方式的审核工作机制。总部审核由集团公司每年对所属企业开展两次全覆盖审核，其中至少一次量化审核。企业每年至少要完成一次覆盖领导层、机关部门和所有二级单位的审核。二级单位每年要对基层单位进行全覆盖审核。建设单位应当对重点工程施工承包商开展HSE管理体系审核工作。

另外，企业结合实际或HSE管理体系建设工作要求，申请进行的第三方审核，如认证审核，一个认证周期3年，到期后应再认证，通过认证后每年应接受年度监督审核。

2. 审核要求

HSE管理体系审核应当结合年度安全环保重点工作安排、有关事故情况等，确定每一次审核的重点内容。突出关键装置、要害部位、重要业务流程，重点对安全环保责任落实、安全环保风险防控等内容进行审核。体系审核策划和部署应符合Q/SY 1002.3《健康、安全与环境管理体系　第3部分：审核指南》要求，HSE管理体系审核工作程序包括审核准备和现场实施两个阶段。审核准备包括编制方案、组建审核组、完善检查表、开展集中培训等内容;现场实施包括召开首次会议、实施审核、审核组内部沟通、编写审核报告、召开末次会议等环节。

现场审核过程中,审核人员应结合审核目的、时间安排等,合理确定审核抽样,采取人员访谈、查阅资料、现场观察、模拟测试、应急演练等方式开展审核工作。对审核发现的现场问题,审核组应分级分类列出清单。特别是对严重性问题、普遍性问题和重复性问题,要认真追溯和查找管理原因。

审核工作结束后,审核组织方应及时对审核发现的问题进行汇总、统计并上传或录入HSE 信息系统。对审核发现的严重问题,要挂牌督办、限期整改。受审核单位应及时整改销项审核发现问题,并将有关信息录入 HSE 信息系统,并要从制度标准、教育培训、责任落实、监督考核等方面查找和分析问题产生的深层次原因,举一反三、完善制度,消除隐患、系统整改。

二、两书一表

(一)"两书一表"介绍

"两书一表"即 HSE 作业指导书、HSE 作业计划书和 HSE 现场检查表。

HSE 作业指导书简称作业指导书,是规范基层组织岗位员工常规操作行为的工作指南,是对专业常规 HSE 风险的管理,是与基层组织岗位员工操作行为相关的作业文件的总称。

HSE 作业计划书简称作业计划书,在对项目危害因素全面识别的基础上,重点评估和控制项目主要风险及作业指导书未覆盖的新增危害(特别是当人员、环境、工艺、技术、设备设施等发生变化时而产生的危害),制订风险削减和控制措施,形成针对基层员工特定作业活动的风险控制方案,用于对项目中主要风险的强化管理和新增风险的系统管理,应针对具体的项目编制。

HSE 现场检查表简称现场检查表,是针对岗位巡回检查路线和主要检查内容的表格化体现,是为使岗位员工能系统地发现和处理作业现场的隐患(主要用于设备设施的不安全状态的检查)而建立的岗位日常检查和记录工具。

(二)"两书一表"主要内容和使用

1.HSE 作业指导书

1)主要内容

HSE 作业指导书主要由以下内容组成:

(1)岗位任职条件。

（2）岗位职责。

（3）岗位操作规程。

（4）巡回检查及主要检查内容。

（5）应急处置程序。

2）编制要求

作业指导书的适用对象是岗位员工，应按照具体岗位进行编制。指导书编制应在单位生产（技术）部门的牵头组织下，由人事、企管法规、生产、技术、设备、工艺、标准及安全环保等相关职能部门有关专家及基层岗位员工共同组成编制组进行编制。编制完成后，应由业务主管领导牵头，组织有关部门进行评审和审核把关，并由业务主管领导批准后发布实施。作业指导书应定期进行评审和修订，可通过开展“工作循环分析”对操作规程、应急处置程序等进行修改完善，确保指导书在规范基层员工操作行为上具有唯一性和权威性。

3）使用要求

作业指导书应印发到岗位员工，并妥善保管，确保岗位员工能及时查阅。作业指导书的培训和掌握程度应作为员工上岗的条件之一，指导书内容应作为员工日常自学的重要内容。作业指导书在修订、改版时予以回收，并发放新版的作业指导书。

2.HSE 作业计划书

1）主要内容

作业计划书主要由以下内容组成：

（1）项目概况、作业现场及周边情况。

（2）人员能力及设备状况。

（3）项目新增危害因素辨识与主要风险提示。

（4）风险控制措施。

（5）应急预案。

2）编制要求

作业计划书应针对具体的项目编制，适用对象是具体工程项目管理人员、项目作业人员。编制工作应在基层队长主持下，组织生产技术人员、班组长、关键岗位员工及安全员共同进行，并在项目开工前编制完成，作为项目开工的必要条件之一。

3）使用要求

作业计划书应在项目作业前对所涉及的基层组织负责人及相关方进行发放，并由基层组织进行培训，针对主要风险、控制措施及应急程序对作业人员进行安全交底。培训、交底应作为项目开工的必要条件之一。作业计划书应在整个项目结束后予以回收，作为项目竣工资料的一部分予以保存。

3.HSE 现场检查表

1）主要内容

HSE 现场检查表主要由以下内容组成：

（1）检查范围（项）。

（2）检查内容。

（3）检查标准（依据）。

（4）判定（检查结果）。

2）编制要求

作业指导书所覆盖的岗位，均应编制配套的现场检查表。现场检查表应与作业指导书同步编制，由作业指导书的编制组负责编制。应将岗位员工使用或管理的设施设备、工器具以及作业现场（工作面）等内容作为现场检查表的重要内容。检查范围（检查项）尽量避免检查路线重复交叉，对关键装置和重点部位可要求进行确认检查。现场检查表的审核和批准与作业指导书要求一致，评审和修订与作业指导书同步进行。

3）使用要求

现场检查表应结合作业指导书进行培训和应用。岗位员工在交接班时、日常工作中应用现场检查表对属地管理范围内的设备设施、工器具以及施工作业现场进行巡回检查。现场检查表的发放与回收要求按照作业指导书要求执行。

（三）"两书一表"的监督检查

"两书一表"的执行情况应作为日常 HSE 监督检查的重要内容。检查内容包括：

（1）编制内容是否符合标准要求。

（2）作业计划书是否在施工之前完成编制。

（3）是否及时组织培训和交底。

（4）所制订的安全措施是否落实等。

三、基层站队 HSE 标准化建设

为进一步深入实施安全环保基础性工程，深化 HSE 管理体系建设，坚持重心下移，切实将 HSE 管理的先进理念和制度要求融入业务流程，解决基层 HSE 工作与日常生产作业活动相脱节的现象，根治现场"低老坏"和习惯性违章，结合国家安全生产标准化工作要求和企业基层工作实际，集团公司从 2015 年起，全面启动基层站队（车间、库、所）HSE 标准化建设工作。

（一）总体思路

立足基层，以强化风险管控为核心，以提升执行力为重点，以标准规范为依据，以达标考核为手段，总部推动引导，企业组织实施，基层对标建设，员工积极参与，建立实施基层站队HSE标准化建设达标工作机制，推进基层安全环保工作持续改进。

（二）遵循原则

1. 继承融合，优化提升

基层站队HSE标准化建设是对现有基层HSE工作的再总结、再完善、再提升，应与企业现行“三标”建设、“五型班组”建设、安全生产标准化专业达标和岗位达标等工作相融合，避免工作重复、内容矛盾。

2. 突出重点，简便易行

紧密围绕生产作业活动风险识别、管控和应急处置工作主线，确定重点内容，突出专业要求，明确建设标准，严格达标考核，做到标准简洁明了、操作简便易行。

3. 激励引导，持续改进

强化正向激励和示范引领，加大资源投入，加强服务指导，营造浓厚氛围，鼓励员工积极参与，推动基层对标建设，持续改进提升。

（三）基本内容

1. 管理合规

基层站队突出风险管控重点，运用安全检查表、工作前安全分析（JSA）、安全经验分享等方法，识别风险，排查隐患，做到风险隐患有数、事件上报分享、防范措施完善；落实“一岗双责”，明晰目标责任，强化激励约束，加强属地管理，做到领导率先示范、员工积极参与；强化岗位培训，完善培训矩阵，开展能力评估，积极沟通交流，规范班组活动，做到员工能岗匹配、合格上岗；依法合规管理，充分依据制度、标准和规程，结合基层实际，优化工作流程，严格规范执行。

2. 操作规范

基层站队完善常规作业操作规程，强化操作技能培训，严格操作纪律检查考核，做到操作规范无误、运行平稳受控、污染排放达标、记录准确完整；严格非常规作业许可管理，规范办理作业票证，强化承包商作业过程监管，安全措施落实到位；落实岗位交接班制，建立岗位巡检、日检、周检制度，严格劳动纪律检查考核，杜绝违章行为；各类工艺技术资料齐全完整，开工、停工等操作变动及其他工艺技术变更履行审批程序，变更风险受控；各类突发事件应急预案和处置程序完善，应急物资完备，定期培训演练，员工熟知熟练。

3. 设备完好

基层站队对各类HSE设施和生产作业设备按标准配备齐全，做到质量合格、规程完善、资料完整；严格装置和设备投用前安全检查确认，做到检查标准完善、检查程序明确、检查合格投用；开展设备润滑、防腐保养和状态检测，强化特种设备和职业卫生防护、安全防护、安全检测、消防应急、污染物处理等设施管理；落实检修计划，消除故障隐患，做到维护到位、检修及时、运行完好、完整可靠；落实设备变更审批制度，及时停用和淘汰报废设备，设备变更风险得到有效管控。

4. 场地整洁

基层站队生产作业场地和装置区域布局合理，办公操作区域、生产作业区域、生活后勤区域的方向位置、区域布局、安全间距符合标准要求；装置和场地内的设备设施、工艺管线和作业区域的目视化标识齐全醒目；现场人员劳保着装规范，内外部人员区别标识；现场风险警示告知，作业场地通风、照明满足要求；固体废弃物分类存放，标识清晰，危险废弃物合法处置；作业场地环境整洁卫生，各类工器具和物品定置摆放、分类存放、标识清晰。

（四）钻井队 HSE 标准化建设标准

钻井队的 HSE 标准化站队建设标准包含标准化管理、标准化现场和标准化操作三部分内容。

1. 标准化管理

标准化管理包括风险管理，责任落实，目标指标，能力培训，沟通协商，设备设施管理，生产运行，承包方管理，作业许可，职业健康，环保管理，变更管理，应急管理，事故事件，检查改进 15 个主题事项。

2. 标准化现场

标准化现场包括健康安全环保设施（含职业健康防护设施、安全防护设施、环境保护设施等），生产作业设备设施（含特种设备、关键生产设备、其他生产设备等），生产作业场地环境（含场地布置、营地建设、安全目视化）三类内容。

3. 标准化操作

标准化操作包括劳保穿戴，作业准备，施工风险控制，吊装作业，有限空间作业，高处作业，动火作业，临时用电作业，挖掘作业，拖物作业，敲击作业，气动绞车操作，液气大钳操作，井控作业，拆装井架作业，起升井架作业，放井架作业，接钻头作业，卸钻头作业，更换顶驱冲管总成作业规程，吊钻杆单根，钻进时更换水龙带作业，拆、装防喷器作业，穿大绳作业，抽大绳作业，冲大、小鼠洞作业，拔大、小鼠洞作业，吊钻铤单根作业，甩钻铤作业，顶驱接立柱钻进作业，拆装顶驱作业，钻进作业，起钻作业，下套管作业，固井作业，安装井口防喷器作业，试压作业，测井作业，钻井取心，欠平衡钻井，中途测试，原钻机试油作业，手电钻使用规程，角磨机使用规程，高压清洗机操作规程 45 个具体内容。

(五)达标考核

1. 基层申报

基层单位依据本专业领域基层站队 HSE 标准化建设标准,开展达标建设,自评达到标准后,向企业提出达标考核申请。凡是有关事故或事件指标超过上级下达控制指标的基层站队,则不具备达标申报资格。

2. 企业考评

企业制定考评标准,组织安全、环保、生产、技术、设备等方面人员,组成专家考评组,采取量化打分方式,对提出申报的基层站队 HSE 标准化建设情况进行考核评审,根据考评结果确定是否达标。

3. 达标管理

通过企业考评的基层站队,由企业公告和授牌,给予适当奖励,并每三年考评确认一次。对于特别优秀的基层站队,由企业向集团公司提出考评申请,集团公司组织抽查验证,通过后由集团公司统一公告。若事故或事件超过控制指标的基层站队,取消 HSE 标准化建设达标站队称号。

四、基层日常检查

基层日常检查是发现隐患、识别存在及潜在的危险,对危害源实施监控,最终采取纠正措施堵塞漏洞,提升 HSE 管理水平的必要手段。

(一)检查方式和要求

1. 岗位安全检查

岗位安全检查由当班岗位人员按照本岗位巡回检查路线、检查项点、检查内容,认真细致地检查。岗位的安全检查要求接班人员在接班前进行检查,不进行倒班的人员应每天进行安全检查;另外,岗位人员还应不定时按巡回检查路线进行检查。

2. 钻井队安全检查

钻井队安全检查由钻井队队长组织,队干部、工程技术人员及生产骨干等相关人员进行检查。钻井队的安全检查应每周进行一次。检查的内容包括:安全基础管理、井控管理、防硫化氢管理、安全防护设备设施、环境管理及清洁生产、钻井设备设施管理、电气安全管理、钻井工序过程的安全控制。

(二)现场安全隐患的整改与验证

在检查中发现的现场安全隐患,由存在问题的岗位人员负责立即整改,对岗位人员整改困难或需钻井队负责整改的，由钻井队落实整改人员和措施，限期进行整改。非检查时间发现的问题同样应立即整改并做好记录。发现的问题需由上级予以落实整改的，钻井队应及时报告相关业务部门落实整改措施和方案并进行整改。

对于立即整改完成的安全隐患，由检查人员负责验证并将相关内容记录在检查表中。不能立即整改的安全隐患，在未完成整改之前应制订防范措施，在整改完成后，可由检查人员再次现场验证并记录相关内容。

第二节　双重预防机制建设

双重预防机制是指风险分级管控和隐患排查治理，它是 HSE 管理体系中"预防为主"思想的具体体现，它将风险管控的关口前移，即为了有效遏制事故发生，要将安全风险管控挺在隐患前面，将隐患排查治理挺在事故前面。

一、双重预防机制目的

构建风险分级管控与隐患排查治理体系，目的是要实现事故的双重预防性工作机制，是"基于风险"的过程安全管理理念的具体事件，是实现事故"关口前移"的有效手段。前者要求企业落实主体责任，后者要求企业落实主体责任的基础上督导和监管。两者是上下承接关系，前者是源头，是预防事故的第一道防线，后者是预防事故的末端治理。构建双重预防机制是企业责任主体的有效手段，能够有效破解当前安全生产工作的诸多瓶颈。

二、集团公司双重预防机制工作开展情况

2013 年 4 月，集团公司提出构成重大影响的安全八大风险和可能引发重大环保事故的六项因素，出台《关于切实抓好安全环保风险防控能力提升工作的通知》（中油安〔2013〕147 号）。

2014 年 5 月 13 日，集团公司召开风险管理研讨会，全面试点生产安全风险防控工作，出台《中国石油天然气集团公司生产安全风险防控管理办法》（中油安〔2014〕445 号），修订完善《中国石油天然气集团公司安全环保事故隐患管理办法》（中油安〔2015〕297 号）。

2015 年 8 月，集团公司在总结试点工作经验的基础上，发布了 Q/SY 1805—2015《生产安全风险防控导则》，对各企业如何开展双重预防工作指明了方向，明确了要求。

2016 年 6 月，集团公司下发《关于切实做好标本兼治遏制重特大事故的通知》（安委办〔2016〕20 号），同年 9 月，在集团公司基层站队 HSE 标准化建设推进会上，进一步明确了集团公司"十三五"风险防控总体原则是"识别危害、控制风险、消除隐患，努力减少亡人事故"。

2014年，集团公司组织10家企业，开展了钻井、测井、物探、采油、修井、集输、炼油、化工、天然气管道、油库和加油站11个专业的生产安全风险防控试点工作。2016年底，完成模板编制阶段性研究工作，并增加城市燃气和井下作业风险防控试点工作。2017年，集团公司2家企业（渤海钻探第四钻井工程分公司、吉林油田扶余采油厂）作为国家双重预防机制建设试点单位，集团公司下发通知并明确了双重预防工作的具体要求。

三、企业如何开展双重预防工作

各企业应按照集团公司出台的Q/SY 1805—2015《生产安全风险防控导则》和《中国石油天然气集团公司安全环保事故隐患管理办法》中油安〔2015〕297号等相关制度和要求，结合地方政府要求，开展双重预防机制建设工作。重点从风险分级防控和隐患排查治理两个方面入手。

（一）风险分级防控

风险分级防控是指在危害因素辨识和风险评估的基础上，预先采取措施消除或者控制生产安全风险的过程。按照集团公司双重预防机制建设和Q/SY 1805—2015《生产安全风险防控导则》要求，各企业风险分级防控主要从生产作业活动和生产管理活动两个方面入手，系统对生产安全进行危害辨识、风险评估和控制，进而明确企业、二级单位、车间（站队）、基层岗位的生产安全风险防控重点，落实各级生产安全风险防控责任，建立健全生产安全风险防控机制。

1. 生产作业活动风险管控

生产作业活动是班组、岗位员工为完成日常生产任务进行的全部操作活动。生产作业活动风险管控以基层作业活动为研究对象，按照信息资料收集、生产作业活动分解、危害辨识、风险分析评估、风险控制措施制定和完善等步骤开展工作，并最终将风险控制措施融入到岗位职责、操作规程、安全检查表、应急处置卡、岗位需求培训矩阵中（即“五位一体”）。

1）信息资料收集

信息资料收集是开展生产作业活动风险防控的基础工作。信息资料收集内容主要包括：基层组织结构、基层岗位设置及岗位职责要求、基层属地区域划分、相关工艺流程、主要设备设施、操作规程、安全检查表、应急处置预案和应急处置卡、相关事故和事件案例、危害因素辨识和风险分析情况、风险评估或安全评价报告等。

2）生产作业活动分解

首先，辨识现场存在的所有生产作业活动；其次，将生产作业活动划分为管理单元；最后，将管理单元划分为具体的操作项目，通过对操作项目和操作步骤的分解、设备设施的拆分来进行生产作业活动分解。

（1）操作项目分解：

① 对管理单元中的工作任务进行细分，分解成相对独立的工作任务，即操作项目。

② 对每个操作项目进一步细分，最后分解成进行危害因素辨识的一系列连续的基本操作步骤。

（2）设备设施拆分：

① 梳理现场所有设备设施，确定拆分设备设施（包括生产工具）的清单。

② 对每台（套）设备设施，根据设备设施说明书、结构图、操作规程或技术标准等，按顺序对设备设施每个部分进行拆分、逐项分析，最后拆分成进行危害因素辨识的关键部件，各个关键部件应相互独立。

3）危害因素辨识

生产作业活动危害因素辨识可以按照物的因素、人的因素、环境因素和管理因素进行分类。

班组、岗位员工宜采用经验法和头脑风暴法；安全管理人员或技术人员参与危害因素辨识时，常规生产作业活动宜采用工作前安全分析法；非常规作业活动（包括临时作业等）宜按照作业许可要求，采用工作前安全分析法开展危害因素辨识；设备设施宜采用安全检查表法。

4）风险分析与评估

风险分析与评估是针对已经确定的操作步骤、设备设施关键部件存在的危害因素进行风险分析和评估的过程，以确定应采取何种风险控制措施，以及评估目前的控制措施是否有效。

风险分析与评估可采用定性和定量两种评估方式，或者他们的组合，基层单位建议采用经验法、头脑风暴法等定性分析方法；安全管理人员或技术人员可采用 RAM 法、LEC 法等。

5）制订和完善风险控制措施

针对评估结果，应制订新的风险控制措施，或对目前的控制措施提出修订意见，并最终将风险控制措施纳入岗位职责、操作规程、安全检查表、应急处置卡和岗位需求培训矩阵等“五位一体”风险管控体系中。

2. 生产管理活动风险管控

生产管理活动是指企业、二级单位和车间（站队）等管理层级的各职能部门，在生产经营过程中按流程所开展的业务活动。生产管理活动风险管控以各管理层级各职能部门的主要业务活动为研究对象，按照信息资料收集、生产管理活动分解、风险分析与评估、风险控制措施制订与完善等步骤开展，并最终将风险控制措施落实到部门（基层站队）职责、岗位职责以及相关管理制度中。

1）信息资料收集

信息资料收集是开展生产管理活动风险防控的基础工作。信息资料收集内容主要包括：企业和所属单位组织结构、部门管理岗位设置及岗位职责要求、适用的法律法规、标准规范、规章制度要求、危害因素辨识和风险分析情况、风险防控措施制订和落实情况以及应急响应预案、救援预案、相关事故、事件案例、风险评估或安全评价报告等。

2）生产管理活动分解

首先，组织各部门（主要为规划计划、人事培训、生产组织、工艺技术、设备设施、物资采购、工程建设、安全环保等）梳理本部门所有生产管理活动，建立管理活动清单；其次，对所有管理活动进行管理模块（或管理环节）的划分，建立每个管理活动的流程图（如设备管理可大致划分为选型、招标、购置、安装、投运、检维修、事故处理等）。

3）风险分析与评估

风险分析与评估是针对生产管理活动已经划分的管理环节进行风险分析和评估，以确定应采取何种风险控制措施以及评估目前的控制措施是否有效。

风险分析与评估无论采用定性或定量分析，都必须考虑部门与部门间的横向联系，以及企业部门与单位部门、基层管理间的纵向关系，要避免管理活动存在管理空白或管理职责不清的交叉现象。

4）制订和完善风险控制措施

针对评估结果，应制订新的风险控制措施，或对目前的控制措施提出修订意见，并最终将风险控制措施纳入部门（基层站队）职责、岗位职责、部门管理制度、基层站队建设标准、各级应急预案（处置预案、响应预案、救援预案等）中。

3. 风险评估与“红橙黄蓝”四色图

按照国家和地方政府要求，企业风险评估后应对风险进行分级，分级宜采用“红橙黄蓝”四色法。其中，红色风险最高，蓝色风险最低。为此：

（1）企业应制定风险评价标准或风险判定准则，以确定风险等级的划分，并与国家生产安全风险“红橙黄蓝”四色相对应。

（2）按照地方政府要求，规划出本企业、各单位以及现场的风险“四色”图，绘制安全风险分布电子图，并将重大风险监测监控数据接入信息化平台。

4. 风险防控方案

企业、二级单位、基层车间（站队）在风险评估基础上，确定不同层级的“红橙黄蓝”风险四色图，原则上，对确定为红色的风险均应编制风险防控方案，按照集团公司《企业级生产安全风险防控方案编制工作指南》（安委办〔2016〕20号），目前仅要求企业建立生产安全专项风险防控方案。

企业级生产安全风险是指通过对二级单位风险评估结果进行分析，结合生产作业活动所涉及的业务、重点队种，确定的本企业重点防控的生产安全风险，包括设备设施存在的固有风险、生产作业过程中存在的可预见风险和自然环境存在的潜在风险等。

企业级风险防控方案是以推进风险防控责任的归位，实施分级防控，落实直线责任为目标，通过方案制定、实施、效果评价和持续改进，实现对企业重大生产安全风险全过程、动态化、双重预防的管理。

（二）隐患排查治理

隐患是生产安全风险防控措施在实际落实中存在的失效或弱化现象，隐患的存在，为事故的发生提供了可能性，因此，隐患必须得到及时排查与治理。

《中国石油天然气集团公司安全环保事故隐患管理办法》（中油安〔2015〕297号）明确的生产安全事故隐患，是指不符合安全生产法律、法规、规章、标准、规程和安全生产管理制度的规定，或者因其他因素在生产经营活动中存在可能导致事故发生或者导致事故后果扩大的物的危险状态、人的不安全行为和管理上的缺陷。隐患按照整改难易及可能造成后果的严重性，分为一般事故隐患和重大事故隐患。

隐患的排查与治理通常包括隐患排查、隐患评估、隐患治理、隐患排查与治理的信息化建设等环节。

1. 隐患排查与评估

隐患排查即查找生产作业活动和生产管理活动中风险防控措施存在失效、弱化、缺陷和不足的过程。

企业要研究解决谁来排查隐患、怎么排查隐患、排查的频次以及如何处置隐患等管理环节，通常情况下，隐患的排查有以下形式：

（1）岗位的自查、巡查，重点针对物的状态、人的行为、施工现场环境等。

（2）班组的排查，重点针对物的状态、人的行为、施工作业环境等。

（3）车间、站队的排查，重点针对物的状态、人的行为、施工作业环境等。

（4）业务管理部门的排查，重点针对业务管理流程风险。

（5）二级单位及企业级的排查，重点针对物的状态、人的行为、施工作业环境、管理缺陷等。

（6）专门机构的排查（如防雷避电检测、特种设备检测等），重点针对专业风险。

所有排查出的隐患，要按照隐患评估结果进行分级登记，建立事故隐患信息档案。

2. 隐患治理

隐患治理就是指消除或控制隐患的活动或过程。包括对排查出的事故隐患按照职责分工明确整改责任，制订整改计划、落实整改资金、实施监控治理和复查验收的全过程。

隐患实行分级治理，由隐患发生单位确定治理责任人，通常情况下，隐患可采取岗位纠正、班组治理、车间（站队）治理、业务部门治理、单位或公司治理等方式，如确认无能力实施治理，则应向上一级申请实施治理。

无论实施哪级治理，都应对查出的隐患做到责任、措施、资金、时限和预案“五到位”，对重大事故隐患应严格落实“分级负责、领导督办、跟踪问效、治理销项”制度。

3. 隐患排查治理的其他注意事项

（1）应完善隐患排查管理流程，建立企业自查、自改、自报事故隐患的信息系统。

（2）应建立健全事故隐患治理的管理流程，实现隐患排查、登记、评估、治理、报告、销项等闭环管理。

（3）应明确隐患排查的频次，并与日常管理、专项检查、监督检查、HSE 体系审核等工作相结合。

（4）对发现的安全环保事故隐患应当组织治理，对不能立即治理的事故隐患，应当制订和落实事故隐患监控措施，并告知岗位人员和相关人员在紧急情况下采取的应急措施。

（5）应考虑地方政府要求，实现隐患排查治理相关信息的电子信息化，并与地方政府实现系统对接和信息互通。

第三节　一岗双责

“一岗双责”就是管工作管安全，管业务管安全。即一个岗位不仅要完成本职范围内的业务职责，同时要承担业务职责范围内的安全生产责任。坚持一岗双责是企业发展的必然要求，是促进企业安全生产和安全发展的重要抓手。

一、法律法规和制度依据

《中华人民共和国安全生产法》中规定，生产经营单位的安全生产管理机构以及安全生产管理人员履行下列职责：

（1）组织或者参与拟订本单位安全生产规章制度、操作规程和生产安全事故应急救援预案。

（2）组织或者参与本单位安全生产教育和培训，如实记录安全生产教育和培训情况。

（3）督促落实本单位重大危险源的安全管理措施。

（4）组织或者参与本单位应急救援演练。

（5）检查本单位的安全生产状况，及时排查生产安全事故隐患，提出改进安全生产管理的建议。

(6)制止和纠正违章指挥、强令冒险作业、违反操作规程的行为。

(7)督促落实本单位安全生产整改措施。

2013年7月18日,习近平总书记在中央政治局第28次常委会上指出各级党委和政府要增强责任意识,落实安全生产责任制,要落实行业主管部门直接监管、安全监管部门综合监管、地方政府属地监管,坚持管行业必须管安全,管业务必须管安全,管生产必须管安全,而且要党政同责、一岗双责、齐抓共管。2017年10月10日,国务院安委会办公室下发了《关于全面加强企业全员安全生产责任制工作的通知》(安委办〔2017〕29号),要求企业主要负责人负责建立、健全企业的全员安全生产责任制。企业要按照《中华人民共和国安全生产法》《中华人民共和国职业病防治法》等法律法规规定,结合企业自身实际,明确从主要负责人到一线从业人员(含劳务派遣人员、实习学生等)的安全生产责任、责任范围和考核标准。安全生产责任制应覆盖本企业所有组织和岗位,其责任内容、范围、考核标准要简明扼要、清晰明确、便于操作、适时更新。

集团公司在2014年下发了《总部安全生产与环境保护管理职责规定》(中油安〔2014〕14号)和《安全生产和环境保护责任制管理办法》(中油安〔2014〕13号)。2018年集团公司又重新修订了《总部安全生产与环境保护管理职责规定》(中油质安〔2018〕339号),并且集团公司HSE(安全生产)委员会下发了(关于印发《安全生产责任清单编制工作指导意见》的通知)(安委〔2018〕8号),明确了安全生产责任清单的内容,确保企业岗位安全生产责任制有效落实。要求各单位应当做到:

(1)结合业务实际,制定所有岗位的安全环保责任制,责任内容、责任范围、考核标准应当简明扼要、清晰明确、便于操作、适时更新。

(2)在适当位置对全员安全环保责任制进行长期公示。公示的内容主要包括:本单位所有岗位的安全环保责任、安全环保责任范围、安全环保责任考核标准等。

(3)将本单位全员安全环保责任制培训工作纳入年度培训计划并组织实施,如实记录安全环保责任制培训情况,使岗位人员能够清楚理解并熟练掌握其安全环保职责。

(4)每年应对岗位人员安全环保履职能力进行评价;对于不胜任的人员,应当及时进行培训或岗位调整。

(5)通过签订安全环保责任书,开展安全环保述职、HSE管理体系审核和安全环保专项检查等方式,加强对安全环保责任制建立健全和执行情况的监督检查。

(6)每年应至少一次组织对安全环保责任制的建立健全和执行落实情况进行考核;对没有建立或安全环保责任制不健全以及未执行落实到位的,按照集团公司有关规定追究责任;因不履行安全环保职责造成安全环保事故或不良后果的给予责任人行政处分;涉嫌犯罪的,移送司法机关处理。

二、安全环保职责内容要求

（1）各级主要领导是本单位安全环保工作的第一责任人，对建立健全和落实安全环保责任制负主要领导责任；业务分管领导按照“管工作管安全环保”的原则，对建立健全和落实分管业务范围内的安全环保责任制负直接管理领导责任；分管安全环保工作的领导对建立健全和落实安全环保责任制负综合管理领导责任。

（2）各级管理部门应当认真履行直线责任，对建立健全和落实本部门安全环保责任制负管理责任。

（3）各级领导和管理人员应当按照“一岗双责”的原则，建立安全环保责任制。

（4）操作、服务岗位可将安全环保职责融入岗位职责，明晰其岗位操作和属地区域的安全环保职责。

（5）安全环保责任制应当做到上下配套、层层分解、逐级衔接，形成完整的安全环保责任体系。

（6）安全环保责任制应根据岗位职责，明确写明负责、组织、协调、参与以及监督检查等安全环保职责的具体内容和要求。安全环保责任制内容应当简洁明了，可操作性强。

三、落实一岗双责工作措施要求

集团公司要求所属企业全面开展安全生产责任清单制度，是岗位安全生产责任制的进一步深化，是推动岗位安全生产责任落实的重要抓手，是集团公司深化企业安全生产责任制建设的一项重要工作部署，有利于解决业务领域安全生产责任落实不到位的问题，有利于减少因管理责任不落实造成的生产安全事故及隐患，对解决企业安全生产责任传导不力问题以及各级领导和部门对安全工作不肯管、不敢管、不会管和不善管等问题有重要现实意义。

（一）完善岗位安全生产职责

企业应结合与业务相关的法律法规、标准规范以及集团公司、专业公司和企业管理制度，梳理分析法律法规、标准规范和管理制度规定的具体职能职责要求，进一步健全完善各级领导、部门各类岗位人员的安全生产职责，包括法定或通用安全生产职责、业务安全风险管控职责。要将安全生产职责分解到每一级领导和职能部门的每一个管理岗位，做到领导岗位、管理岗位全覆盖，所有生产经营范围及管理过程全覆盖，上下衔接清晰，同级分界明确。岗位安全生产职责应考虑自身业务职责、相关业务赋予的职责、落实重点工作任务的职责等要求。

（二）结合安全生产职责编制责任清单

企业要以岗位安全生产职责为基础，对各业务的每一项安全生产职责进行细化分解，列出落实该项安全生产职责的具体工作任务，明确每一项工作任务的工作标准和可追溯的工作结果，分级分类编制岗位安全生产责任清单。

（三）安全生产责任清单的评审及修订

企业应将各级岗位的安全生产清单纳入 HSE 管理体系进行管理，不断修订完善。原则上，安全生产清单应随企业安全生产责任制文件每三年至少组织评审并修订一次。当相关法律法规、标准规范要求发生重大变化，企业组织机构、业务范围、生产工艺技术等发生重大变化时，要及时对责任清单进行修订。当重点工作任务、岗位职责发生变化，或者发生生产安全事故事件时，应结合风险评估结果或者事故事件教训，及时对责任清单进行补充完善，补充完善的内容应形成有效的书面文件。

四、安全环保履职考评

集团公司在 2014 年 12 月 18 日下发了《员工安全环保履职考评管理办法》（中油安〔2014〕482 号），对规范开展员工安全环保履职考评工作、强化落实全员安全环保职责做出了具体要求。

（一）基本概念

安全环保履职考评包括安全环保履职考核和安全环保履职能力评估。安全环保履职考核，是指对员工在岗期间履行安全环保职责情况进行测评，测评结果纳入业绩考核内容。安全环保履职能力评估，是指对员工是否具备相应岗位所要求的安全环保能力进行评估，评估结果作为上岗考察依据。

（二）安全环保履职考评的范围与职责

安全环保履职考评按领导人员和一般员工两类人员分别组织。领导人员是指按照管理层级由本级组织直接管理的干部，一般员工指各级一般管理人员、专业技术人员和操作服务人员。

各级安全环保部门负责为安全环保履职考评工作提供培训辅导和技术支持，并参与考核、评估工作。

各级管理部门负责对本部门一般管理人员、专业技术人员进行安全环保履职考核及履职能力评估；基层单位负责对操作服务人员进行安全环保履职考核及履职能力评估。

所有员工应认真履行岗位安全环保职责，并接受安全环保履职考核及履职能力评估。

（三）安全环保履职考核要求

安全环保履职考核主要是对员工的安全环保工作绩效和工作表现等方面情况进行综合

评价。

安全环保履职考核原则上以年度为考核周期，岗位变化时必须履行考核。必要时，可根据员工所在岗位性质及层级，组织月度、季度、半年考核。各岗位安全环保履职考核的项目应围绕年度 HSE 目标指标和工作计划安排，依据员工岗位安全环保职责，逐级分解确定。考核的项目应突出管理特点和岗位性质，按结果类和过程类分别设定合理、易量化的考核指标，形成岗位 HSE 责任书或安全环保履职考核表。

一般员工安全环保履职考核遵循以下程序和方法，具体如下：

（1）成立考核小组，明确职责和分工。

（2）编制考核方案。

（3）被考核员工收集履职情况信息资料，并填写自评成绩。

（4）查阅被考核员工事故、违章等记录。

（5）直线领导根据被考核员工平时工作表现及相关记录进行考核评分，将考核结果提交考核小组。

（6）汇总考核结果，报人事部门审核兑现。

（四）安全环保履职能力评估要求

一般员工新入厂、转岗和重新上岗前，应依据新岗位的安全环保要求进行培训，并进行入职前安全环保履职能力评估。

安全环保履职能力评估内容应突出岗位特点，依据岗位职责和风险防控等要求分专业、分层级确定。一般员工的安全环保履职能力评估内容包括 HSE 表现、HSE 技能、业务技能和应急处置能力等方面。鼓励以拟入职岗位的 HSE 培训矩阵作为员工安全环保履职能力评估的标准。安全环保履职能力评估可采用日常表现与现场考察、知识测试及员工感知度调查等定性评价与定量打分相结合的方式开展。

一般员工安全环保履职能力评估可按照以下程序和方法进行：

（1）成立评估小组，明确责任和分工。

（2）制订评估实施方案。

（3）向被评估员工告知相关评估事宜。

（4）依据拟入职岗位的安全环保要求制定评估标准。

（5）采取观察、访谈、沟通、笔试、口试、实际或模拟操作、网上答题等方式开展能力评估。

（6）查阅被评估员工事故、违章等记录。

（7）评估结果分析，对被评估员工进行综合评价。

（8）直线评估人员对被评估员工进行反馈。

（五）安全环保履职考评结果与应用

安全环保履职考核结果分为杰出、优秀、良好、一般、较差五个档次，并按绩效合同约定纳入员工综合绩效考核。安全环保履职考核结果应用包括绩效奖金兑现、职级升降、岗位调整、岗位退出、培训发展等。安全环保履职考核结果为“一般”和“较差”的人员，应进行培训、通报批评或诫勉谈话。

安全环保履职能力评估结果也分为杰出、优秀、良好、一般、较差五个档次。安全环保履职能力评估结果为“一般”和“较差”的拟提拔或调整人员，不得调整或提拔任用。评估结果为“较差”的员工不得上岗或转岗。不合格人员需接受再培训和学习，评估合格后方能调整、提拔任用或上岗。安全环保履职能力评估发现的改进项，由被评估人制订切实可行的措施和计划予以改进，直线领导对下属的改进实施情况进行跟踪与督导。

第四节 安全生产教育培训

安全生产工作历来强调“安全第一、预防为主、综合治理”的方针，确保安全生产的关键之一是强化职工安全教育培训。对职工进行必要的安全教育培训，是让职工了解和掌握安全法律法规，提高职工安全技术素质，增强职工安全意识的主要途径，是保证安全生产，做好安全工作的基础。安全教育培训工作可以有效地遏止事故，通过强化各种各样的安全意识，逐渐在人的大脑中形成概念，才能对外界生产环境作出安全或不安全的正确判断，通过安全教育培训工作完成“要我安全”到“我要安全”，最终到“我会安全”的质的转变。

一、安全生产教育培训要求

《中华人民共和国安全生产法》第二十五条规定：生产经营单位应当对从业人员进行安全生产教育和培训，保证从业人员具备必要的安全生产知识，熟悉有关的安全生产规章制度和安全操作规程，掌握本岗位的安全操作技能，了解事故应急处理措施，知悉自身在安全生产方面的权利和义务。未经安全生产教育和培训合格的从业人员，不得上岗作业。

原国家安全生产监督管理总局发布的《安全生产培训管理办法》（2015 年 5 月 29 日总局第 80 号令修正），明确规定：生产经营单位应当建立安全培训管理制度，保障从业人员安全培训所需经费，对从业人员进行与其所从事岗位相应的安全教育培训；从业人员调整工作岗位或者采用新工艺、新技术、新设备、新材料的，应当对其进行专门的安全教育和培训。未经安全教育和培训合格的从业人员，不得上岗作业。生产经营单位使用被派遣劳动者的，应当将被派遣劳动者纳入本单位从业人员统一管理，对被派遣劳动者进行岗位安全操作规程和安全操作技能的教育和培训。劳务派遣单位应当对被派遣劳动者进行必要的安全生产教育和培训。生产经营单位接收中等职业学校、高等学校学生实习的，应当对实习学生进行相应的安全生产教育和培训，提供必要的劳动防护用品。学校应当协助生产经营单位对实习学生进行安全生产教育和培训。

原国家安全生产监督管理总局发布的《生产经营单位安全培训规定》（2015 年 5 月 29 日总局第 80 号令修正），对安全培训工作做了如下规定：

（1）生产经营单位主要负责人和安全生产管理人员初次安全培训时间不得少于 32 学时，每年再培训时间不得少于 12 学时。煤矿、非煤矿山、危险化学品、烟花爆竹、金属冶炼等生产经营单位主要负责人和安全生产管理人员初次安全培训时间不得少于 48 学时，每年再培训时间不得少于 16 学时。

（2）煤矿、非煤矿山、危险化学品、烟花爆竹、金属冶炼等生产经营单位必须对新上岗的临时工、合同工、劳务工、轮换工、协议工等进行强制性安全培训，保证其具备本岗位安全操作、自救互救以及应急处置所需的知识和技能后，方能安排上岗作业。

（3）生产经营单位新上岗的从业人员，岗前安全培训时间不得少于 24 学时。煤矿、非煤矿山、危险化学品、烟花爆竹、金属冶炼等生产经营单位新上岗的从业人员安全培训时间不得少于 72 学时，每年再培训的时间不得少于 20 学时。

2018 年，集团有限公司重新修订《HSE 培训管理办法》（人事〔2018〕68 号），对 HSE 培训工作做了如下规定：

（1）企业各级、各类员工必须接受与所从事岗位业务相关的 HSE 培训，经培训考核合格方可上岗，并应定期进行 HSE 再培训。国家法律法规、地方政府和集团公司要求必须持证上岗的员工，应当按有关规定培训取证。未经 HSE 培训合格的从业人员，不得上岗作业。

① 油气勘探开发、炼油化工、油气储运销售、工程建设等高风险行业生产经营单位的新入厂员工，应经过厂、车间（队）、班组三级入厂安全生产教育培训，时间不得少于 72 学时。其他单位的新入厂员工，岗前安全培训时间不得少于 24 学时。对于新招的危险工艺操作岗位人员，除按照规定进行 HSE 培训外，还应在师傅带领下实习至少 2 个月，并经考核或鉴定合格后方可独立上岗作业。

② 特种作业及特种设备操作人员应当按照国家有关规定经过专门的安全技术培训，并参加政府考核发证机关授权的考试机构组织的考试，考核合格，取得《特种作业操作证》后，方可从事特种作业或特种设备作业，并按照规定进行复审，离开特种作业岗位 6 个月以上的特种作业人员，应当重新进行实际操作考试，经确认合格后方可上岗作业。

③ 员工在本企业内调整工作岗位或离岗一年以上重新上岗时，应当重新接受车间（站队）和班组级的安全培训。

④ 采用新工艺、新技术、新材料或者使用新设备时，相关员工应重新进行有针对性的 HSE 及相关技术、技能培训。

⑤ 班组长每年接受安全培训的时间不得少于 24 学时。

⑥ 建设单位应对承包商项目的主要负责人、分管安全生产负责人、安全管理机构负责人进行专项 HSE 培训。承包商、劳务派遣人员、实习人员、外来人员以及其他临时进入的人员，应根据需要进行入厂(场)前的 HSE 培训。

(2)HSE 培训内容主要包括：

① 国家安全环保方针、政策、法律法规、规章及标准，集团公司 HSE 规章制度及相关标准，企业 HSE 有关规定。

② HSE 管理基本知识、HSE 技术、HSE 专业知识。

③ 重大危险源管理、重大事故防范、应急管理和救援组织以及事故调查处理的有关规定。

④ 职业危害及其预防措施、先进的安全环保管理经验，典型事故和案例分析。

⑤ 员工个人岗位安全职责、工作环境和危险因素识别防控、应急处置技能等。

⑥ 其他需要培训的内容。

(3)HSE 培训应按照需求分析、计划制订、组织实施、效果评估等流程实施。各企业应将 HSE 培训的组织实施与业务培训、上岗培训等各类培训充分结合。

① 企业应当识别分析各岗位的 HSE 培训需求，编制基层岗位 HSE 培训矩阵，建立员工上岗安全履职能力标准，开展员工安全环保履职能力评估。

② 各级直线领导应当依据岗位 HSE 培训矩阵及培训需求分析，有计划地组织下属员工参加 HSE 培训。

③ HSE 培训应综合运用集中培训、脱产学习、应急演练、岗位练兵、安全经验分享等多种方式组织开展，要充分利用现代信息技术手段，创新 HSE 培训模式，提升 HSE 培训质量和效益。

④ HSE 培训应进行全过程跟踪，开展培训效果评估，并制订相应的改进措施，持续完善 HSE 培训工作机制。

2018 年，集团公司重新修订《安全生产管理规定》(中油质安〔2018〕340 号)，对安全生产教育培训工作做了如下规定：

(1)企业应当建立有关安全生产教育培训管理制度，将安全生产教育培训计划纳入本单位教育培训计划进行统筹管理，采取多种措施保障培训资源。

(2)企业应当对员工进行安全生产教育和培训，保证员工具备必要的安全生产知识，熟悉有关的安全生产规章制度和操作规程，掌握本岗位的安全操作技能和事故应急处置技能，知悉自身在安全生产方面的权利和义务。企业应当按照有关规定定期对员工开展安全生产再培训，未经安全生产教育和培训合格的员工不得上岗作业。

(3)企业各级主要领导、分管安全领导、安全管理和监督人员应当具备与本单位所从事的生产经营活动相适应的安全生产知识和管理能力。涉及非煤矿山、危险化学品等行业的企业各级主要领导、分管安全领导、安全管理和监督人员，自任职之日起六个月内，必须经地方人民政府有关部门对其安全生产知识和管理能力考核合格。特种作业人员、特种设备作业人员应当按照国家有关规定经专门的安全作业培训，取得相应资格，方可上岗作业，并按照规定进行复审。

（4）企业安全总监、安全副总监、主管安全的处级干部、安全管理人员、安全监督人员等应当按照集团公司 HSE 培训管理规定参加培训，并考核合格。

（5）企业应当根据需要，对使用的承包商和劳务派遣工、接收的实习学生、进入作业场所的其他外来人员实施安全培训。

① 对承包商项目的主要负责人、分管安全生产负责人、安全生产管理部门负责人进行专项安全培训，对承包商参加项目的所有员工进行入厂（场）施工作业前的安全培训，考核合格后，方可参与项目施工作业。

② 将劳务派遣工纳入本单位从业人员统一管理，对劳务派遣工进行岗位操作规程和安全操作技能的培训。

③ 对接收的中等职业学校、高等学校实习学生进行相应的安全培训。

④ 对进入作业场所的其他外来人员进行安全培训。

（6）企业应当按照有关规定对新入厂员工开展厂、车间（队）、班组“三级安全培训教育”，对转岗工人开展车间（队）、班组安全教育。

（7）企业应当建立安全生产教育和培训档案，如实记录安全生产教育和培训的时间、内容、参加人员以及考核结果等情况。

二、基层岗位 HSE 培训矩阵

2012 年，集团公司颁布了 Q/SY 1519—2012《基层岗位 HSE 培训矩阵编写指南》，对培训矩阵的定义、职责、程序等内容进行了统一规范，整体推动了基层岗位 HSE 培训矩阵在中国石油的全面实施。

（一）HSE 培训需求调查分析

（1）开展法律法规、标准规范、规章制度调查，防范基层岗位 HSE 培训法律法规风险。法律法规、标注规范、规章制度调查应包括但不限于以下内容：

① 国家、地方政府有关安全生产、环境保护、职业病防治的法律法规。

② 集团公司有关健康安全与环境和员工教育培训规章制度、企业标准规范。

③ 本企业有关健康安全与环境和员工教育培训规章制度、标准规范。

（2）岗位管理单元调查，根据岗位分工结合岗位职责，梳理岗位及与岗位具有关联的工作流程、设备设施，建立岗位管理单元清单。

（3）开展岗位操作项目调查，确认岗位所有操作项目。岗位操作项目调查一般可按照以下方法进行：

① 将管理单元划分为最基本的操作项目，各操作项目应保持相对独立完整、不重叠和交叉，能辨识操作风险并实施控制。

② 将梳理的操作项目一一列于管理单元之下，并结合岗位职责确认，将管理单元汇总形成岗位操作项目需求清单。

（4）开展岗位操作风险调查，辨识岗位操作中的危害因素，评估风险。岗位操作风险调查应包括但不限于以下内容：

① 作业场所（现场）和设备设施可能存在的风险。

② 安全防护和尘毒、噪声、辐射控制等以及环境保护装置和设施可能存在的风险。

③ 不规范操作可能带来的风险。

④ 天气、季节变化可能产生的风险。

⑤ 与相关方（包括承包商、供应商、外来人员、社区等）、周边环境的相互影响与风险。

⑥ 应急设施及应急处置方面可能存在的风险。

⑦ 其他应当关注的风险。

（5）企业开展 HSE 培训还应充分考虑生产经营特点，安全环保工作绩效，未来发展目标，员工基础条件、现有能力和个人愿景等因素。

（6）企业应根据调查结果，结合岗位设置和操作项目，确定培训需求。

（二）设定 HSE 培训内容

（1）企业应依据 HSE 培训需求调查分析结果，汇总、确定岗位员工需要接受的 HSE 培训内容。

（2）岗位 HSE 培训内容设定应考虑按以下四个方面进行分类：

① 通用安全知识，包括安全用电和用火常识、危害因素辨识知识、本专业典型事故案例等。

② 岗位基本操作技能，包括员工所在岗位各操作项目的操作规程、操作风险、应急处置等。

③ 生产受控管理流程，包括作业许可、变更管理、上锁挂签、承包商管理等。

④ HSE 知识、方法与工具，包括属地管理、行为安全观察与沟通、目视化管理、工作前安全分析等。

（三）设定 HSE 培训要求

（1）基层岗位 HSE 培训矩阵中的培训要求包括培训课时、培训周期、培训方式、培训效果、培训师资。

（2）培训课时可根据培训内容多少、接受难易程度、需要达到的效果合理确定。

（3）企业应按照不同的要求合理确定复习培训的周期，新入厂、调换工种、转岗、复工等岗位员工 HSE 培训应满足上岗要求。

（4）培训方式可按照下列基本原则确定：

① 需要动手操作的项目，以实际操作培训为主，课堂讲授与现场演练相结合。

② 属于理念性的内容，以课堂授课和会议告知为主。

（5）培训效果分为“了解”“掌握”“掌握并能培训他人”三种，并按照以下方法进行确定：

① 属于理念性或与本岗位操作无直接关系的培训内容，培训效果可确定为“了解”，如工作外 HSE 知识、事故案例等。

② 属于本岗位直接操作的项目，要求经过培训后必须达到熟知或能够独立操作的培训内容，应确定为“掌握”，如本岗位操作技能的所有培训内容。

③ 对于一般基层岗位员工只要求“了解”或“掌握”的培训内容，要求班组长必须“掌握”，并且“能够培训他人”，以保障其具有履行对本班组成员进行 HSE 培训的直线责任能力。

（四）建立 HSE 培训矩阵

（1）企业应按照 Q/SY 1234—2009《HSE 培训管理规范》的要求，将岗位名称、培训内容、掌握程度、培训周期、培训效果、培训方式、培训师资等内容填入矩阵表格，形成基层岗位 HSE 培训矩阵。

（2）基层岗位 HSE 培训矩阵可用于指导基层组织编制培训计划、培训实施、培训效果评估及员工 HSE 能力评估。

（3）定期应对基层岗位 HSE 培训矩阵进行审定，当基层组织结构、生产业务、岗位职责和操作项目发生变化时，应及时对岗位 HSE 培训矩阵进行更新。

总之，做好员工的安全教育培训，提高安全意识、增强安全责任，是避免和减少各类事故的前提和基础；同时也是保证企业安全生产，降低事故频率，实现安全生产目标的重要措施。任何生产经营单位，在任何时候，都必须持之以恒地抓好安全生产培训教育工作，这不仅是企业“安全”的需要、“效益”的需要，更是企业“生存发展”的需要。

第五节　承包商管理

随着集团公司市场化进程的不断推进，外部承包商已经进入集团公司各个生产领域，且数量庞大，人员技能、素质与安全生产的要求有较大差距，因承包商各方面原因导致的事故屡有发生，非法转包、违法分包、违规挂靠、施工队伍与中标队伍及人员不一致、使用无资质或超资质范围队伍、施工队伍设备设施和人员不满足安全生产要求、管理制度不健全或落实不到位等问题依然存在。目前，钻探总包、分包业务越来越多，承包商使用的类型也越来越多，因此，必须把承包商管理作为风险管控的重点来抓，要进一步加强承包商管理，依法合规优选承包商，遏制违法违规行为的发生。

《中华人民共和国安全生产法》中规定：生产经营单位不得将生产经营项目、场所、设备发包或者出租给不具备安全生产条件或者相应资质的单位或者个人。生产经营项目、场所发包或者出租给其他单位的，生产经营单位应当与承包单位、承租单位签订专门的安全生产管理协议，或者在承包合同、租赁合同中约定各自的安全生产管理职责；生产经营单位对承包单位、承租单位的安全生产工作统一协调、管理，定期进行安全检查，发现安全问题的，应当及时督促整改。

《非煤矿山外包工程安全管理暂行办法》第三条规定：非煤矿山外包工程的安全生产，由发包单位负主体责任，承包单位对其施工现场的安全生产负责。外包工程有多个承包单位的，发包单位应当对多个承包单位的安全生产工作实施统一协调、管理，定期进行安全检查，发现安全问题的，应当及时督促整改。

2015 年 9 月，集团公司发布了《中国石油天然气集团公司承包商安全管理禁令》(中油安〔2015〕359 号)并明确规定：

(1)严禁建设单位免除或转移自身安全生产责任。

(2)严禁使用无资质、超资质等级或范围、套牌的承包商。

(3)严禁违法发包、转包、违法分包、挂靠等违法行为。

(4)严禁未经危害识别和现场培训开展作业。

(5)严禁无证从事特种作业、无票从事危险作业。

对于违反禁令的，按照"谁发包、谁监管""谁用工、谁负责"的原则，严肃追究有关人员责任。发生事故的，按照集团公司有关规定进行升级调查和处理，对建设单位和承包商"一事双查"，对违纪违规问题移交纪检监察部门"一案双查"，并追究有关领导责任。

2017 年 4 月，集团公司下发了《关于进一步加强承包商施工作业安全准入管理的意见》(中油办〔2017〕109 号)，明确了承包商准入管理的主要任务、指导原则、工作目标、工作措施和工作要求。旨在建立健全承包商施工作业安全准入制度，规范承包商施工作业前能力准入评估、施工作业过程中安全监督和竣工后绩效评价。实现建立承包商施工作业安全准入长效机制，将承包商 HSE 管理纳入企业 HSE 管理体系，执行统一的 HSE 标准，实现施工作业过程全方位监管，有效预防和遏制承包商事故的目标。

2018 年 2 月，集团公司下发的《关于加强生产安全六项较大风险管控的通知》(安委办〔2018〕12 号)明确，将承包商管不住的风险列为生产安全六项较大风险之一，集团公司从 2018 年起，在总部 HSE 体系审核、安全专项督查等工作中将六项较大风险纳入重要内容，明确防控措施及检查落实要求。对管理不到位、履责不到位的相关责任人和有关领导干部及管理人员采取通报批评、约谈、责令检查或行政处分等方式进行问责。

2018 年 9 月，集团公司下发的《关于强化外部承包商监管的通知》（中油质安〔2018〕366 号）明确要求，一是强制外部施工人员培训取证；二是强化施工现场门禁管理；三是强化施工过程全时段监督；四是强化承包商事故责任追究；五是强化外部承包商“黑名单”制度执行。要按照“谁准入谁负责、谁使用谁负责、谁的属地谁负责”要求，严格承包商各环节管理，强化承包商施工现场监管，落实承包商“黑名单”制度，承包商培训符合集团公司培训大纲要求，从根本上堵塞承包商管理漏洞。

2013 年 11 月，集团公司发布的《中国石油天然气集团公司承包商安全监督管理办法》（中油安〔2013〕483 号），内容包括总则、机构与职责、承包商准入的安全监督管理、承包商选择的安全监督管理、承包商使用的安全监督管理、承包商评价的安全监督管理和考核与奖惩等。其核心内容就是要求严把承包商的单位资质关、HSE 业绩关、队伍素质关、施工监督关和现场管理关。

一、承包商准入评估阶段安全监督管理

承包商施工作业前能力准入评估是指建设单位在承包商施工队伍入厂（场）前对其参与施工作业人员资质能力、设备设施安全性能、安全组织架构及管理制度进行的审查评估，防止不符合要求的承包商施工队伍和人员进入现场作业。承包商施工作业前能力准入评估按照“谁主管、谁负责”的原则。集团公司对承包商施工作业前能力准入评估实施分类和分级管理，根据项目规模、复杂程度和风险大小，结合集团公司投资管理有关规定，将项目划分为工程技术服务项目、工程建设服务项目和检维修服务项目，所有参加施工的外部承包商队伍施工作业前必须签订工程项目 HSE 承诺书。

集团公司实行承包商准入安全资质审查制度，建设单位安全管理部门应当对进入本单位市场的承包商进行安全资质审查，安全资质审查不合格的承包商禁止办理准入。安全资质审查主要内容包括安全生产许可证、安全监督管理机构设置、HSE 或者职业健康安全管理体系、安全生产资源保障和主要负责人、项目负责人、安全监督管理人员、特种作业人员安全资格证书，以及近三年安全生产业绩证明等有关资料。建设单位准入管理部门应当建立承包商安全业绩记录，按照有关程序清退不合格承包商，定期公布合格承包商名录。

二、承包商培训阶段安全监督管理

建设单位应当在合同中约定，承包商根据建设（工程）项目安全施工的需要，编制有针对性的安全教育培训计划，入厂（场）前对参加项目的所有员工进行有关安全生产法律、法规、规章、标准和建设单位有关规定的培训，重点培训项目执行的规章制度和标准、HSE 作业计划书、安全技术措施和应急预案等内容，并将培训和考试记录报送建设单位备案。

建设单位对承包商员工离开工作区域6个月以上、调整工作岗位、工艺和设备变更、作业环境变化或者承包商采用新工艺、新技术、新材料、新设备的，应当要求承包商对其进行专门的安全教育和培训。经建设单位考核合格后，方可上岗作业。

建设单位应当对承包商项目的主要负责人、分管安全生产负责人、安全管理机构负责人进行专项安全培训，考核合格后，方可参与项目施工作业。

建设单位应当对承包商参加项目的所有员工进行入厂（场）施工作业前的安全教育，考核合格后，发给入厂（场）许可证，并为承包商提供相应的安全标准和要求。

入厂（场）安全教育开始前，建设单位应当审查承包商参加安全教育人员的职业健康证明和安全生产责任险，合格后才能参加安全教育。

三、承包商施工阶段安全监督管理

建设单位应当对承包商作业过程进行安全监管，按照集团公司安全监督管理有关规定，结合项目规模和风险程度向建设（工程）项目派驻安全监督人员。建设单位选择的工程监理、派驻的工程监督应当按照规定履行对建设（工程）项目承包商的安全监督管理职责。

建设单位安全监督人员主要监督下列事项：

（1）审查施工、工程监理、工程监督等有关单位资质、人员资格、安全生产（HSE）合同、安全生产规章制度建立和安全组织机构设立、安全监管人员配备等情况。

（2）检查项目安全技术措施和 HSE“两书一表”，人员安全培训、施工设备、安全设施、技术交底、开工证明和基本安全生产条件、作业环境等。

（3）检查现场施工过程中安全技术措施落实、规章制度与操作规程执行、作业许可办理、计划与人员变更等情况。

（4）检查有关单位事故隐患整改、违章行为查处、安全生产施工保护费用使用、安全事故（事件）报告及处理等情况。

（5）其他需要监督的内容：

承包商员工存在下列情形之一的，由建设单位项目管理部门按照有关规定清出施工现场，并收回入厂（场）许可证：

① 未按规定佩戴劳动防护用品和用具的。

② 未按规定持有效资格证上岗操作的。

③ 在易燃易爆禁烟区域内吸烟或携带火种进入禁烟区、禁火区及重点防火区的。

④ 在易燃易爆区域接打手机的。

⑤ 机动车辆未经批准进入爆炸危险区域的。

⑥ 私自使用易燃品清洗物品、擦拭设备的。

⑦ 违反操作规程操作的。

⑧ 脱岗、睡岗和酒后上岗的。

⑨ 未对动火、进入有限空间、挖掘、高处作业、吊装、管线打开、临时用电及其他危险作业进行风险辨识的。

⑩ 无票证从事动火、进入有限空间、挖掘、高处作业、吊装、管线打开、临时用电及其他危险作业的。

⑪ 未进行可燃、有毒有害气体、氧含量分析，擅自动火、进入有限空间作业的。

⑫ 危险作业时间、地点、人员发生变更，未履行变更手续的。

⑬ 擅自拆除、挪用安全防护设施、设备、器材的。

⑭ 擅自动用未经检查、验收、移交或者查封的设备的。

⑮ 违反规定运输民爆物品、放射源和危险化学品。

⑯ 未正确履行安全职责，对生产过程中发现的事故隐患、危险情况不报告、不采取有效措施积极处理的。

⑰ 按有关要求应当履行监护职责而未履行监护职责，或者履行监护职责不到位的。

⑱ 未对已发生的事故采取有效处置措施，致使事故扩大或者发生次生事故的。

⑲ 违章指挥、强令他人违章作业的、代签作业票证的。

⑳ 其他违反安全生产规定应当清出施工现场的行为。

四、承包商评价安全监督管理

建设单位应当建立承包商安全绩效评估制度，组织开展承包商选择阶段的安全能力评估、使用阶段的日常安全工作评估、项目结束后的安全绩效综合评估。建设单位开展承包商业绩评价时应当进行安全绩效评估。建设单位应当根据合同约定，对承包商日常安全工作进行检查，定期评估，并将评估结果及时通报承包商。对于日常安全工作中的不合格项，责令承包商限期整改。

承包商存在下列情形之一的，由承包商准入审批单位按照有关规定予以清退，取消准入资格，并及时向有关部门和单位公布承包商安全业绩情况及生产安全事故情况：

（1）提供虚假安全资质材料和信息，骗取准入资格的。

（2）现场管理混乱、隐患不及时治理，不能保证生产安全的。

（3）违反国家有关法律、法规、规章、标准及集团公司有关规定，拒不服从管理的。

（4）承包商安全绩效评估结果为不合格的。

（5）发生一般 A 级及以上工业生产安全责任事故的。

如建设(工程)项目实行总承包的，建设单位对总承包单位的安全生产负有监管责任，总承包单位对施工现场的安全生产负总责。总承包单位应当承担对分包单位的安全监管职责，对分包单位实行全过程安全监管，并对分包单位的安全生产承担连带责任。

第六节　特种设备

随着集团公司各项业务的不断发展,特种设备数量也在不断增加,除特种设备本身所具有的危险性以外,迅速增长的数量因素及多样的使用环境因素也使得特种设备安全形势更加复杂。特种设备因使用管理不当而造成的事故占事故总量的70%,加强使用环节的安全管理是特种设备安全管理工作的重中之重。特别是《特种设备安全法》颁布实施后,管理逐步由政府监管转变为强调企业安全生产主体责任。这就要求各个企业要以“三落实、两有证、一检验、一预案”(落实管理机构、落实管理制度、落实管理人员,特种设备有使用登记证、作业人员有特种设备作业人员证,特种设备定期检验,特种设备事故应急专项预案)为基础,严格依法管理。

为了加强特种设备安全工作,预防特种设备事故,保障人身和财产安全,我国于2013年6月29日第十二届全国人民代表大会常务委员会第三次会议通过,《中华人民共和国特种设备安全法》,自2014年1月1日起施行。国家市场监督管理总局(原国家质量监督检验检疫总局)依据该法,于2017年1月16日颁布,2017年8月1日起施行了TSG 08—2017《特种设备使用管理规则》,进一步明确了特种设备使用单位的责任,整合了八大类特种设备使用管理的基本要求,统一了特种设备使用登记程序,是一部特种设备使用管理的综合规范。

集团公司根据《中华人民共和国特种设备安全法》修订完善了《中国石油天然气集团公司特种设备安全管理办法》(中油安〔2013〕459号),于2013年11月4日发布,自2014年1月1日起施行,该办法对特种设备的安全管理要求、特种设备安全监督检查、特种设备事故管理方面等进行了进一步明确和要求。

为切实抓好特种设备安全监管工作,有效预防特种设备事故发生,集团公司在2015年6月16日又下发了《关于进一步加强特种设备安全监管的通知》(安全〔2015〕193号),要求,对于未列入国家特种设备目录的危险性较大的加热炉、电脱水器、灰罐、常压锅炉等设备,要参照特种设备管理。特别是国家新的《特种设备目录》施行后,汽车吊、随车吊、轻小型起重机等因不重复监管原因已不再列入特种设备目录,但其使用风险依然存在,各企业必须明确管理部门,认真落实建档、检验、培训、检查等日常管理要求。

一、特种设备安全工作遵循原则

(1)安全第一、预防为主、节能环保、综合治理。

(2)统一领导、分级负责、直线责任、属地管理。

二、特种设备的种类

特种设备依据其主要工作特点分为承压类特种设备和机电类特种设备。《特种设备目录》(质检总局 2014 年第 114 号)中规定的特种设备目录如下:

锅炉、压力容器、压力管道、压力管道元件、电梯、起重机械、客运索道、大型游乐设施、场(厂)内专用机动车辆和安全附件等,其中安全附件包括安全阀、爆破片装置、紧急切断阀和气瓶阀门等。

(一)承压类特种设备

承压类特种设备是指承载一定压力的密闭设备或管状设备,包括锅炉、压力容器(含气瓶)、压力管道。

1. 锅炉

锅炉,是指利用各种燃料、电或者其他能源,将所盛装的液体加热到一定的参数,并通过对外输出介质的形式提供热能的设备,其范围规定为设计正常水位容积大于或等于 30L,且额定蒸汽压力大于或等于 0.1MPa(表压)的承压蒸汽锅炉;出口水压大于或等于 0.1MPa(表压),且额定功率大于或等于 0.1MW 的承压热水锅炉;额定功率大于或等于 0.1MW 的有机热载体锅炉。

2. 压力容器

压力容器,是指盛装气体或者液体,承载一定压力的密闭设备,其范围规定为最高工作压力大于或等于 0.1MPa(表压)的气体、液化气体和最高工作温度高于或等于标准沸点的液体、容积大于或等于 30L 且内直径(非圆形截面指截面内边界最大几何尺寸)大于或等于 150mm 的固定式容器和移动式容器;盛装公称工作压力大于或等于 0.2MPa(表压),且压力与容积的乘积大于或等于 1.0MPa·L 的气体、液化气体和标准沸点低于或等于 60℃液体的气瓶;氧舱。

3. 压力管道

压力管道,是指利用一定的压力,用于输送气体或者液体的管状设备,其范围规定为最高工作压力大于或等于 0.1MPa(表压),介质为气体、液化气体、蒸汽或者可燃、易爆、有毒、有腐蚀性、最高工作温度高于或等于标准沸点的液体,且公称直径大于或等于 50mm 的管道。公称直径小于 150mm,且其最高工作压力小于 1.6MPa(表压)的输送无毒、不可燃、无腐蚀性气体的管道和设备本体所属管道除外。其中,石油天然气管道的安全监督管理还应按照《中华人民共和国安全生产法》《中华人民共和国石油天然气管道保护法》等法律法规实施。

（二）机电类特种设备

机电类特种设备是指必须由电力牵引或驱动的设备，包括电梯、起重机械、客运索道、大型游乐设施、场（厂）内专用机动车辆。

1. 电梯

电梯是指动力驱动，利用沿刚性导轨运行的箱体或者沿固定线路运行的梯级（踏步），进行升降或者平行运送人、货物的机电设备，包括载人（货）电梯、自动扶梯、自动人行道等。非公共场所安装且仅供单一家庭使用的电梯除外。

2. 起重机械

起重机械是指用于垂直升降或者垂直升降并水平移动重物的机电设备，其范围规定为额定起重量大于或等于 0.5t 的升降机；额定起重量大于或等于 3t 或额定起重力矩大于或等于 40t·m 的塔式起重机；生产率大于或等于 300t/h 的装卸桥且提升高度大于或等于 2m 的起重机；层数大于或等于 2 层的机械式停车设备。

3. 客运索道

客运索道是指动力驱动，利用柔性绳索牵引箱体等运载工具运送人员的机电设备，包括客运架空索道、客运缆车、客运拖牵索道等。非公用客运索道和专用于单位内部通勤的客运索道除外。

4. 大型游乐设施

大型游乐设施是指用于经营目的，承载乘客游乐的设施，其范围规定为设计最大运行线速度大于或等于 2m/s，或者运行高度距地面高于或等于 2m 的载人大型游乐设施。用于体育运动、文艺演出和非经营活动的大型游乐设施除外。

5. 场（厂）内专用机动车辆

场（厂）内专用机动车辆是指除道路交通、农用车辆以外仅在工厂厂区、旅游景区、游乐场所等特定区域使用的专用机动车辆。

三、职责与内容

企业安全监督机构负责对下属单位执行国家有关特种设备安全监督管理的法律、法规、规章、安全技术规范、标准和集团公司、本企业有关规定进行现场监督检查。监督检查内容包括：

（1）特种设备管理，主要包括特种设备管理部门及人员设置、特种设备管理规章制度建立与执行、安全生产责任制落实和特种设备作业人员安全培训，以及风险管理等情况。

（2）安全生产条件，主要包括安全防护设施和安全附件齐全完好情况、设备维修保养情况，以及作业环境满足安全生产要求等情况。

（3）安全生产活动，主要包括现场生产组织、作业许可与变更手续办理，以及特种设备作业人员持证上岗等情况。

（4）安全应急准备，主要包括应急组织建立、特种设备专项应急预案的制修订、应急物资储备、应急培训和应急演练开展等情况。

（5）其他需要监督的内容。

特种设备使用单位应当按照本企业的有关规定，建立健全岗位责任、隐患治理、应急救援等安全管理制度，制定操作规程，建立完善安全技术档案，对特种设备安全管理人员、检测人员和作业人员进行安全教育和技术培训，对特种设备进行经常性维护保养和定期自行检查，整改特种设备存在的隐患和问题，制订事故应急专项预案，并定期进行培训与演练。

四、特种设备一般规定

（1）起重机械安装拆卸工、起重信号工、起重司机、司索等特种作业人员应当经省级建设主管部门或者其委托的考核发证机构考核合格，取得特种作业操作资格证书后方可上岗作业。对于首次取得资格证书的人员，在其正式上岗前安排不少于3个月且在有资质人员监护下的实习操作，并每年参加不少于24小时的年度安全教育培训或者继续教育。

（2）作业人员在作业中应严格执行安全技术规范、操作规程和有关规章制度，发现事故隐患或者其他不安全因素，立即采取措施，并向现场安全管理人员和单位负责人报告。作业人员有权拒绝使用未经定期检验或者检验不合格的特种设备。

五、特种设备安全使用规定

（1）在设备投入使用前或者投入使用后30日内办理使用登记，取得使用登记证书；建筑起重机械安装验收合格之日起30日内，应到工程所在地县级以上地方人民政府建设主管部门办理使用登记。登记标志应当置于该设备的显著位置。

（2）锅炉应当按要求进行锅炉水（介）质处理，并进行定期检验。锅炉清洗过程应当接受监督检验。

（3）电梯使用单位应委托电梯制造单位或者依法取得许可的安装、改造、修理单位承担电梯的维护保养工作，至少每半个月进行一次清洁、润滑、调整和检查。将电梯的安全使用说明、安全注意事项和警示标志置于易于被人员注意的显著位置。

（4）建立岗位责任、隐患治理、应急救援等安全管理制度，并明确使用管理要求，主要内容包括特种设备采购、安装、注册登记、维护保养、日常检查、定期检验、改造、修理、停用报废、安全技术档案、教育培训、安全资金投入、事故报告与处理等。

（5）建立健全特种设备操作规程，明确安全操作要求，至少包括以下内容：

① 设备操作工艺参数(最高工作压力、最高或者最低工作温度、最大起重量、介质等)。

② 设备操作方法(开车、停车操作程序和注意事项等)。

③ 设备运行中应当重点检查的项目和部位,运行中可能出现的异常情况和纠正预防措施,以及紧急情况的应急处置措施和报告程序等。

④ 设备停用及日常维护保养方法。

(6)企业应当分级建立特种设备管理台账,使用单位应当建立健全安全技术档案。安全技术档案应当包括以下内容:

① 设备的设计文件、产品质量合格证明、安装及使用维护保养说明、监督检验证明等相关技术资料和文件。

② 设备的定期检验和定期自行检查记录。

③ 设备的日常使用状况记录。

④ 设备及其附属仪器仪表的维护保养记录。

⑤ 设备的运行故障和事故记录。

(7)安全管理人员应当对设备使用状况进行经常性检查,发现问题应当立即处理;情况紧急时,可以决定停止使用并及时报告本单位有关负责人。

(8)设备出现故障或者发生异常情况,应对其进行全面检查,消除事故隐患后,方可继续使用。

(9)制订事故应急专项预案,并定期进行培训及演练。

(10)压力容器、压力管道发生爆炸或者泄漏,在抢险救援时应区分介质特性,严格按照预案规定程序处理,防止次生事故。

(11)承租单位应当租用取得许可生产、按要求进行维护保养并经检验合格的特种设备,禁止租用国家明令淘汰和已经报废的特种设备。

气瓶使用单位应当租用已取得气瓶充装许可单位提供的符合要求的气瓶,并严格按照规定正确使用、运输、储存气瓶。

(12)应当确保设备使用环境符合规定,设备的使用应当具有规定的安全距离、安全防护措施。与设备安全相关的建筑物、附属设施,应符合有关法律、行政法规的规定。

(13)现场安全警示标识齐全,设备与管理台账一致,并及时将使用登记、检验检测、停用报废等信息录入集团公司 HSE 信息系统。

(14)设备停用后,应当在显著位置设置停用标识。长期停用的应当在卸载后,切断动力,隔断物料,定期进行维护保养。

六、特种设备检验、检查要求

(1)制订特种设备年度检验计划,在检验合格有效期届满前 1 个月向检验机构提出定期检验要求，并提供相关资料和必要的检验条件。

（2）空气呼吸器应每月至少检查一次，每年进行一次定期技术检测；气瓶应当按规定要求进行检验，使用过程中发现异常情况应提前检验，库存或者停用时间超过一个检验周期时，启用前应进行检验。

（3）对在用特种设备的安全附件、安全保护装置进行定期校验、检修，并作出记录。

（4）设备管理部门应每半年至少组织一次特种设备管理情况检查，使用单位应每月至少对在用特种设备进行一次自查，并作出记录。

第七节　作业许可

石油企业生产作业种类繁多、点多面广，涉及的高危作业及非常规作业也比较多，安全生产形势依然严峻。为有效控制生产过程中的作业风险，实施作业许可是风险管理手段和管理制度，同时也是提高企业安全管理水平的必要措施和需要。

一、基本要求

《中国石油天然气集团公司作业许可管理规定》（安全〔2009〕552号）中要求：作业许可是指在从事高危作业（如进入受限空间、动火、挖掘、高处作业、移动式起重机吊装、临时用电、管线打开等）及缺乏工作程序（规程）的非常规作业等之前，为保证作业安全，必须取得授权许可方可实施作业的一种管理制度。凡需办理许可的作业，必须实行作业许可管理，否则，不得组织作业。

Q/SY 1805—2015《生产安全风险防控导则》中要求：非常规作业活动负责人应按作业许可规定组织危害因素辨识、风险分析与风险评估，必要时邀请相关方人员参加。动火、进入受限空间、动土、高处、临时用电等作业，严格实施作业许可管理，按照申请、批准、实施、延期、关闭等流程，落实作业过程中各项风险控制措施。Q/SY 08240—2018《作业许可管理规范》也对作业许可的范围、申请、风险评估、安全措施、书面审查、现场核查、审批、取消、延期和关闭等管理要求进行了进一步明确。

作业许可管理主要针对非常规作业和高危作业。它遵循“一事一议（工作前安全分析）、一事一案（工作方案或施工方案）、一事一批（作业许可审批）”的原则。非常规作业是指临时性的、缺乏程序规定的和承包商作业的活动，包括未列入日常维护计划的和无程序指导的维修作业，偏离安全标准、规则和程序要求的作业，以及交叉作业等。高危作业是指从事高空、高压、易燃、易爆、剧毒、放射性等对作业人员产生高度危害的作业，包括进入受限空间作业、挖掘作业、高处作业、移动式起重机吊装作业、管线打开作业、临时用电作业和动火作业等。这些高危作业还应同时办理专项作业许可证。分别按照《中国石油天然气集团公司进入受限空间作业安全管理办法》(安全〔2014〕86号)、Q/SY 08247—2018《挖掘作业安全管理规范》、《中国石油天然气集团公司高处作业安全管理办法》(安全〔2015〕37号)、Q/SY 08248—2018《移动式起重机吊装作业安全管理规范》、Q/SY 08243—2018《管线打开安全管理规范》、《中国石油天然气集团公司临时用电作业安全管理办法》(安全〔2015〕37号)、《中国石油天然气集团公司动火作业安全管理办法》(安全〔2014〕86号)的要求执行。

二、作业许可管理流程

(一)作业申请

1. 作业前申请人应提出申请,填写作业许可证,同时提供以下相关资料:

(1)作业许可证。

(2)作业内容说明。

(3)相关附图,如作业环境示意图、工艺流程示意图、平面置示意图等。

(4)风险评估(如工作前安全分析)。

(5)安全措施或安全工作方案。

风险评估应由作业方和属地共同完成,评估的内容应包括工作步骤、存在风险及相应控制措施等,必要时制订安全工作方案。对于一份作业许可证项下的多种类型作业,可统筹考虑作业类型、作业内容、交叉作业界面、工作时间等各方面因素,统一进行风险评估。

2. 作业申请人负责填写作业许可证,并向批准人提出工作申请。作业申请人应是作业单位现场负责人,如项目经理、作业单位负责人、现场作业负责人或区域负责人。

3. 作业申请人应实地参与作业许可所涵盖的工作,否则作业许可不能得到批准。当作业许可涉及多个负责人时,则被涉及的负责人均应在申请表内签字。

(二)作业批准

1. 书面审查

收到申请人的作业许可申请后,批准人应组织申请人和作业涉及相关方人员,集中对许可证中提出的安全措施、工作方法进行书面审查,并记录审查结论。书面审查的内容包括:

(1)确认作业的详细内容。

(2)确认申请人所有的相关支持文件(风险评估、安全工作方案、作业人员资质、作业区域相关示意图等)。

(3)确认所涉及的其他相关规范遵循情况。

(4)确认作业前后应采取的安全措施,包括应急措施。

(5)分析、评估周围环境或相邻区域间的相互影响。

（6）确认许可证期限及延期次数。

（7）其他。

2. 现场核查

书面审查通过后，所有参加书面审查的人员均应到许可证上所涉及的工作区域实地检查，确认各项安全措施的落实情况。现场审查包括但不限于：

（1）与作业有关的设备、工具、材料等。

（2）现场作业人员资质及能力情况。

（3）系统隔离、置换、吹扫、检测情况。

（4）个人防护装备的配备情况。

（5）安全消防设施的配备，应急措施的落实情况。

（6）培训、沟通情况。

（7）安全工作方案中提出的其他安全措施落实情况。

（8）确认安全设施的提供方，并确认安全设施的完好性。

3. 许可证审批

（1）根据作业初始风险的大小，由有权提供、调配、协调风险控制资源的直线管理人员或其授权人审批作业许可证，批准人通常应是企业主管领导、业务主管、区域（作业区、车间、站、队、库）负责人、项目负责人等。

（2）书面审查和现场核查通过之后，批准人或其授权人、申请人和受影响的相关各方均应在作业许可证上签字。

（3）许可证的有效期限一般不超过一个班次。如果在书面审查和现场核查过程中，经确认需要更多的时间进行作业，应根据作业性质、作业风险、作业时间，经相关各方协商一致确定作业许可证有效期限和延期次数。

（4）如书面审查或现场核查未通过，对查出的问题应记录在案，申请人应重新提交一份带有对该问题解决方案的作业许可申请。

（5）作业人员、监护人员等现场关键人员变更时，应经过批准人和申请人的批准。

（三）作业实施

（1）开工前，作业负责人和监控人员进行现场检查。

（2）许可证和相关证据放置在工作现场。

（3）施工开始前，进行班组安全会议，交代施工风险、防范措施、安全条件等。

（4）监控人现场监控作业进行，发现隐患立即停止作业。

（5）施工需要暂停时，工作执行负责人填写暂停原因和期限，签字并上报。

（6）未完成就终止，工作执行负责人需提请注销作业许可。

（四）作业许可证取消

（1）当发生下列任何一种情况时，生产单位和作业单位都有责任立即终止作业，取消（相关）作业许可证，并告知批准人许可证被取消的原因，若要继续作业应重新办理许可证。

① 作业环境和条件发生变化。

② 作业许可证规定的作业内容发生改变。

③ 实际作业与规范的要求发生重大偏离。

④ 发现有可能发生立即危及生命的违章行为。

⑤ 现场作业人员发现重大安全隐患。

⑥ 事故状态下。

（2）当正在进行的工作出现紧急情况或已发出紧急撤离信号时，所有的许可证立即失效。重新作业应办理新的作业许可证。

（3）风险评估和安全措施只适用于特定区域的系统、设备和指定的时间段，如果工作时间超出许可证有效时限或工作地点改变，风险评估失去其效力，应停止作业，重新办理作业许可证。

（4）许可证一旦被取消即作废，如再开始工作，需要重新申请作业许可证。取消作业应由提出人和批准人在许可证第一联上签字。

（五）作业许可证延期

（1）如果在许可证有效期内没有完成工作，申请人可申请延期。

（2）申请人、批准人及相关方应重新核查工作区域，确认所有安全措施仍然有效，作业条件未发生变化。若有新的安全要求（如夜间工作的照明）也应在申请上注明。在新的安全要求都落实以后，申请人和批准人方可在作业许可证上签字延期。

（3）许可证未经批准人和申请人签字，不得延期。

（4）在规定的延期次数内没有完成作业，需重新申请办理作业许可证。

（六）作业许可证关闭

作业完成后，申请人与批准人或其授权人在现场验收合格后，双方签字后方可关闭作业许可证。需要确认以下内容：

（1）现场没有遗留任何安全隐患。

（2）现场已恢复到正常状态。

（3）验收合格。

三、作业许可证管理

（1）作业许可证一式四联，并编号。

① 第一联施工作业现场保存。

② 第二联悬挂在公开处，让现场所有有关人员了解正在进行的作业位置和内容。

③ 第三联相关方留存。

④ 第四联审批人留存。

（2）作业许可证分发后，不得再作任何修改。工作完成后，许可证第一联由申请人、批准方签字关闭后交批准方存档。许可证存档并保存一年（包括已取消作废的许可证）。

（3）在工作实施期间，申请人应时刻持有有效的作业许可证的第一联，并将作业许可证第一联、附带的其他专项作业许可证第一联和安全工作方案放置于工作现场的醒目处。

（4）当同一工作有多个施工单位参与时，每个施工单位都应有一份作业许可证（或复印件）。当工作需要中断（正常工作间的休息除外）和工作已超过许可证规定的时间限制时，许可证第一联应准交回批准方保留。

四、钻井现场通常使用的作业许可

钻井现场通常使用的作业许可包括但不限于以下几类：

（1）钻井设备拆、搬、安作业（井架整拖作业）。

（2）钻井各次开钻作业。

（3）原钻机试油（气）作业。

（4）连接动力源设备、关键装置和要害部位检（维）修作业。

（5）非计划性维修作业（未列入日常维护计划的和无程序指导的维修作业）。

（6）承包商作业。

（7）偏离安全标准、规则和程序要求的作业。

（8）缺乏安全程序的工作。

（9）改变现有的作业。

（10）动火作业。

（11）有限空间作业。

（12）起重作业。

（13）临时用电作业。

（14）挖掘作业 .

（15）其他容易导致人员伤亡事故的作业。

五、升级管理要求

《中国石油天然气集团公司安全生产管理规定》（中油质安〔2018〕340 号）中明确要求：企业应当执行作业许可制度，严格管控高危和非常规作业，对节假日和重要敏感时段进行的高危和非常规作业实施升级管理,作业现场应当安排专门人员进行现场监管,应急措施及应急准备就绪,确保操作规程的遵守和安全措施的落实。

《关于对关键地区、关键时段、关键部位生产安全升级管理的通知》(安委办〔2017〕24号)中要求:对于重点区域的施工作业要升级管理,对于汛期、重大节假日和敏感时期的风险作业活动要升级管理,对于关键生产作业环节要升级管理。各单位要针对确定的关键管控单位、关键管控业务、关键管控环节、关键管控的操作岗位以及关键管控的操作程序等,制定具体的升级管控要求,明确升级审批、升级监督、升级检查和升级防范的有关具体内容,确定升级管控责任清单和管控措施,并严格落实、严格执行。

《关于强化关键风险领域"四条红线"管控严肃追究有关责任事故的通知》(中油质安〔2017〕475号)要求:严禁在重要敏感时段和节假日期间安排高危作业,风险施工作业必须严格执行升级管理要求。节假日和重要敏感时段生产方案不作变更,必须进行的风险作业要升级审批,严格现场确认和领导现场指挥。

作业许可本身不能保证作业的安全,只是对作业之前和作业过程中必须严格遵守的规则及满足的条件做出规定。作为基层作业现场,应严格按照作业许可管理要求去实施,以达到有效风险管控的目的。

第八节 变更管理

企业如果在生产运行、检维修、开停工等过程中产生变更,或者关键岗位人员产生变动,往往会由于变更而引发事故。为防范因变更引发的事故发生,集团公司推行了变更管理制度,以确保变更全过程符合 HSE 运行控制标准。变更管理包括人员变更、工艺和设备变更等内容。

《中国石油天然气集团公司生产安全风险防控管理办法》(中油安〔2014〕445号)中要求:当作业环境、作业内容、作业人员发生变更,或者工艺技术、设备设施等发生变更时,应当重新进行危害因素辨识。Q/SY 1805—2015《生产安全风险防控导则》中明确要求:车间(站队)应在发生变更时,及时组织重新进行危害因素辨识,更新生产作业活动危害因素清单,变更包括但不限于以下情况:

(1)相关法律法规、标准规范要求发生变化时。

(2)在作业环境、作业内容、作业人员、工艺技术、设备设施等发生变更时。

工艺和设备变更风险管理,应按照变更范围和类型,落实变更申请、审批、实施及验证。针对设备、人员、工艺等变更可能带来的风险进行管理,应严格落实变更中各项生产安全风险的控制措施。

一、人员变更

人员变更指的是基层现场生产安全关键岗位人员的变更，各单位应根据风险控制的要求组织对关键岗位进行辨识，并建立关键岗位清单。关键岗位包括：危害分析结果认定的高风险作业岗位，国家法规规定的特种作业岗位，行业规范及集团公司相关规定确认的关键岗位，从事关键设备操作、检测、检维修的岗位，实施风险管理和危害分析的岗位，审批许可作业的岗位等等。

（一）人员变更的通用管理要求

（1）变更只能在不影响安全生产的前提下实施。

（2）应确保上（替）岗人员具备该岗位最低限度的知识、技能和经验，保证生产安全。

（3）员工在从事新岗位工作之前，均需接受与本岗位相关知识培训，考评合格后方能独立上岗。

（4）人员变更应履行相应的审批手续。

（二）变更过程控制

（1）员工上（替）岗前，岗位直接领导应根据培训档案和岗位所需的最低要求，评估其是否满足岗位培训及技能需要。

（2）根据评估结果，岗位直接领导组织对上（替）岗人员进行相应的培训。

（3）员工完成培训后，由指定人员对其进行考评。考评方式可以是提问、考试、现场模拟操作等，高风险作业项目的考评必须包括现场模拟操作演示或演练。

（4）上（替）岗员工考评不合格，需要重新进行培训，考评合格，经批准后方可正式上岗。

（5）与承包商签订的服务合同中，应要求承包商关键人员变更须得到甲方单位批准。

（三）记录和存档

人员变更涉及的文件，均须及时归档，包括人员变更的审批信息，发生岗位变更员工的个人信息，变更过程中的培训及考评信息，确保满足岗位最低要求所采取的其他措施的信息。

二、工艺设备变更

工艺设备变更是指涉及工艺技术、设备设施、工艺参数等超出现有设计范围的改变（如压力等级改变、压力报警值改变等）。集团公司的 Q/SY 08237—2018《工艺和设备变更管理规范》对工艺设备的变更范围、变更申请、审批、变更实施、变更结束等管理要求进行了进一步明确。

变更管理范围包括以下内容：

（1）生产能力的改变。

（2）物料的改变（包括成分比例的变化）。

（3）化学药剂和催化剂的改变。

（4）设备、设施负荷的改变。

（5）工艺设备设计依据的改变。

（6）设备和工具的改变或改进。

（7）工艺参数的改变（如温度、流量、压力等）。

（8）安全报警设定值的改变。

（9）仪表控制系统及逻辑的改变。

（10）软件系统的改变。

（11）安全装置及安全联锁的改变。

（12）非标准的（或临时性的）维修。

（13）操作规程的改变。

（14）试验及测试操作。

（15）设备、原材料供货商的改变。

（16）运输路线的改变。

（17）装置布局改变。

（18）产品质量改变。

（19）设计和安装过程的改变。

（20）其他。

三、变更管理流程

（一）变更管理基本类型

变更应实施分类管理，基本类型包括工艺设备变更、微小变更和同类替换。同类替换是指符合原设计规格的更换。微小变更是指影响较小，不造成任何工艺参数、设计参数等的改变，但又不是同类替换的变更，即“在现有设计范围内的改变”。微小变更和工艺设备变更管理执行变更管理流程，同类替换不执行变更管理流程。

（二）变更申请、审批

（1）变更申请人应初步判断变更类型、影响因素、范围等情况，按分类做好实施变更前的各项准备工作，提出变更申请。

（2）变更需考虑对健康安全和环境的影响，确认是否需要工艺危害分析。对需要做工艺危害分析的,分析结果应经过审核批准。

① 健康安全方面:考虑工艺设备、原材料、操作、环境的变更对健康、安全的影响。

② 环境方面:考虑气体、废液、废弃物排放的变化,对人员、环境的影响。

(3)变更实施分级管理。

① 变更审批权限:根据变更影响范围的大小、所需调配资源的多少决定。

② 变更的批准:满足所有相关工艺安全管理要求的情况下,由批准人或授权批准人批准。

(4)变更申请审批内容:

① 变更目的。

② 变更涉及的相关技术资料。

③ 变更内容。

④ 健康安全环境的影响(确定是否需要工艺危害分析,如需要,应提交符合工艺危害分析管理要求且经批准的工艺危害分析报告)。

⑤ 涉及操作规程修改的,审批时应提交修改后的操作规程。

⑥ 对人员培训和沟通的要求。

⑦ 变更的限制条件(如时间期限、物料数量等)。

⑧ 强制性批准和授权要求。

(三)变更实施

(1)严格按照变更审批确定的内容和范围实施,并对变更过程实施跟踪。

(2)变更实施若涉及作业许可的,应按照要求办理作业许可证。

(3)变更实施若涉及启动前安全检查,按照要求进行检查。

(4)应确保变更涉及的所有工艺安全相关资料及操作规程都得到审查、修改或更新。

(5)变更的工艺、设备在运行前,应对影响或涉及的相关人员进行培训或沟通。必要时,针对变更制定培训计划,培训内容包括变更目的、作用、程序、变更内容,变更中可能的风险和影响,以及同类事故案例。变更涉及的人员包括:

① 变更所在区域的人员。

② 变更管理涉及的人员。

③ 承包商、供应商人员。

④ 外来人员。

⑤ 相邻装置(单位)或社区的人员。

⑥ 其他相关的人员。

(6)变更所在区域或单位应建立变更工作文件、记录。典型的工作文件、记录包括变更管理程序,变更申请审批表,风险评估记录,变更登记表,工艺设备变更结项报告。

(四)变更结束

变更实施完成后,应对变更进行验证,提交工艺设备变更结项报告,并完成以下工作:

(1)所有与变更相关的工艺技术信息已更新。

(2)规定期限的变更,期满后应恢复变更前状况。

(3)试验结果已记录在案。

(4)确认变更结果。

(5)变更实施过程的相关文件归档。

(五)钻井作业现场变更范围

钻井作业现场的变更范围包括但不限于以下内容:

(1)工艺和工程设计的改变。

(2)设备、设施型号、技术参数的改变。

(3)操作方式、步骤的改变。

(4)安装过程的改变。

(5)装置布局的改变。

(6)安全报警设定值的改变。

(7)设备和工具的改变或改进。

(8)安全装置及安全联锁的改变。

(9)其他。

第九节　职业健康管理

职业健康也称职业卫生,它是对工作场所内产生或存在的职业性有害因素及其健康损害进行识别、评估、预测和控制的一门科学。其目的是预防和保护劳动者免受职业性有害因素所致的健康影响和危险,使工作适应劳动者,促进和保障劳动者在职业活动中身心健康和社会福利。

集团公司为了预防、控制和消除职业病危害,保护员工健康,依据《中华人民共和国职业病防治法》等有关法律法规,陆续发布或修订完善了《中国石油天然气集团公司职业卫生管理办法》(中油安〔2016〕192 号)、《中国石油天然气公司职业健康监护管理规范》(质安〔2017〕68 号)、《工作场所职业病危害因素检测管理规定》(质安〔2017〕68 号)、《中国石油天然气集团公司职业卫生档案管理规定》(质安〔2018〕302 号)、《中国石油天然气集团公司职业健康工作考核细则》(质安〔2005〕81号)、《中国石油天然气集团公司建设项目职业病防护设施"三同时"管理规定》(质安〔2017〕243号)、《中国石油天然气集团公司职业病危害告知与警示管理规定》(中油安〔2015〕121号)和《中国石油天然气集团公司放射性污染防治管理规定》(中油安〔2012〕54号),同时也陆续发布了Q/SY 178—2009《员工个人劳动防护用品管理及配备规定》、Q/SY 1306—2010《野外施工职业健康管理规范》、Q/SY 1307—2010《野外施工营地卫生和饮食卫生规范》、Q/SY 1369—2011《野外施工传染病预防控制规范》等企业标准,为职业健康管理工作明确了具体要求。

企业应对员工进行上岗前的职业卫生培训和在岗期间的定期职业卫生培训,职业卫生培训可与岗位员工技能培训紧密结合。上岗前培训考核合格的员工,方可安排从事接触职业病危害的作业。

一、工作场所与管理要求

工作场所应符合防尘、防毒、防暑、防寒、防噪声与振动、防电离辐射等要求,并做到:

(1)生产布局合理,有害作业与无害作业分开。

(2)工作场所与生活场所分开。

(3)有与职业病防治工作相适应的有效防护设施。

(4)职业病危害因素强度或浓度符合国家职业卫生标准。

(5)有配套的更衣间、洗浴间、孕妇休息间等卫生设施。

(6)设备、工具、用具等设施符合保护员工生理、心理健康的要求。

(7)符合国家法律法规和职业卫生标准的其他规定。

(一)作业现场设施要求

企业应当对产生职业病危害的工作场所配备齐全、有效的职业病防护设施、应急救援设施,并进行经常性的维护、检修和保养,定期检测其性能和效果,确保其处于正常状态,不得擅自拆除或者停止使用。例如钻井、井下作业场所应按规定安装天然气、硫化氢等有害气体监测报警装置,配备便携式有害气体检测仪,测井作业场所应配备便携式辐射监测仪,并定期对这些检测装置进行检验。在施工作业过程中,有专人负责定时检测职业病危害因素强度或浓度,及时记录检测情况。在可能发生钻井液喷溅的场所,比如在钻台、循环罐等处设置有应急洗眼器等设施。在可能发生有害气体泄漏的作业场所,应当设立风向标、应急逃生指示标牌、紧急集合地点等。

钻井作业、水泥混拌、电气焊、泥浆配置等可能产生职业病危害的作业场所,应在作业场所入口处设立职业病危害公告栏,告知该场所产生职业病危害的种类、接触限值、危害后果、预防措施、求助救援电话等内容。产生职业病危害的所有区域、设备,应在醒目位置悬挂与职业病危害因素相符合的职业病危害警示标识，提醒员工注意自身防护。职业病危害警示标识包括禁止标识、警告标识、指令标识、提示标识和警戒线，其样式、尺寸、颜色、图形、文字、符号应符合《中国石油天然气集团公司职业病危害告知与警示管理规定》（中油安〔2015〕121号）等有关规定要求。

（二）劳动防护用品管理要求

劳动防护用品是生产经营单位为员工配备的，使其在劳动过程中免遭或者减轻事故伤害及职业危害的个人防护装备。企业为员工提供的职业病防护用品应符合国家职业卫生标准，并督促、指导培训员工正确佩戴、使用，并组织对职业病防护用品进行经常性的维护、保养，确保防护用品有效，不得使用已失效的职业病防护用品。

1. 劳动防护用品种类

劳动防护用品分为特种劳动防护用品和一般劳动防护用品两类。

特种劳动防护用品包括：安全帽、过滤式防毒面具、简易式防尘口罩（不包括纱布口罩）、复式防尘口罩、正压式空气呼吸器、电焊面罩、护目镜、降噪声护具、防静电工作服、防酸碱工作服、防水作业服、阻燃防护服、绝缘（耐油、耐酸）手套、绝缘（耐油、耐酸）鞋、防静电鞋、安全鞋（靴）、安全带（含差速式自动控制器与缓冲器）、安全网、安全绳和经劳动部门在特种劳动防护用品目录中确定的其他特殊防品。一般防护用品指是除特种劳动防护用品外的其他防护用品。

2. 劳动防护用品配备

劳动防护用品的配备，可依照Q/SY 178—2009《员工个人劳动防护用品管理及配备规定》和企业相关规定执行。

（1）企业为上岗员工第一次配发护品时，工服、工鞋应同时配备两套，以便替换使用。

（2）对工种变化的员工，依据员工个人劳动防护用品配备标准按现岗位标准配备。

（3）离岗达到6个月的员工，应停止配备护品。

（4）因公造成报废的防护用品，如井喷、抢险、救火、自然灾害、放射性物质污染等特殊原因，由安全管理部门审批，物资供应部门应予以补发。

（5）施工现场应配备足够的集体应急防护用品（如安全网、救生衣、正压呼吸器等），以满足员工防护所需。

（6）对安全性能要求较高、正常工作时一般不容易损耗的护品，应按护品使用标准（规定）强制检验或报废。

3. 劳动防护用品使用与报废

劳动防护用品使用按照Q/SY 08515.1—2017《个人防护管理规范 第1部分：防坠落

用具》、Q/SY 08515.2—2017《个人防护管理规范　第 2 部分：呼吸用品》、Q/SY 08515.3—2017《个人防护管理规范　第 3 部分：眼护具》等标准要求执行。

（1）员工按规定领取护品，上岗工作时必须按规定正确穿（佩）戴护品，不准穿（佩）戴达到报废期限、破损或变形，影响护品防护功能的护品。

（2）临时工，外来务工人员，参观、学习、实习人员等要按照规定穿（佩）戴护品。

（3）被放射性物质污染的护品，按照国家有关规定，统一处理。

（4）劳动防护用品符合下列情况之一时予以报废。

① 破损或变形，影响护品防护功能时。

② 达到报废期限时。

二、职业健康检查管理

员工健康检查一般分为职业健康检查、女工专项检查和一般健康检查三类，职业健康检查是指依据法律规定对接触职业病危害因素作业或对健康有特殊要求的作业人员进行的健康检查，女工专项检查是指依据相关规定对从业女职工进行的健康检查，一般健康检查是指企业规定的身体健康检查。

企业应当依照有关要求，委托具有职业健康检查资格的医疗卫生机构，对接触职业病危害作业的员工组织上岗前、在岗期间、离岗时和应急的职业健康检查：

（1）对拟从事接触职业病危害作业的新录用员工（包括转岗到该作业岗位的员工），以及拟从事有特殊健康要求作业（如高处作业、电工作业、高原作业等）的员工应进行上岗前的职业健康检查。

（2）根据员工所接触的职业病危害因素，定期安排员工进行在岗期间的职业健康检查。

（3）企业应当根据 GBZ 188《职业健康监护技术规范》规定的特殊工种，对从事特殊工种作业的员工，进行相应职业健康检查。

（4）对从事高低温特殊作业环境、出海作业的员工，企业应根据其作业环境、气候条件、当地疾病流行状况等因素，在规定的检查项目中，相应增加特定检查项目。

（5）出现下列情况之一的，企业应立即组织有关人员进行应急健康检查：

① 当发生急性职业病危害事故时，根据事故处理要求，对遭受或者可能遭受职业病危害的员工。

② 从事可能产生职业性传染病作业的员工，在疫情流行期或近期密切接触传染源者。

③ 接触职业病危害因素的员工在作业过程中出现与所接触职业病危害因素相关的不适应症状。

（6）对准备脱离所从事的职业病危害作业或者岗位的员工，企业应提前以书面方式告知员工做离岗职业健康检查，告知上应明确体检内容、体检时间等相关项目，并做好记录。

在员工离岗前 30 日内应进行离岗时的职业健康检查。员工离岗前 90 日内的在岗期间的职业健康检查可以视为离岗时的职业健康检查。对未进行离岗时职业健康检查的员工,企业不得解除或者终止与其订立的劳动合同。

(7)企业应及时将职业健康检查结果及其建议,以书面形式如实告知员工,对职业健康检查中发现的职业禁忌证、疑似职业病或职业病,应及时以书面方式告知员工本人,受检本人签字后记入个人健康监护档案。

(8)企业根据职业健康检查报告的结果、建议,采取以下措施:

① 对有职业禁忌的员工,调离或者暂时脱离原工作岗位。

② 对健康损害可能与所从事的职业相关的员工,进行妥善安置,包括调换工种和岗位、医学观察、诊断、治疗和疗养等一系列措施。

③ 对需要复查的人员,应根据复查要求增加相应的检查项目,并按照职业健康检查机构要求的时间安排复查和医学观察。

④ 对疑似职业病病人,按照建议安排其进行医学观察或者职业病诊断;在疑似职业病病人诊断或者医学观察期间,不得解除或者终止与其订立的劳动合同。

(9)同一工作场所、连续新发生职业病(职业中毒)或者两例以上疑似职业病(职业中毒)的,应及时组织对相关员工接触的工作场所、岗位存在的职业病危害进行调查评估,及时进行整改或治理。

(10)不得安排未经上岗前职业健康检查的人员从事接触职业病危害因素的作业,不得安排有职业禁忌的人员从事所禁忌的作业,不得安排孕期、哺乳期女职工从事对本人和胎儿、婴儿有危害的作业。

三、野外施工营地及饮食卫生要求

钻探企业的生产施工现场多在野外,为便于管理,实行的是营区集中住宿和就餐,所以营地和饮食卫生管理工作对于确保员工休息、饮食安全等具有重要的意义。

(一)营地设置及布局要求

(1)营地设置应选择地势平坦、干燥、向阳的开阔地,并考虑洪水、泥石流、滑坡、雷击等自然灾害的影响,具有防御大风、沙尘暴的条件。

(2)避开有毒有害场所,避开自然疫源地。

(3)远离野生动物栖息、活动区。如不可避免地在蛇、鼠密度较大区域选择营地,营房应架空 50cm 以上。

(4)从上风侧起,营地布局依次为厨房、宿舍、卫生间与垃圾点,其中室外露天厕所、垃圾点与厨房、宿舍间距不低于 30m。

(5)具有处理垃圾的相应措施,各宿舍均应设置垃圾桶,营房区设置垃圾贮存容器。

（6）发配电站或发电房设在距离居住区 50m 以外。

（7）营地周围建有通畅的雨水排水设施，营地内不存有积水。

（8）宿舍室温夏季不高于 28℃，冬季采暖温度不低于 16℃。

（9）宿舍室内保证通风，每日通风不低于 30min。

（10）宿舍内噪声强度应低于 55dB（A 声级）。

（11）厨房应设有食品储存库、加工间、餐厅等场所。

（12）厨房配备相应的消毒、盥洗、照明、通排风、防腐、防尘、防蝇、防鼠、洗涤、污水排放、存放处理垃圾和废弃物的设施。

（13）营地应设置风向标，应急报警装置、应急灯，规划出应急撤离通道、"紧急集合点"，并定期组织应急撤离演练。

（二）营地和饮食卫生要求

（1）营地区域应定期进行清扫、洒水，清除杂草，卫生间定期清扫与消毒。

（2）定期清除垃圾，夏季垃圾应当日清除，冬季可 2～3 天清除一次。

（3）定期开展灭鼠、灭蚊蝇、灭蟑螂工作。

（4）食品加工人员应持健康证上岗，凡患有痢疾、伤害、病毒性肝炎等消化道传染病（包括病原携带者）、活动性肺结核、化脓性或者渗出性皮肤病以及其他有碍食品卫生的疾病的，不得从事食品管理或食品加工工作。

（5）食品加工流程合理，防止待加工食品与直接入口食品、原料与成品交叉污染，避免食品接触有毒物、不洁物。

（6）餐具、饮具和盛放直接入口食品的容器按规定进行消毒，传染病患者饮食用具消毒并单独存放加以标识。

（7）食品加工人员应经常保持个人卫生，加工食品时，必须将手洗净，穿戴清洁的工作衣、帽。

（8）不得在储存间加工食品。

（9）不得采购危害人体健康、超过食品安全标准限量、腐败变质、不洁、感官性异常、超过保质期的食品和未经检疫检验或不合格的肉类及其制品。

（10）贮水设施在冬、春、秋季每 3 个月清洗、消毒一次，夏季 1 个月清洗、消毒一次。

（11）使用的水源水质应符合国家规定的卫生标准要求，生活饮用水要保证消毒，可采用含氯制剂（漂白粉、漂白粉精片等）进行消毒，水质含游离性余氯不低于 0.05mg/L。

（12）天然水源生活饮用水必须经过沉淀、过滤、消毒、煮沸方可饮用。

四、常用急救常识

作业现场一旦发生事故伤害或人员突发危险性急症时，由于不能及时得到有效的医疗救助，可能会影响伤病员的生命。对现场作业人员进行急救培训使其掌握急救技能，以便伤员在得到专业医护人员治疗之前，最大限度地保证并延长伤病员生命，减少伤亡。

（一）止血

1. 加压包扎止血法

适于全身各部位出血，此法是用棉花、纱布等做成软垫放在伤口上，再用绷带或三角巾等加压包扎达到止血目的，包扎后抬高患肢，然后固定即可，如图 4–1 所示。

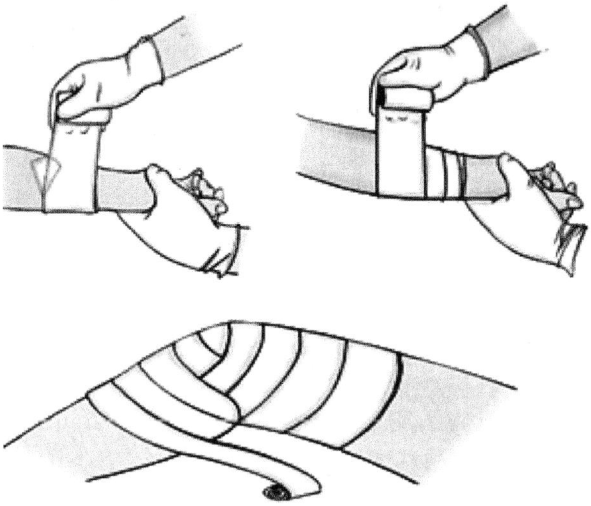

图 4–1　加压包扎止血法

2. 指压止血法

用拇指压往出血的血管上方（近心端），使血管被压闭住，以断血流。

1）颈总动脉压迫止血法

常用在头、颈部大出血而采用其他止血方法无效时使用。方法是在气管外侧，胸锁乳深肌前缘，将伤侧颈动脉向后压于第五颈椎上，如图 4–2 所示。

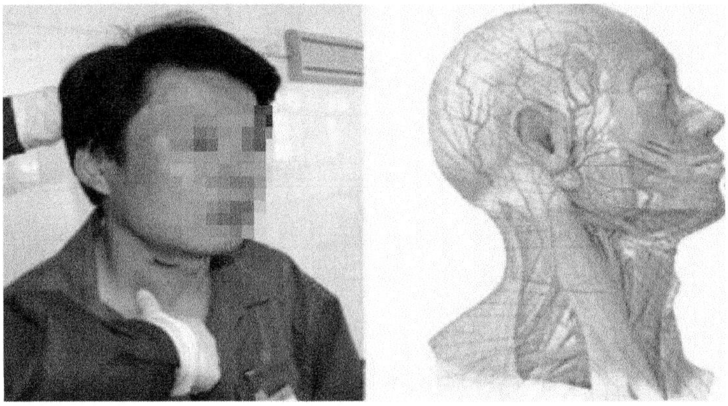

图 4–2　颈总动脉压迫止血法

2）颞动脉压迫止血法

用于头顶及颞部动脉出血。方法是用拇指或食指在耳前正对下颌关节处用力压迫如图4–3所示。

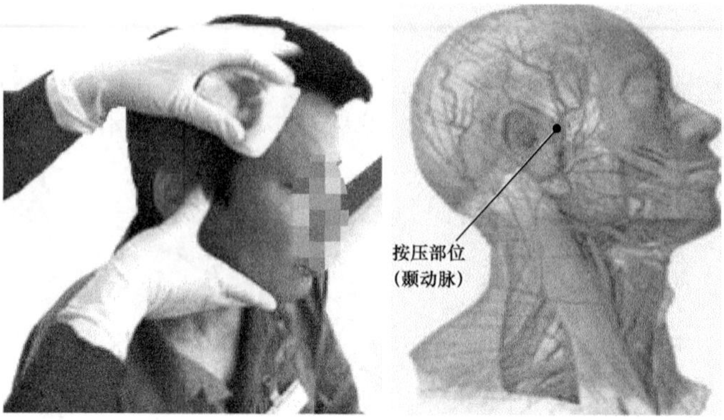

图4–3　颞动脉压迫止血法

3）锁骨下动脉压迫止血法

用于腋窝、肩部及上肢出血。方法是用拇指在锁骨上凹摸到动脉跳动处，其余四指放在病人颈后，以拇指向下内方压向第一肋骨，如图4–4所示。

4）肱动脉压迫止血法

用于手、前臂及上臂下部的出血。方法是在病人上臂的前面或后面，用拇指或四指压迫上臂内侧动脉血管，如图4–5所示。

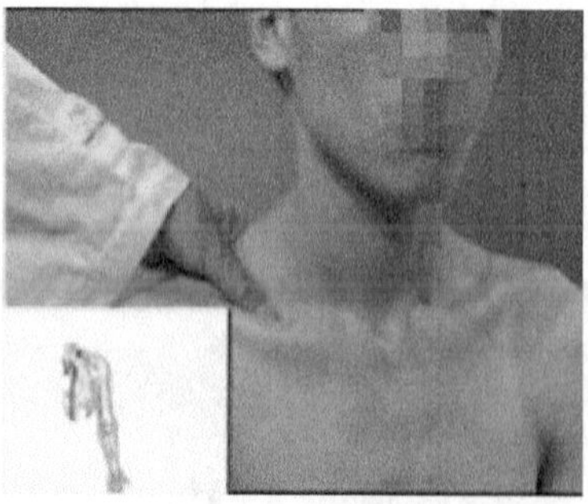

图4–4　锁骨下动脉压迫止血法

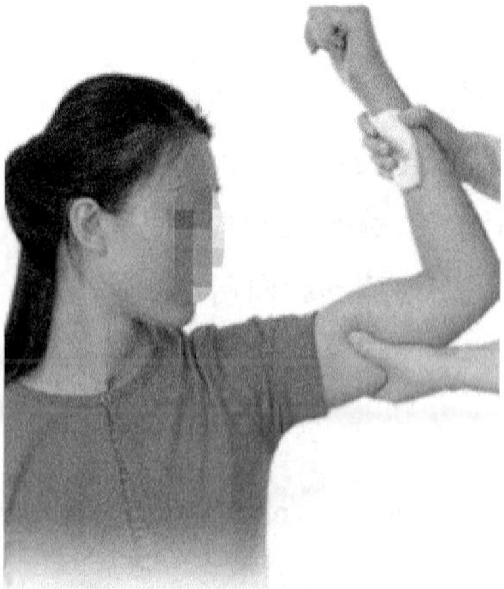

图4–5　肱动脉压迫止血法

5）颌外动脉压迫止血法

用于肋部及颜面部的出血。用拇指或食指在下颌角前约半寸外，将动脉血管压于下颌骨上，如图4–6所示。

3. 止血带止血法

止血带止血法只有在万不得已时方可使用,此法作用可靠。但因完全阻断了受伤肢体的血流,如使用不妥可致肢体坏死,甚至危及生命,如图 4–7 所示。

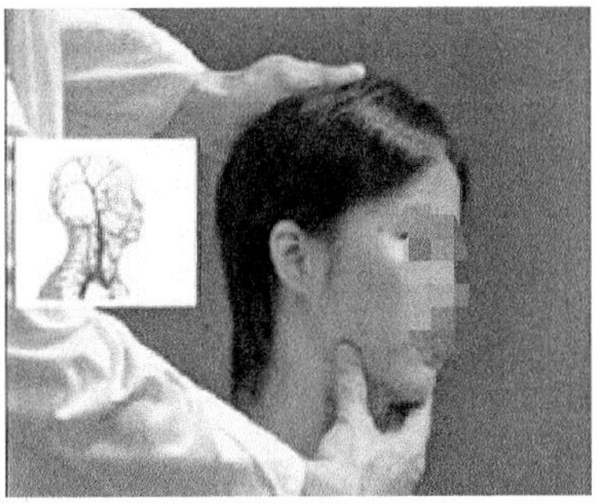

图 4–6 颌外动脉压迫止血法

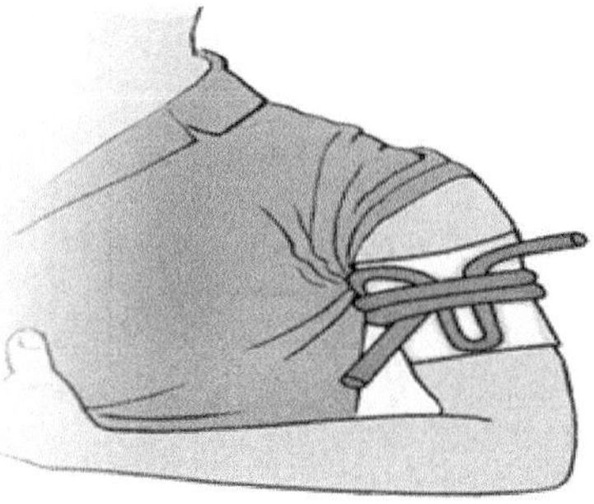

图 4–7 止血带止血法

止血带可选用弹力橡皮管或三角巾、布带等。上止血带后要标明标记,写明结扎时间。

(二)包扎

包扎可起到保护创面、固定敷料、防止污染和止血、止痛作用,有利于伤口早期愈合。一般使用绷带、三角巾、尼龙网套等包扎材料。

1. 绷带包扎法

1)环形包扎法

伤口用无菌敷料覆盖绷带加压绕肢体环行缠绕,如图 4–8 所示。

2)螺旋包扎法

先在伤口上敷料,用绷带在伤口上方的远心端绕两圈,然后从远心端绕向近心端,每绕一圈盖住前一圈的 1/3～1/2 成螺旋状,如图 4–9 所示。

3)"8" 字形法

手和关节处伤口用 "8" 字绷带包扎。包扎时先从非关节处缠绕两圈,然后经关节 "8" 形缠绕,如图 4–10 所示。

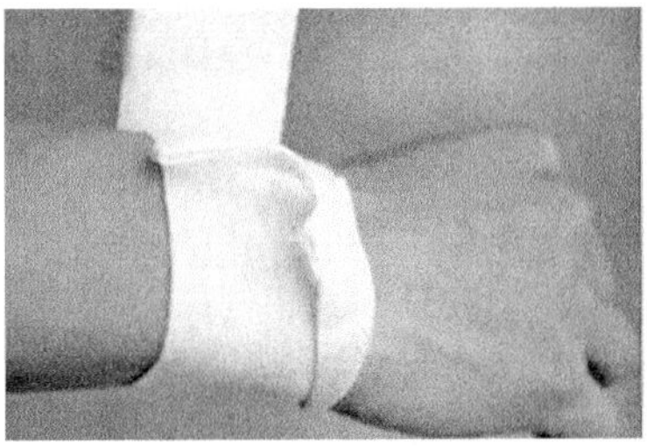

图 4–8 环形包扎法

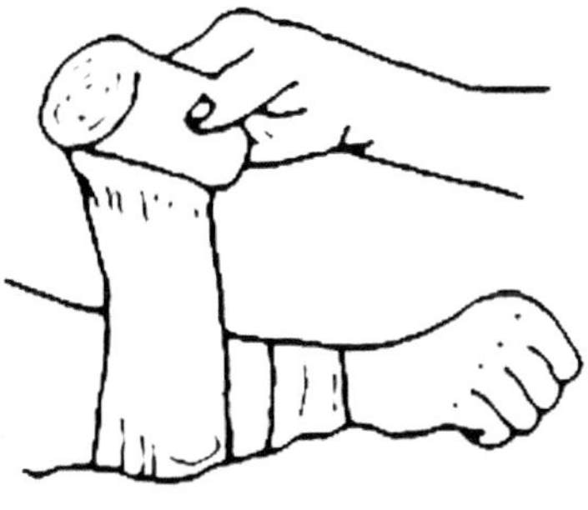

图 4–9 螺旋包扎法

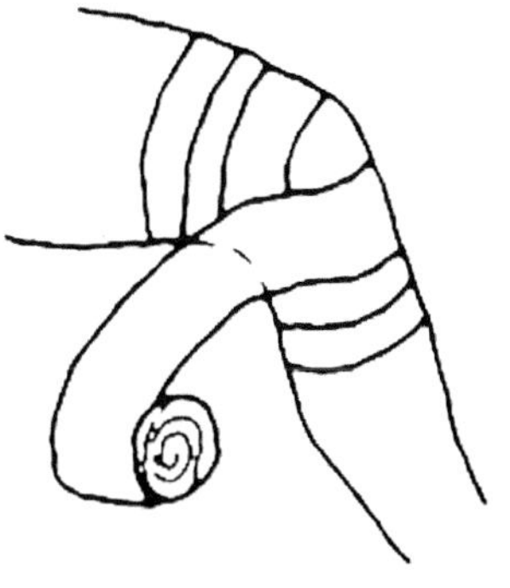

图 4–10 "8" 字形法

2. 三角巾包扎法(适用于身体的任何部位)

1)头部包扎法

将三角巾的底边折约两指宽,放于前额齐眉处,顶角由后盖在头上,三角巾的两底角经两耳上方拉向后部交叉并压住顶角再绕回前额打结,顶角拉紧掖入头后部的交叉处内,如图4-11所示。

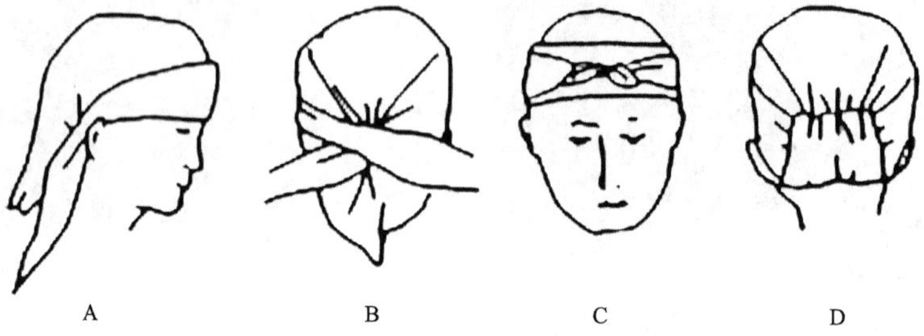

图4-11 头部包扎法

2)面具式包扎法

先在三角巾顶角打结,结头下垂,提起左右两角,形成面具样。再将三角巾顶角结兜起下颌,罩于头面,底边拉向脑后,左右底角提起并拉紧交叉压住底边,再绕至前额打结,如图4-12所示。

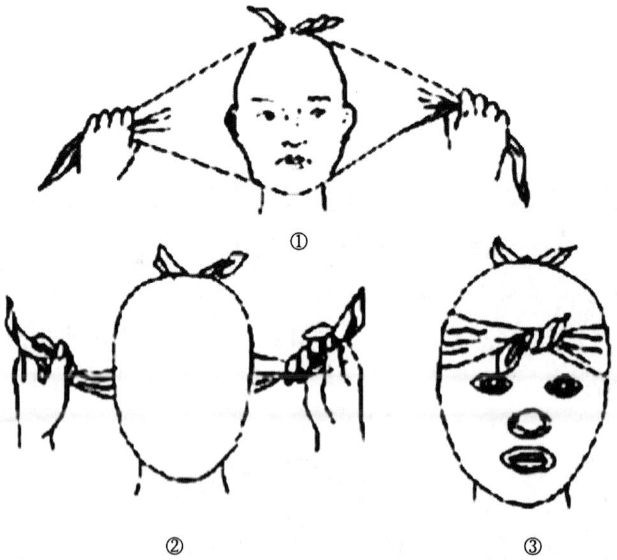

图4-12 面具式包扎法

3)单肩包扎法

将三角巾折叠成燕尾式,燕尾夹角约90°放于肩上,燕尾夹角对准颈部,燕尾底边两角包绕上臂上部并打结,再拉紧两燕尾角,分别经胸、背部,拉到对侧腋下打结。

4）双肩包扎法

使两燕尾角等大，燕尾夹角约 120°，夹角朝上对准颈后正中，燕尾披在双肩上，两燕尾角过肩由前后包肩到腋下与燕尾底边相遇打结。

5）胸（背）部包扎法

把燕尾巾放在胸前，夹角约 100° 对准胸骨上凹，两燕尾角过肩于背后，再将燕尾底边角系带，围绕在背后相遇时打结。然后将一燕尾角系带并拉紧绕横带后上提，与另一燕尾角打结。

6）腹部包扎法

把三角巾叠成燕尾式，夹角约 60° 朝下对准外侧裤线，大片在前，压在向后的小片之上，并盖于腹部，底边围绕大腿根打结。

3. 尼龙网套包扎法

尼龙网套有良好的弹性，使用方便。头部及手指不容易包扎的部位可用尼龙网套，如图 4–13 所示。

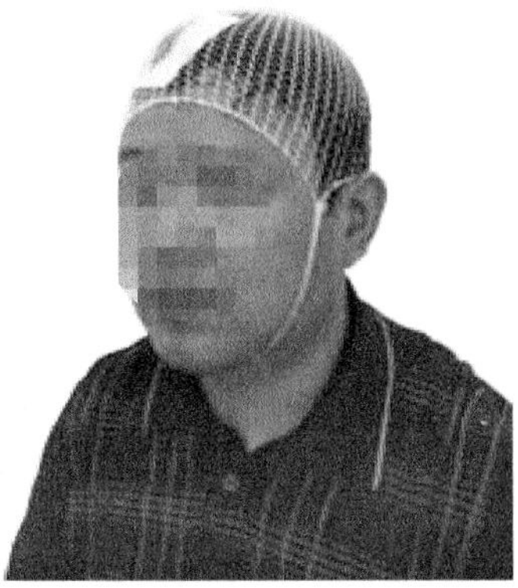

图 4–13　尼龙网套包扎法

（三）心肺复苏术（CPR）

心肺复苏术是指在心跳和呼吸骤停后，使用人工呼吸及胸外按压来进行急救的一种技术（简称为 CPR）。在正常室温下，心脏骤停 3s 后，人会因缺氧感到头晕；10～20s 后，人会意识丧失；30～45s 后，瞳孔会散大；1min 后，呼吸停止，大小便失禁；4min 后，脑细胞出现不可逆转损害。大量数据显示，心跳停止 4min 内进行心肺复苏，救活率可达到 50%，这就是世界公认的“黄金抢救 4min”。

心肺复苏术分为人工呼吸（无呼吸有脉博）和胸外心脏按压术。

1. 人工呼吸（无呼吸有脉搏）

（1）判断意识：确认现场环境安全后，轻拍患者的双肩后靠近患者耳旁呼叫：“喂，你怎么了！”如果患者没反应就要准备急救（图 4–14）。让周围的其他人拨打 120，并拿自动体外除颤器 (AED) 后（如现场有），回现场协助抢救。

图 4–14　判断意识

（2）摆体位：摆放为仰卧位放在地面或质地较硬的平面上，注意千万不可以放在沙发，草坪及软质的东西上，如图 4–15 所示。

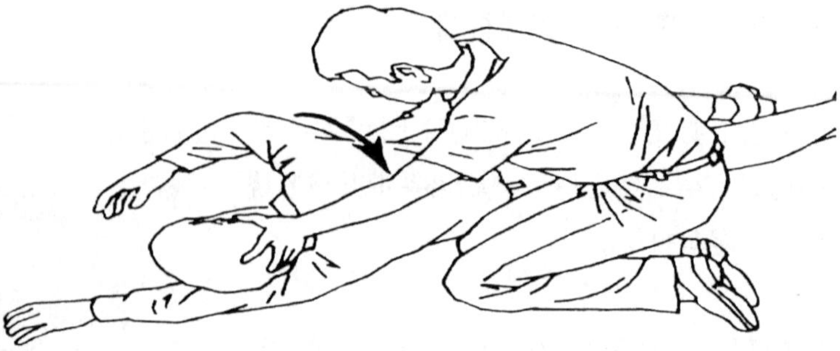

图 4–15　摆体位

（3）清除异物：淤泥、假牙、口香糖等异物，如图 4–16 所示。

图 4–16　清除异物

（4）打开气道：使伤病员下颏经耳垂连线与地面呈 90°，如图 4–17 所示。

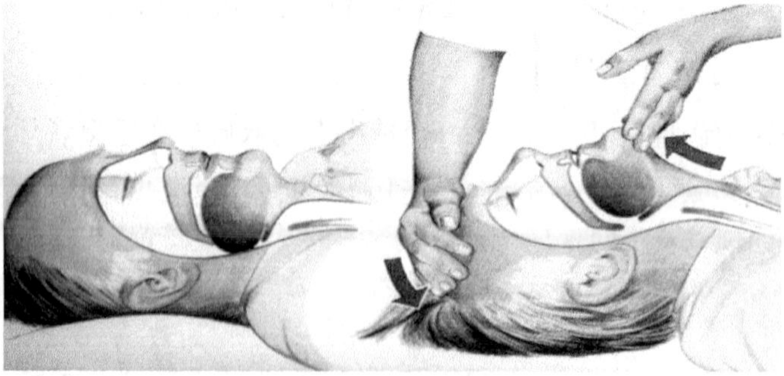

图 4–17　打开气道

（5）人工呼吸（无呼吸）原则为迅速、有效。

人工呼吸是急救中最常用而又简便有效的急救方法，它是在呼吸停止的情况下利用人工方法使肺脏进行呼吸，让机体能继续得到氧气和呼出的二氧化碳，以维持重要器官的机能。

a）判断有无呼吸可根据视、听、觉来判断（图 4-18）。观察患者胸部的起伏，建议以报千位数的方式（比如 1001，1002，1003，1004，…），以确保判断准确。

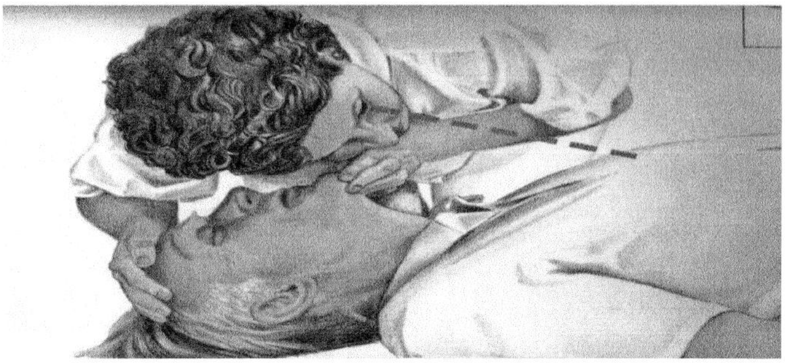

图 4-18 判断有无呼吸

b）人工呼吸的方法及注意事项：

口对口人工呼吸仍然是最有效的现场人工呼吸法。方法有口对口、口对鼻，如图 4-19 所示。

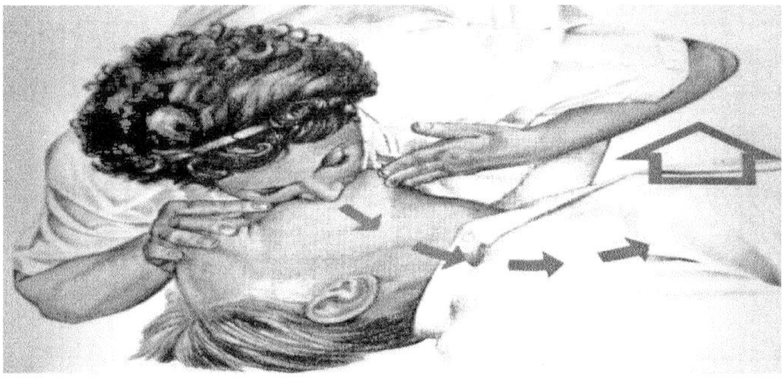

图 4-19 人工呼吸

2. 胸外心脏按压术

原则：准确、有效判断有无心跳可在环状软骨与胸锁乳突肌间，用食指及中指触摸颈总动脉，如图 4-20 所示。

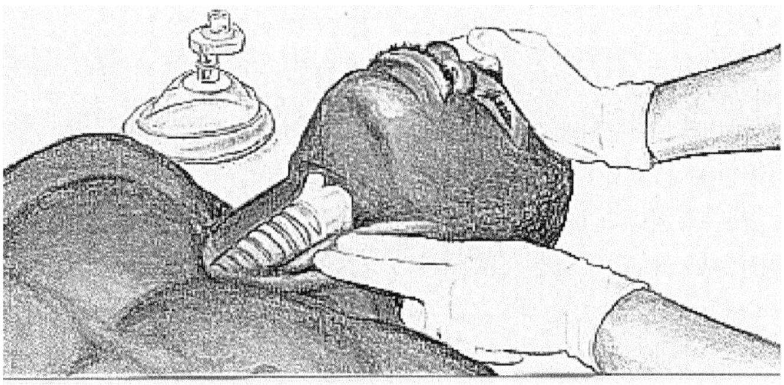

图 4-20 食指及中指触摸颈总动脉

（1）按压位置。

两乳头连线中点或胸骨上 2/3 与下 1/3 的交界处，如图 4–21 所示。

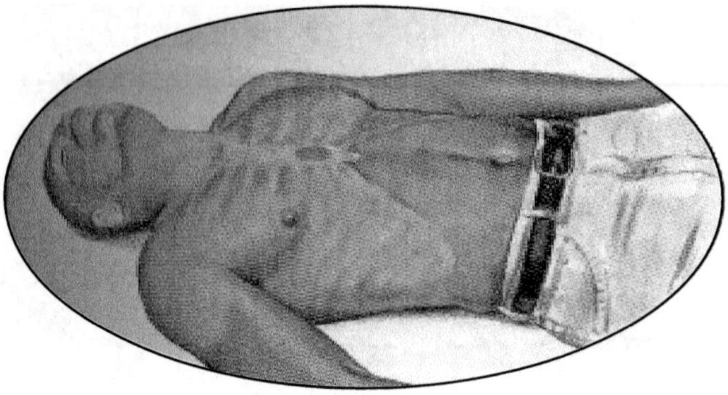

图 4–21　按压位置

（2）救护人员姿势。

抢救者的上半身前倾，两肩位于双手的正上方。两臂伸直，垂直向下用力，借助于自身上半身的体重和肩、臂部肌肉的力进行挤压，如图 4–22 所示。

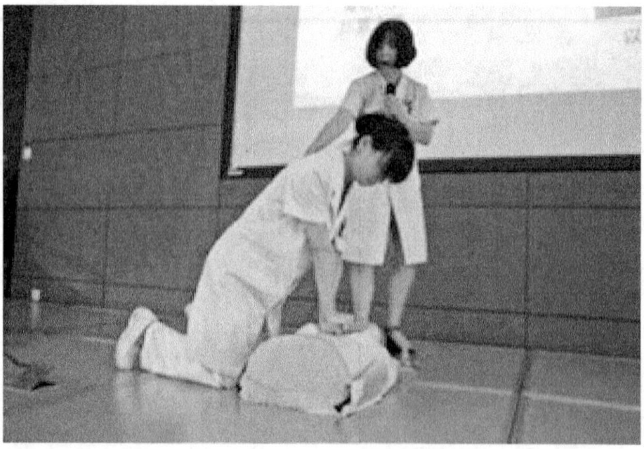

图 4–22　救护人员姿势

（3）按压深度。

使胸骨下陷 5～6cm，用力均匀，不可过猛。按压后要放松。按压与放松时间相等。放松时，手掌不要离开胸壁，如图 4–23 所示。

（4）按压速度。

每分钟 100～120 次（下压与放松时间大致相等）。

人工呼吸和胸外按压协调进行要求为：采用每做 30 次胸外按压，再做 2 次人工呼吸为一组的方式循环交替进行。

心肺复苏终止的指标为：患者呼吸已有效恢复；有专业人员接手承担复苏或其他人员接替抢救。

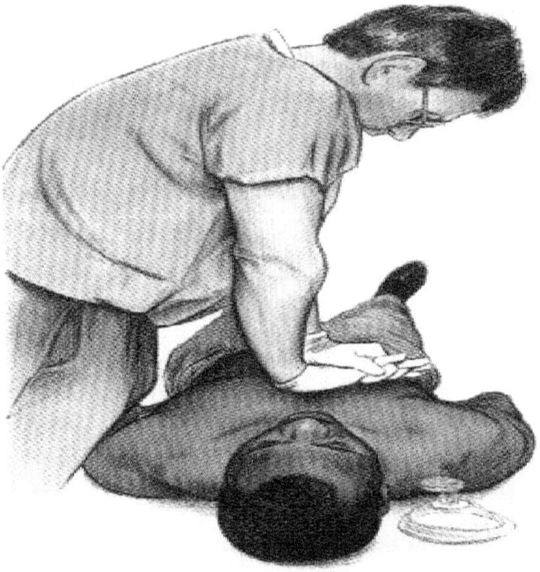

图 4-23 按压深度

第十节 事故事件报告与分析

安全第一，预防为主。人们已经认识到，事故的发生是有规律的，绝大多数的事故是可以预防的。对以往发生的事故和未遂事件进行系统分析，吸取教训，同时制定可靠的预防和控制措施，采取积极的“事前管理”是防止类似事故（事件）再次发生的有效手段，也是现场安全监督工作的核心内容。

一、事件报告与分析

生产安全事件是指在生产经营活动中发生的严重程度未达到《中国石油天然气集团公司生产安全事故管理办法》（中油安〔2007〕571 号）所规定事故等级的人身伤害、健康损害或经济损失等情况。

为鼓励员工及时报告生产经营活动中的生产安全事件，进一步预防和避免生产安全事故，集团公司在 2013 年修订下发了《中国石油天然气集团公司生产安全事件管理办法》（安全〔2013〕387 号）。生产安全事件管理遵循的是坚持实事求是、预防为主、全员参与、直线责任和属地管理的原则。任何生产安全事件都应报告和统计分析。

（一）生产安全事件分类和分级

1. 生产安全事件分类

生产安全事件分为工业生产安全事件、道路交通事件、火灾事件和其他事件四类。

（1）工业生产安全事件：指在生产场所内从事生产经营活动过程中发生的造成企业员工和企业外人员轻伤以下或直接经济损失小于1000元的情况。

（2）道路交通事件：指企业车辆在道路上因过错或者意外造成的人员轻伤以下或直接经济损失小于1000元的情况。

（3）火灾事件：指在企业生产、办公以及生产辅助场所发生的意外燃烧或燃爆现象，造成人员轻伤以下或直接经济损失小于1000元的情况。

（4）其他事件：指上述三类事件以外的，造成人员轻伤以下或直接经济损失小于1000元的情况。

2. 生产安全事件分级

生产安全事件分为限工事件、医疗处置事件、急救箱事件、经济损失事件和未遂事件五级。

（1）限工事件：指人员受伤后下一工作日仍能工作，但不能在整个班次完成所在岗位全部工作，或临时转岗后可在整个班次完成所转岗位全部工作的情况。

（2）医疗处置事件：指人员受伤需要专业医护人员进行治疗，且不影响下一班次工作的情况。

（3）急救箱事件：指人员受伤仅需一般性处理，不需要专业医护人员进行治疗，且不影响下一班次工作的情况。

（4）经济损失事件：指没有造成人员伤害，但导致直接经济损失小于1000元的情况。

（5）未遂事件：指已经发生但没有造成人员伤害或直接经济损失的情况。

（二）生产安全事件报告和统计分析要求

发生生产安全事件，当事人或有关人员应视现场实际情况及时处置，防止事件扩大，并立即向属地主管报告。

班组岗位应对发生的生产安全事件进行分析，填写《生产安全事件报告单》（见附录7），原因分析可参考《生产安全事件原因综合分析表》（见附录8）。二级单位或车间（站队）应组织对《生产安全事件报告单》进行审核确认。生产安全事件发生后，二级单位或车间（站队）应在5个工作日内将事件信息录入HSE信息系统，需整改验证的应在整改工作完成后及时补录。企业应定期对上报的生产安全事件进行综合统计分析，研究事件发生规律，提出预防措施。

生产安全事件发生后，二级单位或车间（站队）应制定并落实纠正和预防措施，告知员工和相关方。企业应对及时发现和报告事件的单位和个人进行奖励，对隐瞒生产安全事件的单位和个人进行处罚。对不认真组织分析生产安全事件和落实整改措施的各级管理人员应进行处罚。

二、事故报告与分析

为规范生产安全事故的管理工作，及时、准确地报告、调查、处理和统计事故，根据《中华人民共和国安全生产法》、《生产安全事故报告和调查处理条例》等法律法规，集团公司修订《中国石油天然气集团公司安全生产管理规定》（中油质安〔2018〕340 号）、《中国石油天然气集团公司生产安全事故管理办法》（中油质安〔2018〕418 号）等规章制度，对事故事件管理工作提出了具体要求。

（一）生产安全事故分类

生产安全事故，是指在生产经营活动中发生的造成人身伤亡或者直接经济损失的事故，包括工业生产安全事故和道路交通事故。

（1）工业生产安全事故：指在企业内发生的，或者企业在属地外进行生产经营活动过程中发生的，或者因所管辖的设备设施原因导致的事故。

（2）道路交通事故：指企业在生产经营活动中所管理的自有或者租赁的机动车在道路上发生的交通事故。

具体事故类型见附录 9。

（二）事故分级

根据生产安全事故造成的人员伤亡或者直接经济损失，将事故分为以下等级：

（1）特别重大生产安全事故，是指造成 30 人以上死亡，或者 100 人以上重伤(包括急性工业中毒，下同)，或者 1 亿元以上直接经济损失的事故。

（2）重大生产安全事故，是指造成 10 人以上 30 人以下死亡，或者 50 人以上 100 人以下重伤，或者 5000 万元以上 1 亿元以下直接经济损失的事故。

（3）较大生产安全事故，是指造成 3 人以上 10 人以下死亡，或者 10 人以上 50 人以下重伤，或者 1000 万元以上 5000 万元以下直接经济损失的事故。

（4）一般生产安全事故，是指造成 3 人以下死亡，或者 10 人以下重伤，或者 1000 万元以下直接经济损失的事故。具体细分为三级：

① 一般 A 级生产安全事故，是指造成 3 人以下死亡，或者 3 人以上 10 人以下重伤，或者 10 人以上轻伤，或者 100 万元以上 1000 万元以下直接经济损失的事故。

② 一般 B 级生产安全事故，是指造成 3 人以下重伤，或者 3 人以上 10 人以下轻伤，或者 10 万元以上 100 万元以下直接经济损失的事故。

③ 一般 C 级生产安全事故，是指造成 3 人以下轻伤，或者 1000 元以上 10 万元以下直接经济损失的事故。

以上所称的“以上”包括本数，所称的“以下”不包括本数。

（三）事故报告

（1）发生事故后，事故单位应当第一时间报告事故信息。

① 一般 C 级、B 级工业生产安全事故和一般 A 级及以下道路交通事故，在事故发生后 1 个工作日内，由企业事故单位录入 HSE 信息系统进行报告。

② 一般 A 级工业生产安全事故以及危险化学品运输车辆着火爆炸事故，由企业在事故发生后 1 小时之内以电话方式报告集团公司质量安全环保部及相关专业公司，随后以事故快报书面报告。

③ 较大及以上生产安全事故以及需要升级管理的事故，由企业在事故发生后 30 分钟之内，向集团公司总值班室（应急协调办公室）电话报告、1 小时内以事故快报书面报告，同时抄报质量安全环保部、思想政治工作部、专业公司。

敏感时间发生的生产安全事故信息报送按照集团公司突发事件信息报送规定实行升级管理。

（2）集团公司内部承包商发生的工业生产安全事故，由建设单位和内部承包商分别报告；集团公司外部承包商发生的工业生产安全事故，由建设单位负责报告。

（3）工业生产安全事故发生后，企业应当向事故发生地县级以上人民政府的有关部门报告。道路交通事故发生后，企业应当向事故发生地公安机关交通管理部门报告。

（4）一般 A 级及以上生产安全事故书面报告应当包括以下内容：

① 事故发生单位概况。

② 事故发生的时间、地点、事故现场及周边环境情况。

③ 事故的简要经过。

④ 事故已经造成的伤亡人数、失踪人数和初步估计的直接经济损失。

⑤ 已经采取的措施。

⑥ 媒体关注情况及舆情。

⑦ 其他应当报告的情况。

（5）生产安全事故情况发生变化的，企业应当及时续报，续报采用书面的形式，主要内容包括：

① 人员伤亡、救治和善后处置情况。

② 现场处置和生产恢复情况。

③ 舆情监测和媒体沟通情况。

④ 次生灾害及处置情况。

⑤ 其他应当续报的情况。

工业生产安全事故伤亡人数自事故发生之日起 30 日内发生变化的，或者道路交通事故、因火灾造成的工业生产安全事故伤亡人数7日内发生变化的，企业应当及时补报。

（6）突发事件报告及事故信息披露另有规定的，按照集团公司有关规定执行。

（四）事故应急

（1）生产安全事故发生后，事故单位应当立即启动应急预案，控制危险源，防止事故扩大，减少人员伤亡和财产损失，避免造成次生事故及灾害。

（2）发生生产安全事故的单位应当根据事故应急救援需要划定警戒区域，配合当地政府有关部门及时疏散和安置事故可能影响的周边居民和群众，劝离与救援无关的人员，对现场周边及有关区域实行交通疏导。

（3）发生生产安全事故的单位应当妥善保护事故现场以及相关证据，拍摄、收集并保存事故现场影像资料，任何单位和个人不得破坏事故现场、毁灭有关证据。

因抢救人员、防止事故扩大以及疏通交通等原因，需要移动事故现场物件的，应当做出标志、绘出现场简图并做出书面记录，妥善保存现场重要痕迹、物证。

（4）事故应急处置完成后，企业应当对恢复生产过程中的生产安全风险进行评估，制订落实风险防控措施，防止事故再次发生。

（五）事故调查

（1）企业应当积极配合当地人民政府和集团公司事故内部调查组开展的事故调查工作，应当针对事故原因分析，制定并落实相应的防范措施。

（2）生产安全事故内部调查组应履行下列职责：

① 查明事故发生的经过、原因、人员伤亡情况及直接经济损失。

② 认定事故的性质和事故责任。

③ 提出对事故责任单位和人员的处理建议。

④ 总结事故教训，提出防范和整改措施建议。

⑤ 提交事故调查报告。

（3）事故内部调查组有权向有关单位和个人了解事故有关情况，并要求其提供相关文件、资料，有关单位和个人不得拒绝。

（4）事故内部调查报告应当包括下列内容：

① 事故相关单位概况。

② 事故发生经过和事故救援情况。

③ 事故造成的人员伤亡等。

④ 事故发生的原因和事故性质。

⑤ 事故责任的认定及对相关责任人的处理建议。

⑥ 事故防范和整改措施。

事故内部调查组成员应在事故调查报告上签名。

（六）事故处理

（1）生产安全事故应当按照事故原因未查明不放过，责任人员未处理不放过，整改措施未落实不放过，有关人员未受到教育不放过的“四不放过”原则进行处理。

（2）企业应当认真吸取生产安全事故教训，落实防范和整改措施，防止类似事故再次发生。防范和整改措施的落实情况应当接受工会和员工的监督。

（3）对事故责任人员的处理不得低于政府批复的事故调查报告和集团公司事故内部调查报告的处理建议。

（七）事故统计

（1）生产安全事故应当进行统计，事故信息应当在事故发生后 1 个工作日内录入 HSE 信息系统。

工业生产安全事故统计按照集团公司百万工时统计管理相关规定执行，道路交通事故按照集团公司百万公里统计管理相关规定执行。

（2）企业应当对生产安全事故进行分析，举一反三，吸取事故教训，采取预防措施，防止类似事故发生。

（3）生产安全事故处理结案后，企业应当建立事故档案，并分级保存。

① 一般 C 级和 B 级生产安全事故，由发生事故的企业二级单位建立档案并保存。

② 一般 A 级及以上生产安全事故，由发生事故的企业建立档案并保存。

（4）一般 A 级及以上生产安全事故档案应当包括以下内容：

① 事故内部调查报告。

② 地方政府批复的事故调查报告。

③ 对事故责任单位和责任人的处理文件。

一般 C 级、B 级事故档案，参照一般 A 级及以上事故档案建档保存。

第四章　安全技术与方法

第一节　机械安全

当前科技的高速发展，机械的使用不但节省了人力，亦大大地提高了生产率。然而，机械本身却潜在各种各样的危害，如果不正确使用，便会酿成意外，造成人员伤亡。当前，机械设备管理在企业安全生产中起到的作用已经不容忽视，它不仅仅是一项工作，而且更关系到劳动者的生命财产安全。因此只有对机械设备展开有效管理，才能不断推动企业的安全生产，促使企业自身的经济效益不断增强。

一、机械产品主要类别

机械行业主要产品有12类：农业机械；重型矿山机械；工程机械；石油化工通用机械；电工机械；机床；汽车；仪器仪表；基础机械；包装机械；环保机械；其他机械。

二、机械设备的危险部位及防护对策

（一）机械设备的危险部位

机械设备可造成碰撞、夹击、剪切、卷入等多种伤害。其主要危险部位如下：

（1）旋转部件和成切线运动部件间的咬合处，如动力传输皮带和皮带轮、链条和链轮、齿条和齿轮等。

（2）旋转的轴，包括连接器、心轴、卡盘、丝杠和杆等。

（3）旋转的凸块和孔处，含有凸块或空洞的旋转部件是很危险的，如风扇叶、凸轮、飞轮等。

（4）对向旋转部件的咬合处，如齿轮、混合辊等。

（5）旋转部件和固定部件的咬合处，如辐条手轮或飞轮和机床床身、旋转搅拌机和无防护开口外壳搅拌装置等。

（6）接近类型，如锻锤的锤体、动力压力机的滑枕等。

（7）通过类型，如金属刨床的工作台及其床身、剪切机的刀刃等。

（8）单向滑动部件，如带锯边缘的齿、砂带磨光机的研磨颗粒、凸式运动带等。

（9）旋转部件与滑动之间，如某些平板印刷机面上的机构、纺织机床等。

(二)机械传动机构安全防护对策

1. 安全技术措施

安全技术措施分为直接、间接和指导性三类:

直接安全技术措施是在设计机器时,考虑消除机器本身的不安全因素。

间接安全技术措施是在机械设备上采用和安装各种安全防护装置,克服在使用过程中产生不安全因素。

指导性安全措施是制定机器安装、使用、维修的安全规定及设置标志,以提示或指导操作程序,从而保证作业安全。

2. 传动装备的保护

1)齿轮传动的安全保护(必须装置全封闭的防护装置)

机器外部绝不允许有裸露的啮合齿轮,齿轮传动机构没有防护罩不得使用。

防护装置的材料可用钢板或铸造箱体,并保证在机器运行过程中不发生振动。

2)皮带传动机械的防护

皮带防护罩与皮带的距离不应小于50mm。一般传动机构离地面2m以下,应设防护罩。但在下列3种情况下,即使在2m以上也应加以防护:皮带轮中心距的距离在3m以上;皮带宽度在15cm以上;皮带回转的速度在9m/min以上。

3)联轴器等的安全防护

联轴器上突出的螺钉、销、键等均可能给人们带来伤害。根本的办法就是加防护罩,最常见的是"Ω"型防护罩。

三、机械伤害类型及预防对策

机械装置在正常工作状态、非正常工作状态乃至非工作状态都存在危险性。

(一)机械行业主要伤害类型

在机械行业,存在以下主要伤害:

(1)物体打击:指物体在重力或其他外力的作用下产生运动,打击人体而造成人身伤亡事故。不包括主体机械设备、车辆、起重机械、坍塌等引发的物体打击。

(2)车辆伤害:指企业机动车辆在行驶中引起的人体坠落和物体倒塌、飞落、挤压造成的伤亡事故。不包括起重提升、牵引车辆和车辆停驶时发生的事故。

(3)机械伤害:指机械设备运动(静止)部件、工具、加工件直接与人体接触引起的挤压、碰撞、冲击、剪切、卷入、绞绕、甩出、切割、切断、刺扎等伤害。不包括车辆、起重机械引起的伤害。

（4）起重伤害：指各种起重作业（包括起重机的安装、检修、试验）中发生的挤压、坠落、物体（吊具、吊重物）打击等。

（5）触电：包括各种设备、设施的触电、电工作业时触电，雷击等。

（6）灼烫：指火焰烧伤、高温物体烫伤、化学灼伤（酸、碱、盐、有机物引起的体内外的灼伤）、物理灼伤（光、放射性物质引起的体内外的灼伤）。不包括电灼伤和火灾引起的烧伤。

（7）火灾：包括火灾造成的烧伤和死亡。

（8）高处坠落：指在高处作业中发生坠落造成的伤害事故。不包括触电坠落事故。

（9）坍塌：指物体在外力或重力作用下，超过自身的强度极限或因结构稳定性破坏而造成的事故，如挖沟时的土石塌方、脚手架坍塌、堆置物倒塌、建筑物坍塌等。不包括矿山冒顶片帮和车辆、起重机械、爆破引起的坍塌。

（10）火药爆炸：指火药、炸药及其制品在生产、加工、运输、储存中发生的爆炸事故。

（11）化学性爆炸：指可燃气体、粉尘等与空气混合形成爆炸混合物，接触引爆源时发生的爆炸事故（包括气体分解、喷雾爆炸等）。

（12）物理性爆炸：包括锅炉爆炸、容器超压爆炸等。

（13）中毒和窒息：包括中毒。缺氧窒息、中毒性窒息。

（14）其他伤害：指除上述以外的伤害，如摔、扭、挫、擦等伤害。

（二）机械伤害预防对策措施

1. 实现机械本质安全

（1）消除产生危险的原因。

（2）减少或消除接触机器的危险部件的次数。

（3）使人们难以接近机器的危险部位或提供安全装置，使得接近也不导致伤害。

（4）提供保护装置或个人防护装备。

2. 保护操作者和有关人员的安全

（1）通过培训，提高人们辨别危险的能力。

（2）通过对机器的重新设计，使危险部位更加醒目，或者使用警示标志。

（3）通过培训，提高避免伤害的能力。

（4）采取必要的行动增强避免伤害的自觉性。

（三）通用机械安全设施的技术要求

1. 机械安全防护装置的一般要求

（1）安全防护装置应结构简单、布局合理，不得有锐利的边缘和突缘。

（2）安全防护装置应具有足够的可靠性，在规定的寿命期限内有足够的强度、刚度、稳定性和耐久性、耐腐蚀性、抗疲劳性，以确保安全。

（3）安全防护装置应与设备运转联锁，保证安全防护装置未起作用之前，设备不得运转。

（4）光电式、感应式等安全防护装置应设置自身出现故障的报警装置。

（5）紧急停车开关应保证瞬时动作时能终止设备的一切运动；对有惯性运动的设备，紧急停车开关应与制动器或离合器联锁，以保证迅速终止运行；紧急停车开关的形状应区别于一般开关，颜色为红色；紧急停车开关的布置应保证操作人员易于触及，且不发生危险；设备由紧急停止开关停止运行后，必须按启动顺序重新启动才能运转。

2. 设备安全防护罩的技术要求

（1）只要操作人员可能触及的传动部件，在防护罩没闭合前，传动部件就不能运转。

（2）采用固定防护罩时，操作工触及不到运转中的活动部件。

（3）防护罩与活动部件间有足够的间隙，避免防护罩和活动部件之间的任何接触。

（4）防护罩应牢固地固定在设备或基础上，拆卸、调节时必须使用工具。

（5）开启式防护罩打开时或一部分失灵时，应使活动部件不能运转或运转中的部件停止运动。

（6）使用的防护罩不允许给生产场所带来新的危险。

（7）不影响操作，在正常操作或维护保养时不需拆卸护罩。

（8）防护罩必须坚固可靠，以避免与活动部件接触造成损坏和工件飞脱造成伤害。

（9）防护罩一般不准脚踏和站立，必须做成平台或阶梯时，应能承受 1500N 的垂直力，并采取防滑措施。

3. 机械设备安全防护网的技术要求

防护罩应尽量采用封闭结构，当现场要采用结构时，应满足 GB/T 8196—2003《机械安全　防护装置　固定式和活动式防护装置设计与制造一般要求》对不同网眼开口尺寸的安全距离间的直线距离的规定，见表 5–1。

表 5–1　不同网眼开口的安全距离

防护人体通过部位	网眼开口宽度，mm（直径及边长或椭圆形孔短轴尺寸）	安全距离，mm
手指尖	＜6.5	≥35
手指	＜12.5	≥92
手掌（不含第一掌指关节）	＜20	≥135
上肢	＜47	≥460
足尖	＜76（罩底部与所站面间隙）	150

第二节　电气安全

电能已成为现代化建设中最普遍使用的能源,在生产和生活中得到了广泛的应用。但是在电力的生产、配送、使用过程中,在电力设备的安装、运行、检修过程中,会因线路或设备故障、人员违章行为或自然因素等原因酿成触电事故、设备事故或电气火灾爆炸事故,导致人员伤、线路或设备损毁,造成重大的经济财产损失。从实际发生的事故中可以看到,70% 以上的事故都与人为过失有关,有的是不懂得电气安全知识或不掌握安全操作技能,有的是忽视安全,麻痹大意或冒险蛮干、违章作业。因此,必须高度重视电气安全问题,采取各种有效的技术措施和管理措施,防止电气事故,保障安全用电。

一、触电事故

触电事故是由电能以电流的形式作用人体造成的事故。分为电击和电伤。

(一)电击

电击是指电流通过人体内部,对体内器官造成的伤害。人受电击后,可能会出现肌肉抽搐、昏厥、呼吸停止或心跳停止等现象;严重时,甚至危及生命。大部分触电死亡事故都是电击造成的,通常说的触电事故基本上是对电击而言的。

按照发生电击时电气设备的状态,可分为直接接触电击和间接接触电击。

按照人体触及带电体的方式和电流通过人体的途径触电可分为单相触电、两相触电和跨步电压触电。

1. 单相触电

当人体直接触碰带电设备或线路中的一相时,电流通过人体流入大地,这种触电现象称为单相触电。在高压系统中,人体虽没有直接触碰高压带电体,但由于安全距离不足而引起高压放电,造成的触电事故也属于单相触电。一般情况下,接地电网的单相触电危险性比不接地的电网的危险性大。

2. 两相触电

人体同时接触带电设备或线路中的两相导体时,电流从一相导体通过人体流入另一相导体,这种触电现象称两相触电。两相触电危险性较单相触电大,因为当发生两相触电时,加在人体上的电压由相电压变为线电压,这时会加大对人体的伤害。

3. 跨步电压触电

当电气设备发生接地故障,接地电流通过接地体向大地流散,若人在接地点周围行走,其两脚之间的电位差,就是跨步电压。由跨步电压引起的人体触电,就是跨步电压触电。

跨步电压的形成范围是:500V 以下的低压系统,在距接地点 10m 以内;1000V 以上的高压系统,在距接地点 20m 以内。发生跨步电压触电时,应将两脚并拢,并跳出危险区,并防止跌倒,避免造成二次触电。

(二)电伤

电伤是由电流的热效应、化学效应或者机械效应直接造成的伤害,电伤会在人体表面留下明显伤痕,有电烧伤、电烙伤、皮肤金属化、机械性损伤和电光性眼炎。造成电伤的电流通常都比较大。

1. 电烧伤

电烧伤是指电流的热效应造成的伤害,分为电流灼伤和电弧烧伤。

2. 电烙印

电烙印是指在人体与带电体接触的部位留下的永久性斑痕。

3. 皮肤金属化

皮肤金属化是指高温电弧作用下,熔化、蒸发的金属微粒渗入表皮,使皮肤粗糙而张紧的伤害。

4. 机械性损伤

机械性损伤是指由于电流对人体的作用使得中枢神经反射和肌肉强烈收缩,导致机体组织断裂、骨折等伤害。

5. 电光性眼炎

电光性眼炎是指发生弧光放电时,由红外线、可见光、紫外线对眼睛造成的伤害。

二、电流对人体的伤害

电流对人体伤害的大小与以下因素有关:

(一)通过人体电流的大小

通过人体的电流越大,人体的生理反应越明显,感觉越强烈。按照通过人体电流的大小,人体的反应状态不同,可以将电流分为感知电流、摆脱电流和室颤电流。

(1)感知电流是在一定概率下,电流通过人体时能引起任何感觉的最小电流。一般不会对人体造成伤害,但当电流增大时,引起人体反应变大,可能导致高处作业过程中的坠落等二次事故。成年男性感知电流值约为 1.1mA,最小为 0.5mA;成年女性约为 0.7mA。

(2)摆脱电流是手握带电体的人能自行摆脱带电体的最大电流。成人男性平均摆脱电流约为 16 mA，成年女性平均摆脱电流约为 10.5 mA。

（3）室颤电流为较短时间内，能引起心室颤动的最小电流。电流引起心室颤动而造成血液循环停止，是电击致死的主要原因。人的室颤电流约为 50 mA。

（二）通过人体的持续时间

通电时间增大，越容易引起心室颤动，造成危害越大。这是因为：

（1）随通电时间增加，能量积累增加，一般认为通电时间与电流的乘积大于 50mA.s 时就有生命危险。

（2）通电时间增加，人体电阻因出汗而下降，导致人体电流进一步增加。

（3）如果触电时间大于一个心跳周期，则发生心室颤动的机会加大，电击的危害加大。

（4）心脏在易损期对电流是最敏感的，最容易受到损害，发生心室颤动而导致心跳停止。

因此，通过人体的电流越大，时间越长，电击伤害造成的危害越大。通过人体电流的大小与通电埋单的长短是电击事故严重程度的基本决定因素。

（三）电流途径

电流通过人体的途径不同，造成的伤害也不同。所以最危险的路径是电流从左手到前胸，其次是右手到前胸。

（四）电流种类

直流电和交流电均可使人触电。相同条件下，直流电比交流电对人体的危害小。

三、触电事故发生的原因及一般规律

（一）触电事故发生的主要原因

触电事故发生的主要原因有以下几种：

（1）缺乏安全用电常识。

（2）违章作业。

（3）设备不合格。

（4）设备年久失修。

（二）触电事故发生的规律

多年统计资料表明，触电事故具有以下规律：

（1）触电事故季节性明显。

事故多发于第二、三季度且 6～9 月份较为集中。事故发生的主要原因：一是天气火热，人体出汗电阻降低。二是多雨,潮湿,电气绝缘性能降低容易漏电。

(2)低压设备触电事故多。

(3)单相触电事故多。

(4)电气连接部位触电事故多。

(5)使用携带式、移动式电气设备和手持电动工具造成的触电事故多。

(6)误操作触电事故多。

(7)电气布线不良发生的触电事故多。

四、触电事故的预防

(一)触电事故预防概述

预防触电事故的措施主要有安全组织措施和安全技术措施两个方面。

电气安全组织措施主要是建立健全并严格执行电气安全规章制度和操作规程,进行电气安全培训,进行定期和不定期的电器安全检查。发现问题必须整改或采取其他安全措施等。

电气安全措施主要是隔离防护、绝缘、保护接地、保护接零、等电位连接、漏电保护装置、隔离变压器、采用安全电压及安全工具及个体防护等。

(二)直接接触电击的预防

(1)用遮拦和外护物预防,防止人体触及带电体。

(2)绝缘。

(3)安全电压。

(4)漏电保护装置。

(三)间接接触电击的预防

(1)设置自动切断电源装置。

(2)采用双重绝缘或加强绝缘的电器。

(3)采用接地或接零保护。

(4)采用安全电压。

(5)实行电气隔离。

五、触电事故现场救护

(一)触电急救的要点

触电急救的第一步是使触电者迅速脱离电源,第二步是现场救护。

(二)脱离电源的方法

1. 脱离低压电源的方法

可用五个字简单概括,即“拉”“切”“挑”“拽”和“垫”。

拉:就进拉开电源开关、拔出插头或瓷插熔断器。

切:当电源开关、插座或熔断器离现场较远时,可用带有绝缘柄的利器切断电源线。

挑:导线搭落在触电者身上或压在身下,可用干燥的木棒、竹竿等挑开。

拽:救护人员可戴上手套或在手上包缠干燥的衣物等绝缘物品拖拽触电者,使之脱离电源。

垫:如果触电者由于痉挛,手指紧握导线,或导线缠在身上,可先用干燥的木板放到触电者身下,使其与地得到绝缘,然后再采取其他办法切断电源。

2. 脱离高压电源的方法

(1)立即电话通知有关供电部门拉闸断电。

(2)戴上绝缘手套,穿上绝缘鞋,使用相应电压等级的绝缘工具拉开开关。

第三节 防火防爆

根据相关数据统计,2018 年全国共接报火灾 23.7 万起,造成 1407 人死亡,798 人受伤,直接财产损失达 36.75 亿元。由此可见火灾和爆炸对人们的生产和工作带来巨大的影响,企业应该认真落实防火防爆相应工作,尤其是钻井现场,本身就是易着火、爆炸的区域,更应加强防火防爆的安全教育与学习,才能更好地保障员工生命和财产安全。

一、基本知识

(一)燃烧的定义

燃烧是物质与氧化剂之间的放热反应,它通常同时释放出火焰或可见光。

(二)火灾的定义

火灾是指在时间和空间上失去控制的燃烧所造成的灾害。

(三)燃烧和火灾发生的必要条件

同时具备氧化剂(助燃物)、可燃物、点火源,即火的三要素。在火灾防治中,阻断三要素的任何一个要素就可以扑灭火灾。

(1)可燃物:凡是能与空气中的氧或其他氧化剂起化学反应的物质称可燃物。可燃物按其物理状态分为气体、液体和固体。

（2）助燃物：主要为空气或氧气。

（3）点火源：点火源主要是热能，如明火、高温物体、电热能等。

在某种情况下，虽然具备了燃烧的三个必要条件，但由于可燃物质的数量不够，氧气不足或者火源的热量不够，燃烧也不能发生。因此，燃烧要具备以下的充分条件：① 一定的浓度，② 一定的含氧量，③ 一定的着火能量。

（四）爆炸及其分类

爆炸是物质系统的一种极为迅速的物理的或化学的能量释放或转化过程，是系统蕴藏的或瞬间形成的大量能量在有限的体积和极短的时间内，骤然释放或转化的现象。

一般来说，爆炸现象具有以下特征：① 爆炸过程高速进行，② 爆炸点附近压力急剧升高，多数爆炸伴有温度升高，③ 发出或大或小的响声，④ 周围介质发生震动或邻近的物质遭到破坏。最主要的特征为爆炸点及其周围压力急剧升高。

爆炸可分为三类：物理爆炸，化学爆炸，核爆炸。

二、火灾的分类

（一）按物质燃烧特性分类

根据 GB/T 4968—2008《火灾分类》，按物质的燃烧特性分类将火灾分为 6 类。

（1）A 类火灾：指固体物质火灾，这种物质通常具有有机物质，一般在燃烧时能产生灼热灰烬，如木材、棉、毛、麻、纸等火灾等。

（2）B 类火灾：指液体火灾和可熔化的固体物质火灾，如汽油、煤油、柴油、原油、甲醇、乙醇、沥青、石蜡等。

（3）C 类火灾：指气体火灾，如煤气、天然气、甲烷、丙烷等。

（4）D 类火灾：指金属火灾，如钾、钠、镁、钛等合金火灾。

（5）E 类火灾：指带电火灾，是物体带电燃烧的火灾，如发电机、电缆、家用电器等。

（6）F 类火灾：指烹饪器具内烹饪物火灾，如动植物油脂等。

（二）按火灾后果分类

按照一次火灾事故造成的灾害损失程度，火灾划分为 4 类。

（1）具有以下情况之一的为特别重大火灾：死亡 30 人以上（含本数，下同），重伤 100 人以上，直接经济损失 1 亿元以上。

（2）重大生产火灾事故，是指造成 10 人以上 30 人以下死亡，或者 50 人以上 100 人以下重伤，或者 5000 万元以上 1 亿元以下直接经济损失的事故。

（3）较大火灾事故，是指造成3人以上10人以下死亡，或者10人以上50人以下重伤，或者1000万元以上5000万元以下直接经济损失的事故。

（4）一般火灾事故，是指造成3人以下死亡，或者10人以下重伤，或者1000万元以下直接经济损失的事故。

三、消防设施与器材

《中华人民共和国消防法》中规定消防设施是指火灾自动报警系统、自动灭火系统、消火栓系统、可提式灭火器系统、灭火器防烟排烟系统以及应急广播和应急照明、安全疏散设施等。消防器材是指灭火器等移动灭火器材和工具。

（一）消防设施

1. 火灾自动报警系统

自动消防系统应包括探测、报警、联动、灭火、减灾等功能。

消防系统中有三种控制方式：自动控制、联动控制、手动控制。

火灾自动报警系统是由触发装置、火灾报警装置、火灾警报装置和电源等部分组成的通报火灾发生的全套设备。火灾自动报警系统是一种有一类保护生命与财产安全的技术设施。理论上讲，除某些特殊场所如生产和储存火药、炸药、弹药、火工品等场所外，其余场所一般都能适用。

2. 自动灭火系统

1）水灭火系统

水灭火系统包括室内外消火栓系统、自动喷水系统、水幕和水喷雾灭火系统。

2）气体自动灭火系统

以气体作为灭火介质的灭火系统称为气体灭火系统。气体灭火系统的使用范围是由气体灭火剂的灭火性质决定的。灭火剂当具有的特性是：化学稳定性好、耐储存、腐蚀性小、不导电、毒性低、蒸发后不留痕迹、适用于扑救多种类型火灾。

3）泡沫灭火系统

泡沫灭火系统指空气机械泡沫系统。发泡倍数在20倍以下的称低倍数，发泡倍数在21～200倍的称中倍数泡沫，发泡数在201～1000倍的称高倍数泡沫。

3. 防排烟与通风空调系统

火灾产生的烟气是十分有害的。防排烟系统能改善着火地点的环境，使建筑内的人员能安全撤离现场，使消防人员能迅速靠近火源，用最短的时间抢救濒危的生命，用最小的灭火剂在损失最小的情况下将火扑灭。排烟有自然排烟和机械排烟两种形式。

4. 火灾应急广播与警报装备

火灾警报装备（包括警铃、警笛、警灯等）是发生火灾时向人们发出警告的装置。及时向人们通报火灾，指导人们安全、迅速地疏散。火灾事故广播和警报装置按要求设置是非常必要的。

（二）消防器材

消防器材主要包括灭火器、火灾探测器等。

1. 清水灭火器

清水灭火器充装的是清洁的水，并加入适量的添加剂，采用储气瓶加压的方式，利用二氧化碳钢瓶中的气体作动力，将灭火剂喷射到着火物上，达到灭火的目的。适用于A类火灾。

2. 泡沫灭火器

泡沫灭火器包括化学泡沫灭火器和空气泡沫灭火器两种，分别是通过筒内酸性溶液与碱性溶液混合后发生化学反应或借助气体压力，喷射出泡沫覆盖在燃烧物的表面上，隔绝空气起到窒息灭火的作用。适合扑救脂类、石油产品等B类火灾以及木材等A类物质的初起火灾，但不能扑救B类水溶性火灾，也不能扑救带电设备及C类和D类火灾。

3. 酸碱灭火器

酸碱灭火器是一种内部装有65%的工业硫酸和碳酸氢钠的水溶液作灭火剂的灭火器。适用于扑救A类物质的初起火灾。

4. 二氧化碳灭火器

二氧化碳灭火器是利用其内部充装的液态二氧化碳的蒸气压将二氧化碳喷出灭火的一种灭火器具，其利用降低氧气含量，造成燃烧区窒息而灭火。适用于扑救600V以下带电电器、贵重设备、图书档案、精密仪器仪表的初起火灾，以及一般可燃液体的火灾。

5. 干粉灭火器

干粉灭火器以液态二氧化碳或氮气作动力，将灭火器内干粉灭火剂喷出进行灭火，主要通过抑制作用灭火。

6. 火灾探测器

火灾探测器的基本功能是对烟雾、温度、火焰和燃烧气体等火灾参量做出有效反应，通过敏感元件，将表征火灾参量的物理量转化为电信号，送到火灾报警控制器。主要包括感光式火灾探测器、感烟式火灾探测器、感温式火灾探测器、复合式火灾探测器和可燃气体火灾探测器等。

四、防火防爆技术

(一)火灾爆炸预防基本原则

1. 防火基本原则

根据火灾发展过程的特点,应采取如下基本技术措施:

(1)以不燃溶剂代替可燃溶剂。

(2)密闭或负压操作。

(3)通风除尘。

(4)惰性气体保护。

(5)采用耐火建筑材料。

(6)严格控制火源。

(7)阻止火焰的蔓延。

(8)抑制火灾可能发展的规模。

(9)组织训练消防队伍和配备相应消防器材。

2. 防爆基本原则

防爆基本原则是根据对爆炸过程特点的分析采取相应的措施,防止第一过程的出现,控制第二过程的发展,削弱第三过程的危害。主要采取以下措施:

(1)防止爆炸性混合物的形成。

(2)严格控制火源。

(3)及时泄出燃爆开始时的压力。

(4)切断爆炸传播途径。

(5)减弱爆炸压力和冲击波对人员、设备和建筑的损坏。

(6)检测报警。

(二)点火源及其控制

消除火源是防火和防爆的最基本措施,控制着火源对防止火灾和爆炸事故的发生具有极其重要的意义。常见火源有以下几种:

1. 明火

明火是指敞开的火焰、火星和火花等,如生产过程中的加热用火,维修焊接用火及其他火源是导致火灾爆炸的常见原因。

2. 摩擦和撞击

摩擦和撞击往往是可燃气体、蒸气和粉尘、爆炸物品等着火爆炸的根源之一。

3. 电气设备

电气设备或线路出现危险温度、电火花和电弧时，就成为引起可燃气体、蒸气和粉尘着火、爆炸的一个主要着火源。

4. 静电放电

静电放电极易产生静电火花，在具有可燃液体或气体的作业场所，易引发火灾爆炸事故。

（三）爆炸控制

防止爆炸的一般原则：一是控制混合气体的可燃物含量在爆炸极限以下；二是使用惰性气体取代空气；三是使氧气浓度处于其极限值以下。主要采用以下办法：

1. 惰性气体保护

在化工生产中，采取的惰性气体主要有氮气、二氧化碳、水蒸气、烟道气体等。

2. 系统密闭和正压操作

当设备内部充满易爆物质时，要采用正压操作，以防止外部空气渗入设备内。

3. 厂房通风

用通风的方法使可燃气体、蒸气或粉尘的浓度不致达到危险的程度，一般应控制在爆炸下限的1/5以下。如果挥发物既有爆炸性又对人体有害，其浓度应同时控制满足GBZ 1—2010《工业企业设计卫生标准》要求。

4. 以不燃溶剂代替可燃溶剂

常用的不燃溶剂有甲烷和乙烷的氯衍生物，如四氯化碳、三氯甲烷和三氯乙烷等。

5. 危险物品的储存

性质相互抵触的危险化学物品如果储存不当，往往会酿成严重的事故。

6. 防止容器或室内爆炸的安全措施

防止容器或室内爆炸的安全措施包括：抗爆容器，房间泄压，爆炸泄压。

7. 爆炸抑制

爆炸抑制系统由能检测初始爆炸的传感器和压力式的灭火剂罐组成，灭火剂罐通过传感装置动作。

五、防火防爆安全装置及技术

（一）阻火及隔爆技术

阻火隔爆是通过某些隔离措施防止外部火焰窜入存有可燃爆炸物料的系统、设备、容器及管道内，或者阻止火焰在系统、设备、容器及管道内蔓延。按照机理，可分为机械隔爆和化学抑爆两类。

1. 机械隔爆分类

（1）工业阻火器。工业阻火器分为机械阻火器、液封和料封阻火器。常用于阻止爆炸初期火焰的蔓延。一般装于管道中，形式最多，应用最广。

（2）主、被动式隔爆装置。主、被动式隔爆装置只是在爆炸发生时才起作用，因此他们在不动作时流体介质的阻力小，有些隔爆装备甚至不会产生任何压力损失。

（3）其他阻火隔爆装置。包括单向阀、阻火阀门、火星熄灭器。

2. 化学抑制防爆装置

化学抑制防爆装置指的是在火焰传播显著加速的初期通过喷洒抑爆剂来抑制爆炸的作用范围及猛烈程序的一种防爆技术。

（二）防爆泄压技术

生产系统内一旦发生爆炸或压力骤增时，可通过防爆泄压设施将超高压力释放出去，以减少巨大压力对设备、系统的破坏或者减少事故损失。防爆泄压装置主要有安全阀、爆破片、防爆门等。

六、消防管理

按照 SY 5225—2012《石油天然气钻井、开发、储运防火防爆安全生产技术规程》中消防管理有关要求，油气生产单位现场应编制防火防爆应急预案，建立志愿消防队，协助本单位制定消防安全制度，经常开展消防宣传教育培训，按规定进行防火巡查和防火检查，维护保养本单位、本岗位的消防设施器材。定期进行灭火训练，发生火灾时，积极参加扑救。保护火灾现场，协助火因调查。

志愿消防队应做到有组织领导、有灭火手段、有职责分工、有教育培训计划、有灭火预案；会报火警，会使用灭火器具，会检查、发现、整改一般的火灾隐患，会扑救初期火灾，会组织人员疏散逃生；熟悉本单位火灾特点及处置对策，熟悉本单位消防设施及灭火器材情况和灭火疏散预案及水源情况，定期开展消防演练。

井场的布置与防火间距，设备设施和钻井施工中的防火防爆技术要求按照 SY 5225—2012 要求执行，钻井现场消防器材配置可参考 Q/SY 08124.2—2018《石油企业现场安全检查规范　第 2 部分：钻井作业》和 SY/T 5974—2014《钻井井场、设备、作业安全技术规程》相关要求。

七、应急处理

（一）火灾报警

企业员工应熟知报警方法，掌握报警常识，进行报警训练。

当发生火灾时，应视火势情况，在向周围人员报警的同时向消防队报警，同时还要向单位领导和有关部门报告。

（1）向周围人员报警：应尽量使周围人员明白什么地方着火和什么东西着火，是通知人们前来灭火，还是告诉人们紧急疏散。向灭火人员指明火点的位置，向需要疏散的人员指明疏散的通道和方向。

（2）向消防队报警：拨通火警电话后，应沉着、冷静，要讲明：发生火灾的单位、地点、靠近何处、什么东西着火、火势大小，是否有人被围困，有无爆炸危险物品，放射性物质等情况。还要讲清报警人姓名、单位和联系电话号码，并倾听消防队的询问，准确、简洁地给予回答。报警后，应立即派人到单位门口或交叉路口迎接消防车，并带领消防队迅速赶到火场。如消防队未到前，火势扑灭，应及时向消防队说明火已扑灭。

（二）火场逃生与救援

（1）被烟火围困要冷静观察、判明火势，利用防护器具或用湿毛巾、手帕、衣服等做简单防护，选择安全可靠的最近路线，附身穿过烟雾区，尽快离开危险区域。如危险区域有硫化氢气体，应佩戴好正压呼吸器，沿逆风方向，选择远离低洼处的路线，直立身体向高处撤离。

（2）身上衣服着火，应迅速将衣服脱下或就地翻滚，或迅速跳入水中，用水压灭或浸灭，进行自救。

（3）无法自行逃脱时，可用呼喊、用非金属物体敲击管线、设备、锣、盆或挥动衣物向其他人员求救。

（4）被困人员神志清醒但在烟雾中辨不清方向或找不到逃生路线时，应指明通道，让其自行脱险。对于因惊吓、烟熏、火烧、中毒而昏迷的人员，在确保个人安全的情况下，应用背、抱、抬等方法将人救出。

（5）对于受伤人员，除在现场进行紧急救护外，应及时送往医院抢救治疗。

（三）灭火

（1）灭火时，应运用“救人重于救火”“先控制、后消灭”“先重点、后一般”的原则和冷却、隔离、窒息、抑制的灭火方法。

（2）发现火灾后，在报警的同时，义务消防队应立即启动灭火和应急疏散预案，扑灭初起火灾。无关人员撤离现场。专职消防队接到报警后，义务消防队应配合做好灭火救援工作。

（3）火灾扑灭后，发生火灾的单位和相关人员应按照公安机关消防机构的要求保护现场，接受事故调查，如实提供与火灾有关的情况。

（四）安全警戒及疏散撤离

发生火灾、爆炸后，事故有继续扩大蔓延的态势时，火场指挥部应及时采取安全警戒措施，果断下达撤退命令，在确保人员安全前提下，抢救设备、物资，采取相应的措施。

第四节 防雷防静电

雷电的破坏力是无法想象的，会给人类的财产及周边环境造成巨大的损失。雷电灾害已成为油田防灾害的重大隐患之一。静电在油田及炼化企业也是重大隐患，已出现多起因静电造成的火灾和爆燃等事故，造成严重的后果。

因此必须根据 SY/T 7385—2017《防静电安全技术规范》、SY/T 7386—2017《钻修井井场雷电防护规范》等要求做好相应防雷防静电工作。

一、雷电的危害及防雷保护

（一）雷电的危害

雷电具有电流值大，冲击性强，冲击电压高等特点，其特点与破坏性有紧密的关系。雷电的具体危害有火灾、爆炸、触电、设备设施损坏等。

（二）雷电的分类

（1）直击雷。是带电积云接近地面至一定程度时，与地面目标之间的强烈放电。

（2）感应雷。感应雷也称雷电感应，分为静电雷和电磁感应雷。

（3）球雷。球雷是雷电放电时形成的发红光、橙光、白光或其他颜色的光球。

（三）雷电的防护

钻井井场的接地应采用共用接地系统。电气和电子设备的金属外壳、机柜、机架、金属管（槽、盒）、屏蔽线缆金属外层的防雷接地、防静电接地、工作接地、保护接地均应等电位连接、并与共用接地系统连接，接地电阻值应按接入设备中要求的最小值确定。钻井井场的具体防雷措施如下：

（1）井架顶部金属结构可作为接闪器，当天车等装置不在直击雷保护范围内时，应装设接闪器。

（2）井架本体可作为引下线，应保证电气连接。井场爆炸危险区域各部位连接处过渡电阻不应大于 0.03Ω，接地点不应少于两处，且对称布置。

（3）固定在井架上的动力、控制、照明、信号及通信线缆，应采用屏蔽线缆或穿钢管敷设，钢管与井架做等电位连接。

（4）当多台电气设备（灌注泵、振动筛、离心机等）共用一个金属构架（底座、支架、拖撬）时，应就近与金属构架做等电位连接，可不单独设置防雷接地。金属构架应至少设置两处接地装置，接地电阻不应大于 4Ω。相邻的两个构架应两两做等电位连接。

（5）发电房、配电房、电气控制房、录井房、测井房等金属活动房应设置至少两处接地，且对称分布，接地电阻不应大于 4Ω。相邻的两个金属活动房应两两作等电位连接。

（6）应在线路进入各类金属活动房处和防雷分区界面处安装适配的电涌保护器。

（7）仪表、监控、报警器应与安装位置的金属构件、设备等电位连接并接地。

（8）柴油罐顶板刚体厚度不小于 4mm 时，不应装设接闪器。若小于 4mm 且不在直击雷保护范围内时，应装设防直击雷设备。采用独立接闪杆保护时，接闪杆及接地体至被保护的钢油罐及其附属的管道、电缆等的安全距离应大于 3m。

（9）柴油罐的接地不应少于两处，且对称分布，罐体及各附属电机的接地电阻不应大于 4Ω。接地体距罐壁的安全距离应大于 3m。

（10）油罐区输油管路的弯头、阀门、金属法兰等连接处的过渡电阻大于 0.03Ω 或少于五根螺栓的，连接处应用铜质线（片、带）跨接。对由不少于五根螺栓连接的金属法兰盘，在非腐蚀环境下，可不跨接，但应构成电气通路。

（11）井场及生活区的旗杆等高耸金属物应做防雷接地。接地电阻应不大于 10Ω。

（12）所有电气设备的金属外壳都应与其所在驻井房的金属房体等电位连接。

（13）接地线宜采用镀锌铜编织带，截面积不应小于 $50mm^2$，紧固件应采用热镀锌制品。接地线的敷设应尽可能做到短且直。

（14）人工垂直接地体宜采用圆钢，直径应大于 10mm，相邻接地体应就近等电位连接，并接入共用接地系统。

（15）用于等电位连接的导体宜采用镀锌铜编织带，截面积应大于 $16mm^2$。

（16）井队防雷装置应由专业防雷检测机构定期检测，检测周期不应超过一年。

（17）防雷装置的检查分为定期检查和日常检查。定期检查应在井场设备安装完毕后以及雷雨季节到来前完成。日常检查应贯穿生产作业全过程。

二、静电的危害及防护

（一）静电的产生

静电是在宏观范围内暂时失去平衡的相对静止的正电荷和负电荷。静电现象是十分普遍的电现象。

容易产生静电的工艺过程如下：

（1）固体物质大面积的摩擦。

（2）固体物质的粉碎、研磨过程。

（3）在混合器中搅拌各种高电阻率物质。

（4）高电阻率液体在管道中高速流动，液体喷出航空器，液体注入容器。

（5）液化气体、压缩气体或高压蒸汽在管道中流动或由管口喷出。

（6）穿化纤衣服、穿高绝缘鞋的人员在操作、行走、起立时等。

（二）静电的特点及危害

1. 静电的特点

静电的特点有以下几种：

（1）静电电压高。固体静电可达 200kV 以上，液体静电和粉体静电可达数万伏，气体和蒸汽静电可以 10kV 以上，人体静电也可达 10kV 以上。

（2）静电泄漏慢。静电泄漏有两条途径：一条是绝缘体表面，一条是绝缘体内部。

（3）多种放电形式。

2. 静电的危害

静电产生、积聚、消散的过程会产生静电危害。静电可能引起爆炸和火灾，也可能给人以电击，还可能妨碍生产。其中，爆炸和火灾是最大的危害和危险。静电荷称为点火源必须具备以下 4 个条件：

（1）有静电荷的产生。

（2）存在能产生引燃火花的静电积聚。

（3）存在火花间隙。

（4）火花间隙中存在可燃蒸气—空气混合物。

（三）静电防护措施

通过控制静电荷的产生、积聚，或者在可能发生静电放电的场所消除易燃混合物，就可以消除静电火花产生的引燃危害。在静电场较高的区域消除火花激发体，也可以降低引燃风险性。

（1）油气井场等有可能产生静电危害的容器、储罐、塔、装卸设施、管线等应做防静电接地。

（2）生产设施的防静电接地宜与电气保护接地、信息系统接地，除独立接闪器防雷接地系统外的防雷接地系统共用接地装置。

（3）已有防雷接地（容器、装置等），可不另做防静电接地。

（4）油品装卸车区应设置静电释放装置，接地电阻不应大于100Ω，山区等高土壤电阻率地区不应大于1000Ω。

（5）防静电接地装置每年应进行一次检测和记录，与防雷共用接地时，参照防雷检测相关规定。

（6）下列接地线路不应作静电接地：照明回路的中性线和TN-C系统的保护中性线；直流回路的专用接地干线；雷电流引下线（兼有引流作用的金属设备本体除外）。

（7）与地绝缘的金属部件，应采用铜芯软绞线跨接引出接地。

（8）在汽车罐车装卸作业时，应设置可供汽车接地的接地连线，宜选用带接地报警仪的接地线；静电接地线与罐车连接点距槽车口应大于1.5m。

（9）进入易燃易爆场所的人员应穿戴防静电工作服、防静电工作鞋。

（10）在爆炸危险场所不应穿脱衣服、鞋靴、安全帽和梳头。

（11）易燃易爆危险作业场所应安装本安型人体静电消除器。

第五节　常用工具方法

一、工作前安全分析

工作前安全分析（简称JSA）是事先或定期对某项工作任务进行风险评价，并根据评价结果制定和实施相应的控制措施，达到最大限度的消除或控制风险的方法。

工作前安全分析是现场HSE管理体系的精髓所在，充分体现了“预防为主”的方针。工作前安全分析可实现对事件的超前预防和生产过程的全过程控制，实现预防为主的目的。

中国石油天然气集团公司发布并实施了Q/SY 08238—2018《工作前安全分析管理规范》。

（一）工作前安全分析的目的和应用范围

1. 工作前安全分析的目的

工作前安全分析是让参加作业的所有人员共同识别风险，共同研究制定风险的预防、控制与应急措施。同时，分析的过程也是大家主动参与的过程，互相提示的过程，作业前培训教育的过程。通过大家对风险辨识的参与，让大家带着任务、带着措施去施工，最大限度地减少工作的盲目性、不安全性，从而避免事故的发生。

2. 工作前安全分析的应用范围

工作前安全分析应用于下列活动：

（1）新的作业。

（2）非常规性（临时）作业。
（3）承包商作业。
（4）改变现有的作业。
（5）评估现在的作业。

（二）监督要点

监督要点有以下几点：
（1）是否对环境、场地、作业人员、使用的工具等存在的风险进行识别。
（2）基层队站是否按要求开展工作前安全分析。
（3）是否指派相应的负责人监视整个作业过程。
（4）有无新情况及未识别的危害因素。
（5）风险消减和控制措施是否具有指导意义。

二、安全目视化

安全目视化管理是指通过安全色、标签、标牌等方式，明确人员的资质和身份、工器具和设备设施的使用状态，以及生产作业区域的危险状态的一种现场安全管理方法。

目视化管理是利用形象直观而又色彩适宜的各种视觉感知信息来组织现场生产活动，最终达到提高劳动生产率的一种管理手段。它以企业内一切看得见摸得着的物品为对象，进行统一管理，使现场规范化，标准化，通过对工具和物品等，运用定位、画线、挂标识牌等方法实现现场管理的可视化，使员工能及时发现现场的问题，另外对生产现场管理信息也进行可视化管理，使员工能迅速掌握正常与异常的执行情况，进行事先预防并及时采取对应措施。目视化管理就是把管理变成最简单的事，全面目视化管理在现代企业管理中正发挥着越来越重要的作用。

（一）安全目视化管理的目的和应用

1. 安全目视化的目的

目视化管理从直观角度出发，把复杂变简单，把抽象变具体，把量化变图表，把潜在变显现，让管理要求和关键在现场清晰可见，让问题和异常一目了然，方便员工判断、处理和执行，方便管理者检查和监督。

2. 安全目视化的应用

安全目视化的应用有以下几点：
（1）人员目视化管理。
（2）设备目视化管理。

（3）工艺目视化管理。

（4）生产作业区域目视化管理。

（5）工、器具目视化管理。

（6）办公区目视化管理。

（二）安全目视化管理的通用要求

安全目视化管理的通用要求有以下几点：

（1）安全标识要设置在醒目的地方和它所对应知识的目标物附近（如易燃、易爆、有毒、高压危险场所），使进入现场人员易于识别，引起警惕，预防事故的发生。

（2）对于安全警示标识应有足够的照明或采用夜光材料，保证操作人员在夜间能够清晰可辨。

（3）安全警示标识的几何图形的具体参数，图形的参数必须符合 GB 2893—2008《安全色》、GB 2894—2008《安全标志及其使用导则》、GB 13495.1—2015《消防安全标志　第 1 部分：标志》的规定。

（4）多个标志牌在一起设置时，要按照警告、禁止、指令、提示类型的顺序，先左后右，先上后下地排列。

（5）各种安全色、标签、标牌的使用应考虑夜间环境，用于喷涂、粘贴于设备设施上的安全色、标签、标牌等不能含有氯化物等腐蚀性物质。

（6）安全色、标签、标牌等要定期检查，以保持整洁、清晰、完整，如有变色、褪色、脱落、残缺等情况时，须及时重涂或更换。

三、上锁挂牌

上锁挂牌是在检维修作业或其他作业过程中，为防止人员误操作导致危险能量和物料的意外释放（如进入循环罐，电机意外运转造成机械伤害、起下钻作业，转盘意外转动造成伤害、管网维修，管网内物料意外涌出等）而采取的一种对动力源、危险源进行锁定、挂牌的风险管控措施。

在现场常见因隔离未到位导致的严重伤亡事故发生，比如没有把机器或设备停下来，没有将能源确实切断，没有把残余的能量排除，意外地把已关闭的设备开启，在重新启动之前未将工作现场确实清理，多个专业进行同一项作业时，未进行多重隔离等情况发生，研究表明，动力源控制计划可将伤亡率降低 25%～50%。

上锁挂牌就是通过安装上锁装置及悬挂标签识别来防止由于危险能源意外释放而造成的人员伤害或财产损失的做法。

中国石油天然气集团公司于 2011 年 9 月 29 日发布，2011 年 12 月 1 日实施 Q/SY 1421—2011《上锁挂牌管理规范》。

(一)上锁挂牌的目的和对象

(1)上锁挂牌的目的是强化对能量和物料进行隔离管理,上锁的目的是防止误操作,挂牌的目的是起提示警告作用,以便保证工作人员、相关人员免于安全和健康方面的危险。

(2)上锁挂牌的对象通常是控制各种能量(机械能、电能、热能、化学能、辐射能等)意外释放的各种开关、按钮、阀门、手柄、插头等(如转盘控制手柄、电机开关、管道阀门、液压站电源启动开关)。

(二)上锁挂牌的流程

上锁挂牌管理流程通常分为5部分:辨识、隔离、上锁挂签、确认、解锁。

(1)辨识:作业前,通过工作前安全分析,辨识作业区域内设备、系统或环境内所有的危险能量和物料的来源及类型,并确认有效隔离点。

(2)隔离:根据辨识出的危险能量和物料及可能产生的危害,将阀件、电器开关、蓄能配件等设定在合适的位置或借助特定的设施使设备不能运转、危险能量和物料不能释放。

(3)上锁挂牌:对阀门、开关、插头等选择合适的安全锁、填写警示标牌,对上锁点进行上锁、挂标牌。

(4)确认:上锁挂牌后要确认危险能量和物料已被隔离或去除,锁定有效。

(5)解锁:对上锁点进行拆除,恢复原来的工作状态。

四、安全观察与沟通

安全观察与沟通是一种风险管控方法,通过观察与沟通,肯定员工的安全行为,纠正不安全行为,可以不断提高员工安全意识和技能,同时,通过分析观察与沟通的信息建立,可为管理人员提供管理决策,从而减少不安全行为和事故的发生。

中国石油天然气集团公司发布Q/SY 08235—2018《行为安全观察与沟通管理规范》。

(一)安全观察与沟通的作用与对象

1. 安全观察与沟通的作用

安全观察与沟通是一种风险管控方法,通过观察与沟通,肯定员工的安全行为,纠正不安全行为,可以不断提高员工安全意识和技能,同时,通过分析观察与沟通的信息建立,可为管理人员提供管理决策,从而减少不安全行为和事故的发生。

2. 安全观察与沟通的对象

安全观察与沟通的对象是正在作业的人员。观察的内容包括人员的反应、人员的站位、个人防护装备的使用、现场使用的工具和设备、作业的程序和步骤、人体工效学、现场规范化管理等。

（二）安全观察与沟通的管理流程

安全观察与沟通管理流程通常分为6部分：观察、表扬、讨论、沟通、启发、感谢。

（1）观察：对现场作业人员进行观察，一般情况下，要求观察者对被观察者要观察30秒以上，以确保观察认真、仔细。

（2）表扬：对作业人员的安全行为一定要给予表扬，肯定安全行为和指出不安全行为一样重要，甚至更有效。安全行为得到肯定和鼓励，员工就会增强信心，继续保持这种良好的作业习惯。

（3）讨论：对于现场发现的不安全行为，要用安全的方法马上制止，尤其对于高处作业等危险性比较大的作业者不能大声喝止，以防因惊吓造成事故。同时，要与员工进行友好地探讨，讨论这种不安全行为及后果（如砂轮机作业不戴护目镜）、真正了解不安全行为发生的原因（如忘记戴、质量差、护目镜坏等）、和员工探讨研究安全的作业方法（如何作业更安全）。

（4）沟通：要使用积极的、无强迫性的语言，让员工讲出自己的看法，通过双向沟通，就如何安全的工作与员工取得一致意见，并取得员工的认可和承诺。（如砂轮机作业前要对关键部位进行检查，作业时劳保穿戴要齐全，站位要正确等）。

（5）启发：沟通完毕，引导员工发表自己的意见和建议，讨论工作地点的其他安全问题，同时征求其对基层队的安全管理、安全生产的合理化建议。

（6）感谢：最后，对员工的参与和配合表示感谢。

附　录

附录一　钻井专业安全监督检查表

钻井设备安全监督检查项和检查内容见附表 1-1，生产运行安全监督检查项和检查内容见附表 1-2，营房检查项和检查内容见附表 1-3。

附表 1-1　钻井设备安全监督检查项和检查内容

序号	检查项	检查内容
1	井架及底座	(1)井架、井架底座结构件连接螺栓、弹簧垫、销子及保险别针齐全紧固，各种滑轮定期润滑的检查证据充分
		(2)井架、井架底座结构件平、斜拉筋安装齐全平直、无扭斜、无变形的检查证据充分
		(3)井架、井架底座结构件无严重腐蚀，井架笼梯及护栏齐全、可靠的检查证据充分
		(4)照明充足，防爆灯固定牢固并拴有保险链的检查证据充分
		(5)二层台、三层台、立管平台上栏杆齐全，固定牢固，无明显损坏和断裂，无异物，井架上使用的工具拴有保险绳的检查证据充分
		(6)二层台操作平台拉绳规格符合要求，绳径与绳卡匹配的检查证据充分
		(7)二层台配有两套安全带的检查证据充分
		(8)大门坡道无明显变形，挂钩齐全，安装牢固，拴有保险绳的检查证据充分
		(9)钻台护栏齐全，下方安装有挡脚板、缺口部位加有防护链的检查证据充分
		(10)沙漠地区及寒冷地区冬季施工时，钻台和二层台安装有围布，且围布完好、拴牢；在含硫化氢油气层钻进时有通风措施的检查证据充分
		(11)井架绷绳坑位于井架对角线的延长线上，绷绳与地面夹角不小于 40°，绷绳坑间距不小于 3m（不含 K 型井架）的检查证据充分
		(12)井架绷绳采用 ϕ22mm 的钢丝绳（中间无对接），两端分别采用 4 支与绳径相符的绳卡卡牢，绳卡间距为钢丝绳直径的 6 倍至 8 倍，使用规范的双环正反调节螺栓绷紧的检查证据充分
		(13)死绳固定器及稳绳器安装牢固，挡绳杆、压板及螺栓、螺帽和并帽齐全，大绳在死绳固定器上的缠绕圈数符合产品使用说明的检查证据充分
		(14)正常情况下新井架运行 5 年后进行首次检测；使用 5 年以上的井架每 3 年检测一次；使用 10 年及以上的钻机每年进行一次检测报告的检查证据充分

续表

序号	检查项	检查内容
1	天车	(1)在地面安装时,天车滑轮安装有拦绳杆;天车防松、防跳槽设施齐全,固定牢固;护罩无明显变形、磨损、偏磨,护栏、踢脚板齐全的检查证据充分
		(2)安装在天车上的辅助滑轮固定牢固的检查证据充分
		(3)井架工定期检查保养并填好记录的检查证据充分
	游车及大钩	(1)游车及大钩的螺栓、销子及护罩齐全紧固的检查证据充分
		(2)大钩转动、伸缩灵活,锁紧装置无异常的检查证据充分
		(3)吊环保险绳齐全、无异常的检查证据充分
	转盘	(1)固定、调节螺栓齐全、无异常的检查证据充分
		(2)万向轴连接螺栓齐全,安装有防松装置的检查证据充分
		(3)转盘及大方瓦锁紧装置工作正常的检查证据充分
	水龙头	(1)水龙头转动灵活,润滑油和钻井液不渗漏的检查证据充分
		(2)水龙带缠绕 ϕ12.7mm 钢丝绳作保险绳,绳圈间距为 0.8m,两端分别固定在水龙头鹅颈管支架和立管弯管上,并用绳卡卡牢的检查证据充分
		(3)水龙头旋扣器及其气管线固定牢固、保险绳齐全的检查证据充分
	井口工具及附具	(1)B 型大钳、液气大钳尾绳固定牢固,不与井架大腿相连的检查证据充分
		(2)B 型大钳、液气大钳大小尾绳销及保险销齐全。B 型大钳吊绳直径为 ϕ12.7mm、尾绳直径为 ϕ22mm,液压大钳吊绳直径为 ϕ15.9mm 的检查证据充分
		(3)气动(液动)小绞车安装牢固、钢丝绳排列整齐、无断丝的检查证据充分
		(4)气动(液动)小绞年起重钢丝绳滚筒活绳头采用绳卡卡牢的检查证据充分
		(5)吊卡本体无明显裂纹的检查证据充分
		(6)卡瓦、安全卡瓦本体无明显裂纹,手柄齐全牢固,销子、卡瓦牙板、弹簧、保险链齐全,灵活好用的检查证据充分
	绞车及安全装置	(1)底座固定螺栓齐全,安装有并帽的检查证据充分
		(2)绞车滚筒上的活绳头用绳卡固定牢固的检查证据充分
		(3)当大钩下放至钻杆跑道时,绞车滚筒上钢丝绳缠绕圈数符合本型钻机的使用说明的检查证据充分
		(4)绞车护罩安装齐全,无明显松动、变形的检查证据充分
		(5)传动轴、滚筒轴固定螺栓及并帽齐全,无明显松动,各种操作杆无明显变形、松动,排挡把手安装有锁销的检查证据充分
		(6)滚筒刹车后,刹把与钻台面的夹角为 40°~50° 的检查证据充分
		(7)盘式刹车液压站油箱油面在油标尺刻度范围内的检查证据充分

续表

序号	检查项	检查内容
1	绞车及安全装置	(8)盘式刹车滤油器无堵塞，蓄能器压力大于4MPa的检查证据充分
		(9)水刹车离合器摘挂灵活，水位调节阀门控制有效，不漏水，冬季停用时放水挂牌的检查证据充分
		(10)风冷式电磁刹车工作正常，无法使用时应停止下钻作业的检查证据充分
		(11)过卷阀安装位置与防碰点重合，且灵敏可靠的检查证据充分
		(12)机械防碰天车开关重锤，灵敏可靠，防碰天车的引绳用直径为6.4mm的钢丝绳，上端固定；中段不与井架、电缆摩擦；下端用开口销连接，松紧适当，重砣大小适度，悬吊位置符合产品说明。挡绳距天车滑轮间距：4500m以上钻机为6m～8m，2000m～4500m钻机为4m～5m的检查证据充分
		(13)防碰天车工作时高低速离合器放气正常，刹死时间小于1s的检查证据充分
		(14)数码防碰天车，屏显清晰，数字与实际相符，且报警灵敏的检查证据充分
		(15)起升大绳及绞车钢丝绳无扭曲、无打结和锈蚀；每股断丝少于2根，钢丝绳直径减少量达到7%时报废，无扭结、变折、塑性变形、麻芯脱出、受电弧高温灼伤等影响钢丝绳性能的指标的检查证据充分
	紧急逃生装置	(1)钻台紧急滑梯连接正确，下端采取缓冲措施且无障碍物的检查证据充分
		(2)二层台配置紧急逃生装置，手动控制器带有红色标示牌，下端采取缓冲措施且无障碍物的检查证据充分
		(3)配置有上下井架防坠落装置的检查证据充分
	登高助力器	(1)安装牢固，配重与多数井架工体重相符的检查证据充分
		(2)配重滑道使用ϕ15.9mm钢丝绳的检查证据充分
		(3)配重滑道与地锚、井架连接处分别用3只绳卡卡牢，卡距应为钢丝绳直径的6倍至8倍的检查证据充分
	顶驱	(1)顶驱导轨无明显变形、裂纹，导轨连接销及U型卡锁销齐全无松动的检查证据充分
		(2)顶驱导轨底端至钻台面距离不小于2m的检查证据充分
		(3)顶驱主体各连接件及紧固件无松动，锁销齐全有效的检查证据充分
		(4)互锁功能齐全有效的检查证据充分
		(5)报警系统工作正常的检查证据充分
2	司钻操作台(室)	(1)司钻操作台(室)固定牢固，箱内阀件、管线连接可靠，司钻定期检查并有记录的检查证据充分
		(2)仪表、阀件齐全，标识清楚，阀件无锈蚀、卡滞，高寒地区冬季有保温措施的检查证据充分
		(3)电动钻机司钻操作台均使用防爆电器的检查证据充分
	指重表及仪表	(1)指重表的固定不与井架钻台直接接触的检查证据充分
		(2)指重表记录仪安装牢固，传压器、管线无渗漏，装有记录纸且工作正常的检查证据充分
		(3)钻井参数仪等各类仪表定期校检的检查证据充分

续表

序号	检查项	检查内容
3	罐体	(1)循环系统罐面平整，盖板稳固，栏杆、过道干净、畅通，无严重锈蚀、明显破损的检查证据充分
		(2)上下钻井液净化系统的梯子不少于2个，安装稳固，坡度合适，扶手光滑的检查证据充分
	振动筛	使用防爆电机，传动部分护罩齐全、稳固的检查证据充分
	液面自动报警装置	(1)钻井液液面报警装置安装正确、灵敏可靠，按规定设置液面上、下报警限值的检查证据充分
		(2)每个循环罐均安装有直读液面标尺的检查证据充分
	钻井液灌注装置	(1)钻井液灌注装置配有专用计量罐，计量刻度标示清楚的检查证据充分
		(2)钻井液灌注装置管线连接正确的检查证据充分
	除砂器、除泥器、除气器	(1)除砂器、除泥器、除气器安装正确，运转部位护罩齐全的检查证据充分
		(2)真空除气器排气管线接出井场15m以远的检查证据充分
	离心机	离心机安全保护装置可靠，护罩齐全的检查证据充分
	搅拌器	搅拌器电机护罩齐全，齿轮箱无渗油
4	钻井泵	(1)钻井泵安装平稳牢固，润滑油油面在油标尺刻度范围内
		(2)运转部位护罩齐全、无明显松动的检查证据充分
	钻井泵安全阀	(1)钻井泵安全阀杆灵活无阻卡，且定期检查、保养，并记录在检保牌上的检查证据充分
		(2)钻井泵安全阀垂直安装，戴有护帽。剪销式安全阀销钉安装位置与钻井泵缸套的额定压力相符；弹簧式安全阀开启压力为钻井泵缸套额定压力的105%～110%的检查证据充分
		(3)钻井泵安全阀溢流口排出管线采用不小于ϕ76mm的无缝钢管，其出口通往钻井液池或钻井液罐，出口弯管大于120°，两端有保险措施的检查证据充分
	钻井泵空气包	(4)钻井泵空气包顶部装有压力表，闸阀工作正常的检查证据充分
		(5)钻井泵空气包充气压力为泵工作压力的20%～30%的检查证据充分
	高压管汇	(1)地面高压硬管线无刺漏，安装在水泥基础上，基础间间隔4m～5m，用地脚螺栓卡牢的检查证据充分
		(2)高压软管无明显破损，其两端用直径不小于15.9mm的钢丝绳缠绕后与相连接的硬管线接头卡固，或使用专用软管卡卡固的检查证据充分
		(3)管汇闸阀丝杆护帽、手柄齐全，润滑良好，开关灵活的检查证据充分
	其他要求	寒冷地区，安全阀、管线、阀件有保温措施的检查证据充分
5	柴油机	(1)柴油机零部件及护罩齐全、完整的检查证据充分
		(2)各仪表齐全、完好且定期检定合格的检查证据充分
		(3)柴油机底座搭扣及连接螺栓齐全，无明显松动的检查证据充分

续表

序号	检查项	检查内容
5	柴油机	(4)柴油机排气管安装有灭火装置,并且排气管出口不能对油罐的检查证据充分
		(5)柴油机设备停用或检修时有挂牌;冬季停用时将机体内油水放净,寒冷地区停用期间用压缩空气将水吹扫干净的检查证据充分
	柴油机及传动装置	(1)有回油回收装置的检查证据充分
		(2)无油、气、水渗漏的检查证据充分
	其他要求	(1)各转动部位护罩齐全完好,无明显松动的检查证据充分
		(2)机房四周护栏、梯子齐全,无明显松动;扶手光滑的检查证据充分
		(3)机房四周排水沟畅通,底座下无油污、无积水的检查证据充分
6	空气压缩机	传动护罩齐全完好,无明显松动的检查证据充分
	储气瓶	(1)储气瓶各阀门,一、二级压力表及管线齐全完好,无泄漏的检查证据充分
		(2)储气瓶及保险阀定期校检的检查证据充分
	供气系统管线	供气系统管线安装牢固,寒冷地区冬季有防冻保温措施的检查证据充分
7	电气线路	(1)同一供电系统内只采用一种接零或接地的保护方式,无两种方式混用的检查证据充分
		(2)井场供电系统重复接地不少于3处,接地电阻小于10Ω的检查证据充分
		(3)埋地电缆沿线进行标识,埋深不小于70cm,车辆通过处穿管保护的检查证据充分
		(4)主电路及分支电路电缆无外接动力线的检查证据充分
	控制屏、配电屏及一、二次线路	(1)控制屏、配电屏及一、二次线路开关标注有控制对象的检查证据充分
		(2)配电屏安装低压避雷器,外壳接地良好,接地电阻定期测量且有记录的检查证据充分
		(3)配电屏前地面铺设有绝缘胶垫的检查证据充分
		(4)面积大于25mm^{2}的导线应压接相应的接线鼻子的检查证据充分
	发电房	发电房距井口和油罐有一定安全距离的检查证据充分
	临时用电	(1)临时用电专用配电箱输出回路配有漏电保护开关装置,且安装位置在防爆区以外的检查证据充分
		(2)临时供电线路不使用绝缘破损、老化的导线及开关设备的检查证据充分
		(3)临时供电线路架设未直接置于地面,加装有支撑杆且杆距不大于30m的检查证据充分
		(4)具备安装条件后,立即拆除临时线路的检查证据充分
	发电机	(1)发电机组固定螺栓、护罩齐全、紧固,油、水管线应连接完好,不渗漏;设施、工具清洁,摆放整齐的检查证据充分
		(2)各仪表齐全、完好且定期检定合格的检查证据充分

续表

序号	检查项	检查内容
7	发电机	(3)发电机中性点、发电房及零母排的接地可靠,接地电阻定期测量且有记录的检查证据充分
		(4)发电房四周排水沟畅通,内外无油污、无积水;废油池无渗漏的检查证据充分
	架空线路	(1)井场电线分路架设在专用电杆上,高度不低于3m,机房、泵房、净化系统的供电线路高度高于设备2.5m的检查证据充分
		(2)电杆倾斜度小于15°的检查证据充分
		(3)架空线路导线无松弛、断股、绝缘破损的检查证据充分
		(4)架空线路同一挡内一根导线只有一个接头的检查证据充分
		(5)架空线路不跨越油罐区、柴油机排气管和放喷管线出口的检查证据充分
		(6)架空线路对地、对建筑物距离符合GB50061《66kV及以下架空电力线路设计规范》的要求的检查证据充分
	场地供电	(1)场地照明、电磁刹车、防喷器远程控制台用电用专线并单独控制,分闸距探井、高压油气井的井口不小于30m,距低压开发井的井口不小于15m或执行各油田井控实施细则的检查证据充分
		(2)供电线路进入值班房、发电房、锅炉房、材料房、消防房等活动房时,入户处应加绝缘护套管,野营房内的照明灯用绝缘材料固定的检查证据充分
		(3)电气设施进出线无破损、松动的检查证据充分
		(4)金属结构房、移动式电气设备和电动工具安装有漏电保护装置,配电柜及其设施完好,配电柜前地面铺有绝缘胶垫的检查证据充分
	钻井液循环系统电气设备	(1)钻井液循环系统、泵房等处的照明线路绑扎、敷设规范的检查证据充分
		(2)钻井液循环系统电气设施控制开关、启动装置、灯具及插接件使用防爆(有EX标志)电器的检查证据充分
		(3)钻井液循环系统罐面导线穿管敷设,且中间无接头的检查证据充分
	MCC房、SCR房和VFD房及前场值班室	(1)MCC房、SCR房、VFD房及前场值班室电气开关按负荷设置,操作灵活,标识明确的检查证据充分
		(2)MCC房、SCR房、VFD房及前场值班室指示仪表齐全,定期检定合格的检查证据充分
		(3)MCC房、SCR房、VFD房、配电柜金属构架及前场值班室零线、房体接地可靠,接地电阻定期检测且有记录的检查证据充分
8	锅炉	(1)锅炉安全阀、压力表、水位表完好并定期检定合格或校验的检查证据充分
		(2)锅炉内水位在标尺刻度范围内,每班至少冲洗水位表一次的检查证据充分
		(3)每班进行锅炉排污的检查证据充分
		(4)重点部位的保温管线每2h检查一次的检查证据充分
		(5)锅炉距井口和油罐有一定安全距离的检查证据充分

续表

序号	检查项	检查内容
8	气管线	(1)气管线无跑、冒、滴、漏的检查证据充分
		(2)高架油罐到机房、发电房的柴油管线,机泵房、钻台的主气管线的保温效果明显的检查证据充分
9	油罐区	(1)油罐区防静电接地装置电阻定期检测且有记录的检查证据充分
		(2)油罐区防雷接地装置电阻定期检测且有记录的检查证据充分
		(3)机油、柴油管线、流量计连接完好,无渗漏的检查证据充分
		(4)油罐区无油污、杂草;防油渗透层、油料回收池符合设计要求的检查证据充分
		(5)防火标志、消防器材齐全完好的检查证据充分
		(6)油罐距井口和发电房有一定安全距离的检查证据充分
	氧气瓶、乙炔气瓶	(1)氧气瓶、乙炔气瓶应分库存放在专用支架上,阴凉通风,其中氧气瓶配有安全防护帽和防振圈,且瓶体上无油污的检查证据充分
		(2)氧气瓶直立,与乙炔气瓶相距大于7m,距明火距离大于10m的检查证据充分
10	防喷器组	(1)井口装置配置、安装、校正和固定符合SY/T 5964《钻井井控装置组合配套,安装调试与维护》的规定。有手动锁紧装置的闸板防喷器装齐手动操作杆,并挂牌注明转动方向及锁紧圈数的检查证据充分
		(2)防喷管线闸门开关灵活,挂牌齐全,编号及开关状态正确的检查证据充分
		(3)防喷器组安装有保护伞的检查证据充分
	司钻控制台	(1)司钻控制台固定牢固,安装位置符合本型钻机要求的检查证据充分
		(2)司钻控制台压力表、控制阀件、手柄齐全完好,压力表定期检定合格的检查证据充分
	液压管线	(1)液压管线连接无渗漏的检查证据充分
		(2)液压管线、气管束设置有防碾压保护装置的检查证据充分
		(3)备用液压管线有防尘防腐措施的检查证据充分
	远程控制台	(1)远程控制台每班定期检查且有记录的检查证据充分
		(2)远程控制台环形防喷器和管汇压力为10.5MPa,储能器压力为17.5MPa～21MPa,充氮压力为7MPa±0.7MPa,气源压力为0.65MPa～0.8MPa的检查证据充分
		(3)远程控制台油箱油量在油标尺范围内的检查证据充分
		(4)司钻控制台、远程控制台的全封闸板安装有防误操作装置的检查证据充分
		(5)远程控制台的剪切闸板安装有防误操作的定位销的检查证据充分
	节流管汇和控制箱	(1)节流管汇压力级别符合设计要求,各闸门开关灵活、状态正确,挂牌齐全的检查证据充分

续表

序号	检查项	检查内容
10	节流管汇和控制箱	(2)节流管汇和控制箱压力表齐全,定期检定合格的检查证据充分
		(3)节流管汇和控制箱液气管线连接规范的检查证据充分
		(4)节流管汇和控制箱工作无异常的检查证据充分
		(5)节流控制箱和节流管汇旁设置有最大关井套压提示井口试压值、当前钻井液密度和当前最高关井压力值的检查证据充分
	压井管汇	(1)压井管汇装有单流阀,且标明方向的检查证据充分
		(2)压井管汇压力表齐全,定期检定合格的检查证据充分
		(3)反循环压井管线与压井管汇连接可靠的检查证据充分
		(4)配备有压井短节,并有防堵措施的检查证据充分
	钻井液液气分离器	(1)钻井液液气分离器安装规范;管线连接正确、无泄漏,压力表表盘直径不小于150mm且定期检定合格的检查证据充分
		(2)保险阀出口朝向井场外侧的检查证据充分
		(3)点火口固定规范,距井口距离不小于50m,排气管线通径不小于150mm的检查证据充分
	放喷管线	放喷管线安装、固定符合SY/T 6426—2005《钻井井控技术规程》的要求的检查证据充分
	其他要求	(1)井口装置、节流管汇、压井管汇、放喷管线均按设计要求试压合格,有试压记录的检查证据充分
		(2)方钻杆装有旋塞阀,定期活动,并在合适位置备有相匹配的旋塞扳手的检查证据充分
		(3)在合适位置放置有与井口钻具尺寸一致的钻具止回阀,抢接装置规范的检查证据充分
		(4)配有防喷单根,钻具止回阀(或旋塞阀)、与钻铤连接螺纹相符的配合接头的检查证据充分
		(5)气层中钻进时,井下钻具中安装有近钻头止回阀(或旁通阀)的检查证据充分
		(6)井场配备有自动点火装置或手动点火器材的检查证据充分
11	空压机、增压机、膜制氮、雾泵	(1)各仪表、安全阀齐全完整,定期校验或检定的检查证据充分
		(2)机组无滴、漏、冒、异响的检查证据充分
		(3)岗位人员定期检查保养,且有记录的检查证据充分
	供气管汇	(1)管线固定无松动的检查证据充分
		(2)连接无刺漏的检查证据充分
	排砂管线	(1)管线固定无松动的检查证据充分
		(2)连接无刺漏的检查证据充分
		(3)取样口无堵塞的检查证据充分

续表

序号	检查项	检查内容
12	旋转防喷器	(1)旋转防喷器壳体机械锁紧装置齐全,无明显松动的检查证据充分
		(2)旋转防喷器控制系统仪表完好,定期检定合格的检查证据充分
		(3)旋转防喷器控制系统电源接线规范的检查证据充分
		(4)校正天车、转盘、井口,偏差≤10mm 的检查证据充分
	欠平衡节流管汇	(1)压力表定期检定合格的检查证据充分
		(2)各阀门挂牌标识明确的检查证据充分
		(3)节流阀和平板阀的开关灵活的检查证据充分
	液气分离器	(1)分离器及出液管安装、摆放平稳并规范固定的检查证据充分
		(2)分离器安全阀安装正确,安全阀压力表定期检定合格的检查证据充分
		(3)分离器排气管点火口距离井口距离≥75m,点火口使用基墩固定规范的检查证据充分
	远程液动阀	(1)控制管线长度不小于 10m,无明显变形和破损的检查证据充分
		(2)岗位人员定期检查,有记录的检查证据充分
	转向管汇、节流管汇	(1)压力等级符合设计要求的检查证据充分
		(2)连接螺栓齐全、规范,闸阀开关灵活,有开关标识牌的检查证据充分
		(3)按设计要求试压,稳压时间不少于 10min,压降不大于 0.7MPa 的检查证据充分
13	热交换器	(1)闸阀开关灵活,有开关标识牌的检查证据充分
		(2)压力表、温度表安装齐全,量程符合要求,定期检定合格的检查证据充分
		(3)按设计要求试压,稳压时间不少于 10min,压降不大于 0.7MPa 的检查证据充分
	分离器	(1)分离器摆放位置距井口 15m 以上的检查证据充分
		(2)检查压力表、温度表安装齐全,量程符合要求,定期检定合格的检查证据充分
		(3)按设计要求试压,稳压时间不少于 10min,压降不大于 0.7MPa 的检查证据充分
	蒸汽发生器	(1)蒸汽发生器安装位置距井口 30m 以上,且周边无易燃易爆物品的检查证据充分
		(2)电缆线路、电器开关防爆,无异常的检查证据充分
		(3)各种仪表安装齐全,量程符合要求,定期检定合格的检查证据充分
		(4)安全阀定期检定合格的检查证据充分
	数据采集房除砂器	(1)接地线连接安装合格,且定期检验的检查证据充分
		(2)数据采集房的安装位置距井口 30m 以上的检查证据充分
		(3)闸阀开关灵活,开关标识牌齐全、正确的检查证据充分

续表

序号	检查项	检查内容
13	井下测试工具	(1)排砂管线内径不小于57mm,走向平直,出口接至安全地带,并固定的检查证据充分
		(2)压力表安装齐全,量程符合要求,定期检定合格的检查证据充分
		(3)按设计要求试压,稳压时间不小于10min,压降不大于0.7MPa的检查证据充分
		(4)测试工具规格、型号符合设计要求,检查工具维修、保养和现场检查记录的检查证据充分
	滑轮	(1)天滑轮悬挂采用直径为ϕ15mm～ϕ20mm、长度为1.7m～2.5m的钢丝绳;钢丝绳无死结、扭伤、断丝、松散,钢丝绳套采用Y5-15型绳卡卡牢的检查证据充分
		(2)地滑轮采用钢丝绳直径为ϕ12.5mm～ϕ15.5mm,长度适度;钢丝绳无死结、无扭伤、无断丝、无松散,用绳卡卡牢的检查证据充分
		(3)地滑轮、天滑轮固定牢固,连接处有保险销的检查证据充分
	报表	班报表、设备运转保养记录填写正确、真实,字迹清楚、整洁的检查证据充分
	任务书	生产任务、工况、技术措施、安全措施、交接班注意事项清楚、明确的检查证据充分
	图表	本井预测地层压力当量钻井液密度曲线、设计钻井液密度曲线、实际钻井液密度曲线,钻井施工进度图,井口装置流程图,钻井地质工程设计大表的检查证据充分
	电气设施	(1)固定式硫化氢气体检测仪报警控制主机完好、指示正确的检查证据充分
		(2)电器设施完好的检查证据充分
	整洁	值班室内整洁,各类资料摆放整齐的检查证据充分
	食堂	(1)食堂清洁卫生,生、熟食品分类存放的检查证据充分
		(2)冰箱、储藏柜定期清洁,并有相应记录的检查证据充分
		(3)炊管人员持有效《健康证》,着装和个人卫生符合要求的检查证据充分
	营区	(1)生活污水进行隔油、除渣处理,生活污水池设置围栏和警示标识的检查证据充分
		(2)营区内部通道畅通、平整,临边处栏杆齐全的检查证据充分
		(3)营区每周进行一次消毒的检查证据充分
		(4)定点设置垃圾桶,固体废物集中收集的检查证据充分
		(5)营房内务整洁的检查证据充分
	电器设施	(1)照明设施、用电设备、电气线路安装符合要求,无私拉乱接情况的检查证据充分
		(2)烟雾报警器、过载保护、漏电保护以及接地保护装置性能良好的检查证据充分
	消防设施	(1)食堂配备8kg干粉灭火器4具、5kg二氧化碳灭火器2具,每两栋野营房配备4kg干粉灭火器1具的检查证据充分
		(2)手提式灭火器应放置在灭火器箱内或托架上的检查证据充分
		(3)灭火器压力符合要求,筒体、保险销、软管、喷嘴完好的检查证据充分

附表 1-2　生产运行安全监督检查项和检查内容

序号	工序过程	检查项	检查内容
1	钻进作业	钻(冲)鼠洞作业	(1)设置有专人指挥
			(2)钻柱绷至大鼠洞位置时,钻台上用 10t 卸扣及 $^{7}/_{8}$in 钢丝绳将滚子方补心左右固定牢靠,防止螺杆正反扭矩造成方钻杆转动伤人
			(3)作业人员撤到安全区城,防螺杆或涡轮、方钻杆倒转伤人
			(4)司钻随时注意大钩和水龙头提环的连接情况,防止脱钩
			(5)吊鼠洞管时绳索应完好,绳扣应拴牢,起吊时指定专人指挥,不应碰挂
			(6)下鼠洞管时,人员退至安全位置
		钻进作业	(1)闸门组开关不正确或高压区有人员不开泵,开泵时,司钻应观察压力表
			(2)方钻杆入井口应平稳
			(3)钻进作业时司钻精力集中,不溜钻、不顿钻;注意观察仪表,正确判断井下状况
			(4)钻台上至少有一名钻井工监护
			(5)钻具在吊运过程中不应碰挂
		接单根作业	(1)待转盘停稳后方可上提方钻杆
			(2)游车停稳后方可开扣吊卡
			(3)接单根对扣时,不碰、顿、错扣,不遮挡司钻视线
		开泵操作	(1)闸门组开关状态正确,专人指挥开泵,无关人员应离开高压区
			(2)开泵时注意泵压变化,观察出口钻井液返出情况,发现压力异常,应立即停泵
			(3)寒冷地区在冬季开泵前,应提前预热安全阀和压力表,并人工盘泵
		组合、倒换钻具作业	(1)钻具上下钻台带好护帽、钻台和场地人站在安全位置
			(2)气动绞车操作者与钻台、场地人员密切配合,专人指挥
			(3)气动绞车负载不超过额定载荷
			(4)方钻杆在井口松扣时,卸松即可,不应退扣太多
			(5)吊钻具应使用专用工具
		拔鼠洞	(1)使用专用 U 型环上拔时,人员站在安全位置
			(2)拔鼠洞管应缓慢、断续上提
			(3)绷鼠洞管下钻台时应专人指挥、操作平稳,配合得当,人员位于安全位置
		防喷演习	接规定进行 4 种工况的防喷演习,演习完成有讲评、改进措施,记录翔实,演习频次符合 SY/T 6426《钻井井控技术规程》的要求
		液面坐岗	(1)无脱岗、睡岗及做与岗位无关的事
			(2)坐岗记录填写完整、准确,有液面变化分析,值班干部审核签字

续表

序号	工序过程	检查项	检查内容
2	起下钻作业	接钻头作业	（1）不用转盘引扣和上扣，紧扣扭矩符合技术要求
			（2）上提时不带出钻头装卸器
		下钻铤作业	（1）下钻前检查、确认防碰天车装置灵敏可靠
			（2）起游车至二层台，防止滚筒钢丝绳缠乱，联络信号应准确
			（3）提钻铤出钻杆盒、起升高度适宜，防立柱摆动伤人；井口操作人员不遮挡司钻视线
			（4）上扣、紧扣时，井架工观察提升短节有无倒扣
			（5）盖好井口防止落物入井
			（6）卡瓦、安全卡瓦高度适宜，卡平、卡牢
		下钻杆作业	（1）起游车至二层台操作平稳，防挂碰指梁及操作台；游车未停井架工不得操作
			（2）提立柱至井口用钻杆钩扶稳
			（3）对扣、上扣、紧扣，不顿钻具接头、错扣、磨扣
			（4）坐吊卡、推吊环、挂吊卡，不遮挡司钻视线，下放吊环位置适宜
			（5）盖好井口，防止落物入井
			（6）操作人员不应站立在转盘的旋转范围内
			（7）下装有止回阀的组合钻具，应按每 20 柱至 30 柱向钻具内灌满钻井液，裸眼段应上下活动钻具
		挂方钻杆作业	（1）挂水龙头应平稳起车，防吊环摆动伤人
			（2）提方钻杆出鼠洞时，应用绳索送至井口，不遮挡司钻视线
		起钻杆作业	（1）起钻前检查、确认防碰天车装置灵敏可靠
			（2）起钻应操作平稳，防止“单吊环”
			（3）每起出 3 柱至 5 柱钻柱，向井内灌注相同体积的钻井液
			（4）液气大钳卸扣时，应关好安全门
			（5）提立柱入钻杆盒时应使用钻杆钩
			（6）盖好井口和小鼠洞口
			（7）操作人员不应站立在转盘的旋转范围内，必要时可锁上转盘
			（8）下放空吊卡于转盘面应操作平稳；吊卡不应碰钻杆接头
		起钻铤作业	（1）接提升短节平稳提放
			（2）卡瓦、安全卡瓦应高度适宜，卡平、卡牢，不应将安全卡瓦随钻铤带至高处
			（3）下放游车应操作平稳，防碰撞指梁及操作台；二层台应将钻铤固定

续表

序号	工序过程	检查项	检查内容
2	起下钻作业	起钻铤作业	(4)每起1柱钻铤应向井筒内灌注相同体积的钻井液,起完钻铤应将井筒灌满钻井液
		卸钻头作业	(1)卸钻头应使用专用装卸器
			(2)用吊钳松扣,不应用转盘绷扣和卸扣
3	下套管作业	下套管作业	(1)工程技术人员应进行技术交底;作业前对地面设备进行检查,确认固定部位安全可靠,转动部分运转正常,仪表灵敏准确。下油气层套管前,应更换与套管尺寸相对应的封井器闸板芯子,并试压合格、做好记录
			(2)下套管作业专人指挥,套管上钻台应戴护丝,专用吊带应牢固,吊套管上钻台不应挂碰,钻台、场地人员,应站在安全位置
			(3)应把套管护丝置于安全位置
			(4)井口有人操作时,不应吊套管上钻台
			(5)管串的下入速度应缓慢均匀;在易漏井段,控制下入速度,每根套管均匀下放速度小于0.5m/s
			(6)下套管过程中,按设计分段灌满钻井液,应指定专人双岗制负责观察钻井液出口、钻井液循环池液面变化情况
			(7)不应在套管上做焊接工作
			(8)使用专用套管钳和密封脂,并且上扣扭矩应符合套管扭矩值的要求
4	完井作业	完井井口装置	(1)完井井口装置试压应使用试压塞,按采油(气)树额定工作压力清水试压,不渗不漏,稳定时间不少于30min,允许压降不大于0.5MPa为合格,应做好记录
			(2)套管头和采油(气)树零部件完整、齐全、清洁、平正,闸门开关灵活,不渗漏
			(3)未装采油(气)树的井口应在油层套管上端加装井口帽(或盲板)或井口保护装置,并在外层套管接箍上做明显的井号标志
			(4)油层套管内外油、气、水不应外泄。如出现外泄,应在两层套管的环形空间安装泄压阀和压力表,并用管线引出井口以外20m的安全位置
		其他要求	完井后做到工完料净场地清,井场周围清污分流沟渠畅通
5	中途测试作业	地面流程安装要求	(1)各管线应固定在平实的地面,基墩坑间距不应大于15m,基墩坑尺寸应大于长0.8m×宽0.6m×深0.8m;出口距井口距离不应小于50m,并满足安全、环保的要求。若因地形特殊,有较高或较长的悬空段,应将管线支撑固定牢固。地层较软时,基墩坑应加深,出口及拐弯处基墩坑尺寸应加大
			(2)防喷、放喷管线应选用内径不小于ϕ62mm的油管。在车辆跨越处装过桥盖板或其他覆盖装置。含硫气井,管线应采用抗硫材质,并不应有焊接件
			(3)固定用地脚螺栓规格不小于M20×600,并采用加压板锁压固定
			(4)管线弯头和弯管角度不小于90°,放喷管线弯头和弯管角度不小于120°;弯头、弯管及接头尺寸与主管线一致

续表

序号	工序过程	检查项	检查内容
5	中途测试作业	地面流程安装要求	(5)放喷出口距井口不小于50m(含硫化氢气井不小于75m),出口安装减压装置,并具有安全点火条件,放喷口上空应避开高压电缆、电话线,周围避开农舍或其他工程设施,出口应在较开阔位置,同侧的管线出口应聚在一起
			(6)电源线和数据采集线应排列整齐,不妨碍交通,线路跨越人行道时,距地面高度不得低于3m,跨越通车道时,不得低于5.5m
			(7)地面安全阀控制系统的放置位置应在安全且易于操作的地方
			(8)井口、地面测试流程等各施工现场通风良好,在井场、防喷口周围按要求设置风向标
			(9)数据采集房、计量罐等设备的防雷、防静电接地装置定期检查并记录
		下测试管柱	(1)测试队在下测试工具前应向钻井队进行安全技术交底
			(2)测试工具分段在地面连接好,用绷绳绷上钻台,再用大钳紧扣。大钳紧扣时,防止咬坏工具。一旦封隔器管柱入井后,严禁转动转盘
			(3)随时检查指重表、自动记录仪,严禁在指重表、自动记录仪及扭矩仪损坏的情况下进行下钻作业
			(4)下管柱时平稳操作,严格控制测试管柱的下放速度
			(5)下管柱时使用双吊卡,并随时检查和更换与油管相匹配的吊卡,防止管柱落井
			(6)下钻时盖好井口,保管好井口工具,防止落物入井
		排液、测试	(1)排污管线固定牢固并接入污水池
			(2)对节流多、易冰堵等情况的井,管线应有保温措施
			(3)测试的地面流程应试压合格
			(4)放喷排液时,应由测试队长负责指挥,并缓慢卸油压,防止放压过猛对井内造成剧烈的压力波动,损伤油、套管,同时防止憋抬地面管线
			(5)放喷、测试过程中应将放出的天然气点火烧掉,如果出口因出水等原因导致火灭,且无法及时点燃时,应立即采取关井措施
			(6)含硫井放喷、测试时,在井口、流程区、生活区等部位应建立硫化氢含量检测点,监测大气中的硫化氢含量,并采取相应的防硫措施
			(7)岗位人员应随时检查测试流程设备和管线,如发现节流阀、闸阀和管线刺坏,应及时整改和更换
			(8)高含硫井作业时,施工人员应佩戴正压式空气呼吸器,安排2人以上小组操作
			(9)施工人员应熟悉井场地形、设备布置、硫化氢报警仪的放置情况和风向标位置,以及安全撤离路线等
		关井	关井期间,数据采集系统要记录好井口油、套压数据,注意套压和各级套管间环空压力变化情况,防止窜漏压坏套管

续表

序号	工序过程	检查项	检查内容
5	中途测试作业	起测试管柱	(1)起钻时应平稳操作，严禁猛提、猛放、猛刹车，严格控制起钻速度，防止发生抽吸
			(2)起钻过程中应盖好井口，严防落物入井
			(3)起管柱过程中，不得转动井内钻具和用转盘卸扣
			(4)起管柱时，应及时向井筒内灌满压井液，防止井涌、井喷
			(5)起测试工具时，应在钻台上松扣后，分2段至3段卸开，并带上护丝，再用绷绳绷下钻台
6	气体钻井作业	准备	(1)设备摆放遵循“平、稳、正、齐”的原则
			(2)充分利用场地空间，保证作业区域通道畅通
			(3)在目的层进行气体钻井时，供气设备距离井口≥15m
			(4)液控箱应摆放在井架底座附近，且便于操作的安全位置
			(5)钢丝缠绕胶管应缠绕保险绳，并固定牢靠
			(6)泄压管线出口应安装消声器
			(7)供气管线高压、低压禁止串联
			(8)高压供气管线直管基墩坑间距应<10m，转弯处应至少打一个基墩；并采用M20地脚螺栓，基墩坑尺寸为0.6m×0.6m×0.8m，地脚螺栓埋入地面以下深度≥0.5m，泄压口、地层较软时，基墩坑尺寸应适当加大，地脚螺栓埋深应适当加深
			(9)排砂管线出口位置应合理，岩屑取样口位置应符合要求；在目的层进行气体钻的井，其岩屑取样口应距离井口≥30m
			(10)排砂管线尽量贴近地面，避免悬空，如悬空长度>10m应支撑固定
			(11)不需要点火的气体钻井排砂管线出口应接至利于岩屑和液体存放的地方；需要点火的气体钻井排砂管线出口应接至具备点火条件以及利于岩屑和液体存放的地方
			(12)排砂管线直管基墩坑间距<20m，转弯处至少打一个基墩，基坑尺寸为0.8m×0.8m×1m，采用M20地脚螺栓，地脚螺栓埋入地面以下深度≥0.6m，出口、地层较软时，基墩坑应适当加大，地脚螺栓埋深应适当加深
			(13)开钻验收合格
		钻塞	钻具组合符合要求
		气举	(1)作业前按要求作好工艺风险评估
			(2)专人负责控制节流阀开度，防止井筒返出液体污染环境
			(3)气举压力不大于增压机额定工作压力80%

续表

序号	工序过程	检查项	检查内容
6	气体钻井作业	气举	(4)气举、干燥过程中应注意对可燃气体、有毒有害气体的监测,如全烃超过安全值,应将返出气体经液气分离器分离后,在排气口点火燃烧
		钻进	(1)作业前应按要求作好工艺风险评估
			(2)入井钻具、工具达到钻井工程设计要求
			(3)专人在钻台坐岗,负责记录钻井参数,发现异常,通知扶钻人员
			(4)专人在气体返出口坐岗,负责观察气体返出和降尘情况,发现异常,通知扶钻人员
			(5)专人在场地坐岗,听到井控信号,负责迅速打开至燃烧池的内控闸阀
			(6)录井安排专人在线监测坐岗,负责烃类物质的监测,发现气测异常,及时通知扶钻人员
			(7)地质录井安排专人负责观察返出岩屑情况,发现异常,及时通知扶钻人员
			(8)扶钻人员发现异常应停止钻进,分析原因,正确处理
			(9)干部 24h 值班
			(10)成立现场工作小组,定期召开生产分析、安全问题讨论和开展各项整顿工作等活动
			(11)目的层和天然气钻进,气体返出口应点长明火
			(12)钻井液定期搅拌维护,保证其可泵性
		接单根	(1)钻台上应有专人负责发出停、供气(液)信号
			(2)泄压操作人员清楚工艺流程
			(3)泄压作业按要求进行
			(4)严格执行"晚停气、早开气"的技术措施
		起钻	(1)起钻前充分循环
			(2)起钻过程注意盖好井口,防止落物入井
			(3)地层有显示时按要求进行起钻
			(4)起钻完按要求对井口装置进行吹扫和活动井控装置
		下钻	(1)钻具组合严格执行钻井工程设计
			(2)下钻过程注意盖好井口,防止落物入井
			(3)下钻至适当位置,按井控要求活动井控装置
		泥浆转换	(1)替入钻井液充分循环
			(2)无油气显示时井筒返出泥浆通过排砂管线至振动筛
			(3)有油气显示时井筒返出泥浆通过分离器至振动筛

续表

序号	工序过程	检查项	检查内容
7	欠平衡作业	钻进	(1)专业技术人员进行技术交底
			(2)钻进前对欠平衡钻井设备进行试运转，确认固定部位安全可靠，转动部分运转正常，仪表准确灵活
			(3)旋转控制头安装在井口后，校正天车、转盘、井口，偏差≤10mm
			(4)钻井队、录井队指定专人进行循环罐液面坐岗监测，并做好记录
			(5)欠平衡钻进期间，欠平衡值班人员对旋转防喷器、欠平衡节流管汇、液气分离器等欠平衡设备巡查，填写好记录
			(6)钻井队、录井队和欠平衡值班人员均配备可燃气体监测仪
		接单根	(1)接单根前，进行充分循环
			(2)控压钻进过程中接单根，开泵、停泵前司钻控制台应发出信号
		更换胶芯	(1)更换胶芯前，应保证井筒内钻具位于安全井段
			(2)人员在井口拆装旋转控制头时，必须系好保险带
			(3)旋转控制头拆装过程中，由钻井队指定专人操作小绞车
			(4)吊装旋转控制头使用绳索具应有足够载荷
			(5)上提、下放旋转控制头时，小绞车配合游车同步移动
		起下钻	(1)钻遇油气显示后，起钻前必须进行短程起下钻作业
			(2)起下钻过程中，专人进行液面坐岗监测，做好记录
			(3)起钻过程中，应连续向井筒中灌入钻井液，所灌入钻井液体积不能小于起出钻具体积，安排专人对灌浆量进行核实
			(4)钻头起过全封闸板后，必须关闭全封闸板
			(5)下钻过程中，液面坐岗人员应对井筒返出钻井液量进行核实
			(6)更换钻头 / 钻具组合下钻到井底后，按规定做低泵冲试验，记录试验数据
8	定向井钻井作业	工作准备	(1)涡轮钻具有探伤合格报告；仪器应有有效的检测报告
			(2)有线绞车摆放位置应离井架大门正前方 25m 外，要求地面平整、无视线遮挡，不影响其他施工，后轮应放好辗木
		钻进	(1)不应采用转盘带动钻具方式钻进
			(2)有线随钻或绞车测斜施工时，绞车房内应有电缆切割钳或钢丝绳切割钳
9	取心作业	准备	(1)作业前对工具全面检查，工具钻头完好，外径符合井眼直径
			(2)欠平衡取心作业在井口组装拆卸工具时关好防喷器
			(3)岩心出筒时应配备有害气体监测仪，监测仪灵敏可靠

续表

序号	工序过程	检查项	检查内容
9	取心作业	钻台组装	(1)认真检查绳套,戴好护丝,平稳上吊至钻台,在吊装过程中,防止碰撞
			(2)装、卸钻头应使用钻头装卸器;井口操作过程中,盖好井口,严防落物入井
		下钻	下钻操作平稳,不得猛刹、猛放、猛顿、猛转,防止钻具剧烈摆动;下钻速度应控制在0.5m/s内
		树心、取心	在油气层取心钻进,要有专人看守钻井液出口管和循环罐液面,按规定做好记录
		起钻	(1)割心后,正常情况下不循环,立即起钻;如在油气层段,可循环观察后再决定是否起钻,但不宜大幅度活动钻具和大排量长时间循环钻井液
			(2)起钻过程中,按相关规定及时向井内灌满钻井液
		出心	(1)钻台出心盖好井口,防止落物
			(2)岩心出筒时应配备有害气体监测仪,灵敏可靠
		其他要求	(1)取心钻进或割心起钻中途出现溢流等异常情况,应立即终止作业,按照钻井井控规定进行处理,恢复正常后方可继续作业
			(2)取心钻进中,当出现井漏,应进行堵漏处理,结束后方可继续取心作业

附表 1-3　营房检查项和检查内容

序号	检查项	检查内容
1	营房管理网络、制度、规程及执行	(1)营房设备管理定人、定机定岗、管理网络健全
		(2)管理制度健全并认真执行
2	营房外观检查	(1)营房主体无开裂、损伤,油漆完好
		(2)营房摆放整齐
3	营房设备	(1)温水炉要求正常,有出厂合格证,安全阀定期校验合格
		(2)冰箱、空调、电热板工作正常
		(3)洗烘设备工作正常
		(4)炊灶设备工作正常
4	营房安全设施	(1)营房电路、安全触电保护装置和接地装置完好
		(2)营房应急通道畅通无阻,并配备应急灯
		(3)营房的消防、照明设施和报警器完好,并定期检查,有检查人签字

附录二　安全监督报告、报表

一、安全监督指令

安全监督指令见附表 2-1。

附表 2-1　安全监督指令

编号：　　　　　　　　　　　　　　　　　　　　　　　　　　　　年　　月　　日

队号		井号		井深		工况	
施工作业内容：							
相关的 HSE 提示及要求：							
传达落实情况：							
安全监督签字				值班干部签字			

注：指令一式两份，井队、安全监督各持一份。

二、停钻通知书

停钻通知书如下：

停钻通知书

________井队：

你队所钻________井，经检查，存在以下问题(附表 2–2)，为确保安全生产，现责令停钻整改。

安全监督：

日期：　　年　月　日

附表 2–2　停钻待整改问题

序号	整改问题	要求
1		
2		
3		
4		
5		
6		
7		
8		

安全监督签名：　　　　被检查单位负责人签名：

三、复钻通知书

复钻通知书如下：

复钻通知书

________井队：

你队所钻________井存在的问题经整改，检查验收合格，可恢复作业。

安全监督：

日期：　　年　月　日

四、不符合项整改通知单

不符合项整改通知单见附表 2–3。

附表 2–3　不符合项整改通知单

编号：　　　　　　　　　　　　　　　　　　　　　　　　年　　月　　日

<table>
<tr><td colspan="2">受检单位（井队）</td><td></td><td>井号</td><td></td><td>井深</td><td></td></tr>
<tr><td colspan="2">安全监督（检查人）</td><td></td><td>接收人</td><td></td><td>工况</td><td></td></tr>
<tr><td>序号</td><td colspan="2">不符合项</td><td colspan="2">纠正措施</td><td>整改人</td><td>关闭时间</td></tr>
<tr><td></td><td colspan="2"></td><td colspan="2"></td><td></td><td></td></tr>
<tr><td></td><td colspan="2"></td><td colspan="2"></td><td></td><td></td></tr>
<tr><td></td><td colspan="2"></td><td colspan="2"></td><td></td><td></td></tr>
<tr><td></td><td colspan="2"></td><td colspan="2"></td><td></td><td></td></tr>
<tr><td></td><td colspan="2"></td><td colspan="2"></td><td></td><td></td></tr>
<tr><td></td><td colspan="2"></td><td colspan="2"></td><td></td><td></td></tr>
<tr><td></td><td colspan="2"></td><td colspan="2"></td><td></td><td></td></tr>
<tr><td colspan="7">整改要求：</td></tr>
<tr><td colspan="5">验证人（井队干部）签字：</td><td colspan="2">安全监督确认签字：</td></tr>
</table>

五、隐患整改通知书

隐患整改通知书如下：

<table>
<tr><td colspan="2">

隐患整改通知书

________井（________队）：

经安全监督现场检查，发现你单位存在事故隐患________个，请你单位落实具体人员限期进行整改，整改结果由安全监督验收后上报安全监督机构和安全管理部门。如不按期整改，安全监督将按照有关规定对你单位进行处罚。

</td></tr>
<tr><td>安全监督签字：

年　月　日</td><td>井队负责人签字：

年　月　日</td></tr>
</table>

附：

序号	存在事故隐患	整改责任人	限期整改时间	整改验收评价和验收时间

六、周监督信息汇报表

周监督信息汇报表见附表 2-4。

附表 2-4　周监督信息汇报表

编号：　　　　　　　　　　　　　　　　　　　　　　　　年　　月　　日

<table>
<tr><td colspan="2">安全监督（汇报人）：</td><td colspan="2">被监督单位：</td></tr>
<tr><td>队号：</td><td colspan="2">井号：</td><td>井深：</td></tr>
<tr><td colspan="2">区块：</td><td colspan="2">当日工况：</td></tr>
<tr><td colspan="4">钻井队一周安全活动情况简述</td></tr>
<tr><td colspan="4">召开安全会议______次；安全检查______次；HSE 学习______次；STOP 卡______份</td></tr>
<tr><td colspan="4">防喷演习______次；防 H_2S 演习______次；消防演习______次；人员急救演习______次；
防灾演习______次</td></tr>
<tr><td colspan="4">其他安全活动：</td></tr>
<tr><td colspan="4">安全监督一周工作情况简述</td></tr>
<tr><td colspan="4">监督大型施工、特殊作业______次；作业许可审批______份；安全对话______次</td></tr>
<tr><td colspan="4">指令下达______份______条
其中：钻井队______份______条，相关方______份______条</td></tr>
<tr><td colspan="4">查处违章______起。未遂事件______起；上报事故______起</td></tr>
<tr><td colspan="4">查出不符合项总数：　项；下达不符合项整改通知单______份</td></tr>
<tr><td colspan="4">其他：</td></tr>
<tr><td colspan="4">未整改（关闭）不符合内容、原因及控制措施：</td></tr>
<tr><td colspan="4">上周重点工作完成情况：</td></tr>
<tr><td colspan="4">本周重点工作要求记录：</td></tr>
<tr><td colspan="4">问题反映及工作建议：</td></tr>
</table>

七、违章记录

违章记录见附表 2-5。

附表 2-5　违章记录

编号：

<table>
<tr><td>单位</td><td colspan="3"></td><td colspan="2">井队</td><td colspan="2"></td><td>井号</td><td colspan="2"></td></tr>
<tr><td>安全监督</td><td></td><td colspan="2">工况</td><td></td><td colspan="2">违章时间</td><td></td><td colspan="2">处罚金额</td><td></td></tr>
<tr><td>处罚依据</td><td colspan="6"></td><td colspan="2">罚单编号</td><td colspan="2">NO.：</td></tr>
<tr><td>违章人</td><td colspan="2"></td><td>性别</td><td colspan="2"></td><td>族别</td><td></td><td>年龄</td><td colspan="2"></td></tr>
<tr><td>岗位</td><td colspan="2"></td><td colspan="5">□职工　□劳务工　□临时用工</td><td>工龄</td><td colspan="2"></td></tr>
<tr><td>详细情况</td><td colspan="10">违章经过：

原因分析：

责任人处理：

预防控制措施：

宣传教育情况：</td></tr>
<tr><td colspan="11">跟班干部（签名）　　年　月　日</td></tr>
<tr><td colspan="11">安全监督（签名）　　年　月　日</td></tr>
<tr><td>备注</td><td colspan="10"></td></tr>
</table>

八、事件、事故记录

事件、事故记录见附表 2–6。

附表 2–6　事件、事故记录表

编号：

单位		井队		井号	
井深		工况		发生区域	
发生时间		汇报时间		汇报人	
事件、事故简要经过					
安全监督采取的措施					

九、安全监督工作情况总结

安全监督工作情况总结见附表2–7。

附表2–7　安全监督工作情况总结

一、工作情况总结（好的经验做法、存在的问题及今后需要改进的方面）：
二、建议：
安全监督：
日期：

十、安全监督交接班记录

安全监督交接班记录见附表 2-8。

附表 2-8　安全监督交接班记录

交班监督：__________接班监督：__________交接班日期：__________

一、现场安全监督管理工作简述：
二、重点提示内容：
三、未整改不符合项内容、原因及预防控制措施：
四、其他应交接事宜：

十一、违章处罚通知单

违章处罚通知单如下：

违章处罚通知单

编号：

＿＿＿＿＿（单位）：

你单位因＿＿＿＿＿＿＿＿＿＿＿＿＿＿＿＿（事项或原因），违反了国家、企业安全生产关于＿＿＿＿＿＿＿＿＿＿的规定，处以罚款人民币＿＿＿＿＿元。请于＿＿＿＿年＿＿月＿＿日到＿＿＿＿＿＿＿＿＿交纳处罚金。

如不按期交纳，将按有关规定加倍处罚。

特此通知。

被处罚单位负责人：

安全监督：

年　月　日

附录三 风险等级划分标准表

风险等级划分标准见附表 3-1。

附表 3-1 风险等级划分标准表

风险等级	分值	描述	需要的行动	改进建议
Ⅳ级风险	16<Ⅳ级≤25	严重风险(绝对不能容忍)	必须通过工程和/或管理、技术上的专门措施,限期(不超过6个月内)把风险降低到级别Ⅱ级或以下	需要并制订专门的管理方案予以削减
Ⅲ级风险	9<Ⅲ级≤16	高度风险(难以容忍)	应当通过工程和/或管理、技术上的控制措施,在一个具体的时间段(12个月)内,把风险降低到级别Ⅱ级或以下	需要并制订专门的管理方案予以削减
Ⅱ级风险	4<Ⅱ级≤9	中度风险(在控制措施落实的条件下可以容忍)	具体依据成本情况采取措施。需要确认程序和控制措施已经落实,强调对它们的维护工作	个案评估。评估现有控制措施是否均有效
Ⅰ级风险	1≤Ⅰ级≤4	可以接受	不需要采取进一步措施降低风险	不需要。可适当考虑提高安全水平的机会(在工艺危害分析范围之外)

附录四　风险矩阵图

风险矩阵图见附表4–1。

附表 4–1　风险矩阵图

事故发生概率等级	5	Ⅱ 5	Ⅲ 10	Ⅲ 15	Ⅳ 20	Ⅳ 25
	4	Ⅰ 4	Ⅱ 8	Ⅲ 12	Ⅲ 16	Ⅳ 20
	3	Ⅰ 3	Ⅱ 6	Ⅱ 9	Ⅲ 12	Ⅲ 15
	2	Ⅰ 2	Ⅰ 4	Ⅱ 6	Ⅱ 8	Ⅲ 10
	1	Ⅰ 1	Ⅰ 2	Ⅰ 3	Ⅰ 4	Ⅱ 5
风险矩阵		1	2	3	4	5
		事故后果严重程度等级				

附录五　事故发生概率等级表

事故发生概率等级见附表 5-1。

附表 5-1　事故发生概率等级表

频率等级(L)	硬件控制措施	软件控制措施	频率(F)说明，年$^{-1}$
1	(1)两道或两道以上的被动防护系统，互相独立，可靠性较高。 (2)有完善的书面检测程序，进行全面的功能检查，效果好、故障少。 (3)熟悉掌握工艺，过程始终处于受控状态。 (4)稳定的工艺，了解和掌握潜在的危险源，建立完善的工艺和安全操作规程	(1)清晰、明确的操作指导，制定了要遵循的纪律，错误被指出并立刻得到更正，定期进行培训，内容包括正常、特殊操作和应急操作程序，包括了所有的意外情况。 (2)每个班组上都有多个经验丰富的操作工。理想的压力水平。所有员工都符合资格要求，员工爱岗敬业，清楚了解并重视危害因素	现实中预期不会发生(在国内行业内没有先例) $<10^{-4}$
2	(1)两道或两道以上，其中至少有一道是被动和可靠的。 (2)定期的检测，功能检查可能不完全，偶尔出现问题。 (3)过程异常不常出现，大部分异常的原因被弄清楚，处理措施有效。 (4)合理的变更，可能是新技术带有一些不确定性，高质量的工艺危害分析	(1)关键的操作指导正确、清晰，其他的则有些非致命的错误或缺点，定期开展检查和评审，员工熟悉程序。 (2)有一些无经验人员，但不会全在一个班组。偶尔的短暂的疲劳，有一些厌倦感。员工知道自己有资格做什么和自己能力不足的地方，对危害因素有足够认识	预期不会发生，但在特殊情况下有可能发生(国内同行业有过先例) 10^{-4}～10^{-3}
3	(1)一个或两个复杂的、主动的系统，有一定的可靠性，可能有共因失效的弱点。 (2)不经常检测，历史上经常出问题，检测未被有效执行。 (3)过程持续出现小的异常，对其原因没有全搞清楚或进行处理。较严重的过程(工艺、设施、操作过程)异常被标记出来并最终得到解决； (4)频繁的变更或新技术应用，工艺危害分析不深入，质量一般，运行极限不确定	(1)存在操作指导，没有及时更新或进行评审，应急操作程序培训质量差。 (2)可能一班半数以上都是无经验人员，但不常发生。有时出现的短时期的班组群体疲劳，较强的厌倦感。员工不会主动思考，员工有时可能自以为是，不是每个员工都了解危害因素	在某个特定装置的生命周期里不太可能发生，但有多个类似装置时，可能在其中的一个装置发生(集团公司内有过先例) 10^{-3}～10^{-2}

续表

频率等级(L)	硬件控制措施	软件控制措施	频率(F)说明,年$^{-1}$
4	(1)仅有一个简单的主动的系统,可靠性差。 (2)检测工作不明确,没检查过或没有受到正确对待。 (3)过程经常出现异常,很多从未得到解释。 (4)频繁地变更及新技术应用。进行的工艺危害分析不完全,质量较差,边运行边摸索	(1)对操作指导无认知,培训仅为口头传授,不正规的操作规程,过多的口头指示,没有固定成形的操作,无应急操作程序培训。 (2)员工周转较快,个别班组一半以上为无经验的员工。过度的加班,疲劳情况普遍,工作计划常常被打乱,士气低迷。工作由技术有缺陷的员工完成,岗位职责不清,员工对危害因素有一些了解	在装置的生命周期内可能至少发生一次(预期中会发生)$10^{-2}\sim10^{-1}$
5	(1)无相关检测工作。 (2)过程经常出现异常,对产生的异常不采取任何措施。 (3)对于频繁地变更或新技术应用,不进行工艺危害分析	(1)对操作指导无认知,无相关的操作规程,未经批准进行操作。 (2)人员周转快,装置半数以上为无经验的人员。无工作计划,工作由非专业人员完成。员工普遍对危害因素没有认识	在装置生命周期内经常发生$>10^{-1}$

附录六　事故后果严重程度等级表

事故后果严重程度等级见附表 6-1。

附表 6-1　事故后果严重程度等级表

等级	员工伤害	财产损失	环境影响
1	没有员工伤害或只有轻伤，但没有重伤和死亡	一次造成直接经济损失人民币不足 50 万元	事故影响仅限于生产区域内，没有对周边环境造成影响
2	造成重伤、急性工业中毒，但没有死亡	一次造成直接经济损失人民币 50 万元以上、100 万元以下	因事故造成周边环境轻微污染，没有引起群体性事件
3	一次死亡 1～2 人，或者 3～9 人中毒（重伤）	一次造成直接经济损失人民币 100 万元以上、500 万元以下	（1）因事故造成跨县级行政区域纠纷，引起一般群体性影响。 （2）发生在环境敏感区的油品泄漏量 1t 以下，以及在非环境敏感区油品泄漏量 10t 以下，造成一般污染的事件
4	一次死亡 3～9 人，或者 10～49 人中毒（重伤）	一次造成直接经济损失人民币 500 万元以上、1000 万元以下	（1）因事故造成跨地级行政区域纠纷，使得当地经济、社会活动受到影响。 （2）发生在环境敏感区的油品泄漏量 1～10t，以及在非环境敏感区油品泄漏量 10～100t，造成较大污染的事件
5	一次死亡 10 人以上，或者 50 人以上中毒（重伤）	一次造成直接经济损失人民币 1000 万元以上	（1）事故使得区域生态功能部分丧失或濒危物种生存环境受到污染。 （2）事故使得当地经济、社会活动受到严重影响，疏散群众 1 万人以上。 （3）因事故造成重要河流、湖泊、水库及海水域大面积污染，或县级以上城镇水源地取水中断。 （4）发生在环境敏感区的油品泄漏量超过 10t，以及在非环境敏感区油品泄漏量超过 100t，造成重大污染事件

附录七　生产安全事件报告单

生产安全事件报告单见附表 7–1。

附表 7–1　生产安全事件报告单

<table>
<tr><td colspan="3">报告人：</td><td colspan="2">报告时间：</td></tr>
<tr><td colspan="5">发生单位或承包商名称：</td></tr>
<tr><td colspan="3">发生时间：</td><td colspan="2">发生地点：</td></tr>
<tr><td colspan="5">分析人员单位、姓名：</td></tr>
<tr><td colspan="5">事件经过描述：</td></tr>
<tr><td colspan="5">事件的性质：　限工□　医疗□　急救（箱）□　经济损失□　未遂□</td></tr>
<tr><td colspan="5">受伤人员基本信息（有人员受伤时填写）</td></tr>
<tr><td>姓名：</td><td colspan="2">性别：</td><td>电话：</td><td>出生日期：</td></tr>
<tr><td>工种：</td><td colspan="3">从事目前岗位年限：</td><td>聘用日期：</td></tr>
<tr><td colspan="2">受伤部位：</td><td colspan="3">治疗情况简述：</td></tr>
<tr><td colspan="5">直接经济损失：</td></tr>
<tr><td colspan="5">原因分析及措施：</td></tr>
<tr><td colspan="5">审核意见：

日期：　　　　　事件单位负责人：</td></tr>
</table>

附录八　生产安全事件原因综合分析表

生产安全事件原因综合分析表见附表 8-1。

附表 8-1　生产安全事件原因综合分析表

<table>
<tr><th>类别</th><th>项目</th><th colspan="2">具体内容</th><th>存在此因素(√)</th></tr>
<tr><td rowspan="21">人的因素</td><td rowspan="21">(一)身体条件</td><td colspan="3">指身体自身存在的且短时间内难以克服的固有缺陷或疾病</td></tr>
<tr><td rowspan="3">(1)视力缺陷</td><td>上岗前已存在</td><td></td></tr>
<tr><td>上岗后伤病所致</td><td></td></tr>
<tr><td>上岗后视力持续下降</td><td></td></tr>
<tr><td rowspan="3">(2)听力缺陷</td><td>上岗前已存在</td><td></td></tr>
<tr><td>上岗后伤病所致</td><td></td></tr>
<tr><td>上岗后听力持续下降</td><td></td></tr>
<tr><td rowspan="2">(3)其他感官缺陷</td><td>上岗前已存在</td><td></td></tr>
<tr><td>上岗后伤病所致</td><td></td></tr>
<tr><td rowspan="2">(4)肢体残疾</td><td>上岗前已存在</td><td></td></tr>
<tr><td>上岗后伤病所致</td><td></td></tr>
<tr><td rowspan="2">(5)呼吸功能衰退</td><td>原有伤病所致</td><td></td></tr>
<tr><td>上岗后伤病所致</td><td></td></tr>
<tr><td colspan="2">(6)间歇发作且具有突发性质的身体疾病</td><td></td></tr>
<tr><td colspan="2">(7)身材矮小</td><td></td></tr>
<tr><td colspan="2">(8)力量不足</td><td></td></tr>
<tr><td rowspan="2">(9)学习能力低(智力障碍)</td><td>上岗前已存在</td><td></td></tr>
<tr><td>上岗后伤病所致</td><td></td></tr>
<tr><td colspan="2">(10)对物质敏感</td><td></td></tr>
<tr><td colspan="2">(11)因长期服用毒品、药物或酒精导致的能力下降</td><td></td></tr>
<tr><td colspan="2">(12)其他因素</td><td></td></tr>
</table>

续表

<table>
<tr><th>类别</th><th>项目</th><th colspan="2">具体内容</th><th>存在此因素(√)</th></tr>
<tr><td rowspan="29">人的因素</td><td rowspan="13">(二)身体状况</td><td colspan="3">指身体因自身因素或外界环境因素导致的短期的或暂时性的不适、身体障碍或能力下降</td></tr>
<tr><td colspan="2">(1)以前的伤病发作</td><td></td></tr>
<tr><td colspan="2">(2)暂时性身体障碍</td><td></td></tr>
<tr><td rowspan="3">(3)疲劳</td><td>因工作负荷过大</td><td></td></tr>
<tr><td>因缺乏休息</td><td></td></tr>
<tr><td>因感官超负荷</td><td></td></tr>
<tr><td rowspan="3">(4)能力(体能、大脑反应速度及准确性)下降</td><td>因极限温度</td><td></td></tr>
<tr><td>因缺氧</td><td></td></tr>
<tr><td>因气压变化</td><td></td></tr>
<tr><td colspan="2">(5)血糖过低</td><td></td></tr>
<tr><td colspan="2">(6)因使用毒品、药物或酒精致使身体能力短期内或暂时性的下降</td><td></td></tr>
<tr><td colspan="2">(7)其他因素</td><td></td></tr>
<tr><td rowspan="16">(三)精神状态</td><td colspan="3">指对事故的发生有着直接影响的意识、思维、情感、意志等心理活动</td></tr>
<tr><td rowspan="7">(1)注意力不集中</td><td>其他问题分散了注意力</td><td></td></tr>
<tr><td>打闹、嬉戏</td><td></td></tr>
<tr><td>暴力行为</td><td></td></tr>
<tr><td>受到药物或酒精的影响</td><td></td></tr>
<tr><td>不熟悉环境且未收到警告 / 警示</td><td></td></tr>
<tr><td>不假思索的例行活动</td><td></td></tr>
<tr><td>其他</td><td></td></tr>
<tr><td colspan="2">(2)高度紧张、慌张、焦虑、恐惧等致使反应迟钝、判断失误或指挥不当</td><td></td></tr>
<tr><td colspan="2">(3)忘记正确的做法</td><td></td></tr>
<tr><td colspan="2">(4)情绪波动(生气、发怒、消极怠工、厌倦等)</td><td></td></tr>
<tr><td colspan="2">(5)遭受挫折</td><td></td></tr>
<tr><td colspan="2">(6)受到毒品、药物或酒精的影响</td><td></td></tr>
<tr><td colspan="2">(7)精神高度集中以致忽略了周围不安全因素</td><td></td></tr>
<tr><td colspan="2">(8)轻视工作或工作中漫不经心</td><td></td></tr>
<tr><td colspan="2">(9)其他</td><td></td></tr>
</table>

续表

<table>
<tr><th>类别</th><th>项目</th><th colspan="2">具体内容</th><th>存在此因素(√)</th></tr>
<tr><td rowspan="31">人的因素</td><td rowspan="31">(四)行为</td><td colspan="3">指导致事故发生的当事人、指挥者 / 管理者的行为</td></tr>
<tr><td rowspan="4">(1)不当的操作</td><td>省时省力</td><td></td></tr>
<tr><td>避免脏、累或不适</td><td></td></tr>
<tr><td>吸引注意</td><td></td></tr>
<tr><td>恶作剧</td><td></td></tr>
<tr><td rowspan="6">(2)操作过程出现偏差</td><td>作业时,用力过度</td><td></td></tr>
<tr><td>作业或运动速度不当</td><td></td></tr>
<tr><td>举升不当</td><td></td></tr>
<tr><td>推拉不当</td><td></td></tr>
<tr><td>装载不当</td><td></td></tr>
<tr><td>其他操作偏差</td><td></td></tr>
<tr><td rowspan="4">(3)关键行为实施不力</td><td>正确的方式受到批评</td><td></td></tr>
<tr><td>不适当的同事间的压力</td><td></td></tr>
<tr><td>不适当的激励或处罚制度</td><td></td></tr>
<tr><td>不当的业绩反馈</td><td></td></tr>
<tr><td colspan="2">(4)习惯性的错误做法</td><td></td></tr>
<tr><td colspan="2">(5)冒险蛮干</td><td></td></tr>
<tr><td rowspan="2">(6)违章操作</td><td>个人违章</td><td></td></tr>
<tr><td>集体违章</td><td></td></tr>
<tr><td colspan="2">(7)不采取安全防范措施而进行危险操作</td><td></td></tr>
<tr><td colspan="2">(8)不听从指挥</td><td></td></tr>
<tr><td colspan="2">(9)偷工减料</td><td></td></tr>
<tr><td colspan="2">(10)擅自离岗</td><td></td></tr>
<tr><td colspan="2">(11)擅自改变工作进程</td><td></td></tr>
<tr><td colspan="2">(12)未经授权而操作设备</td><td></td></tr>
<tr><td colspan="2">(13)未经许可进入危险区域</td><td></td></tr>
<tr><td colspan="2">(14)指挥者违章指挥</td><td></td></tr>
<tr><td colspan="2">(15)指挥者不当的指挥或暗示</td><td></td></tr>
<tr><td colspan="2">(16)指挥者不当的激励或处罚</td><td></td></tr>
<tr><td colspan="2">(17)误操作</td><td></td></tr>
<tr><td colspan="2">(18)其他因素</td><td></td></tr>
</table>

续表

<table>
<tr><th>类别</th><th>项目</th><th colspan="2">具体内容</th><th>存在此因素(√)</th></tr>
<tr><td rowspan="26">人的因素</td><td rowspan="8">(五)知识技能水平</td><td colspan="3">指对事故的发生和危险危害因素的处置有着直接影响的知识技能水平</td></tr>
<tr><td colspan="2">(1)缺乏对作业环境危险危害的认识</td><td></td></tr>
<tr><td colspan="2">(2)没有识别出关键的安全行为要点</td><td></td></tr>
<tr><td rowspan="3">(3)技能掌握不够</td><td>技能基础知识掌握不够</td><td></td></tr>
<tr><td>技能实际操作培训不足</td><td></td></tr>
<tr><td>技能操作方法不正确</td><td></td></tr>
<tr><td colspan="2">(4)技能实践不足</td><td></td></tr>
<tr><td colspan="2">(5)其他因素</td><td></td></tr>
<tr><td rowspan="19">(六)工具、设备、车辆、材料的储存、堆放、使用</td><td colspan="3">指工具、设备、车辆、材料的使用过程中人的不当行为</td></tr>
<tr><td colspan="2">(1)设备使用不当</td><td></td></tr>
<tr><td colspan="2">(2)工具使用不当</td><td></td></tr>
<tr><td colspan="2">(3)车辆使用不当</td><td></td></tr>
<tr><td colspan="2">(4)材料使用不当</td><td></td></tr>
<tr><td colspan="2">(5)设备选择有误</td><td></td></tr>
<tr><td colspan="2">(6)工具选择有误</td><td></td></tr>
<tr><td colspan="2">(7)车辆选择有误</td><td></td></tr>
<tr><td colspan="2">(8)材料选择有误</td><td></td></tr>
<tr><td colspan="2">(9)明知设备有缺陷仍使用</td><td></td></tr>
<tr><td colspan="2">(10)明知工具有缺陷仍使用</td><td></td></tr>
<tr><td colspan="2">(11)明知车辆有缺陷仍使用</td><td></td></tr>
<tr><td colspan="2">(12)明知材料有缺陷仍使用</td><td></td></tr>
<tr><td colspan="2">(13)工具、设备、车辆、材料放置或停靠的位置不当</td><td></td></tr>
<tr><td colspan="2">(14)工具、设备、车辆、材料储存、堆放或停靠的方式不正确</td><td></td></tr>
<tr><td colspan="2">(15)工具、设备、车辆、材料的使用超出了其使用范围</td><td></td></tr>
<tr><td colspan="2">(16)工具、设备、车辆、材料由未经培训合格的人员使用</td><td></td></tr>
<tr><td colspan="2">(17)使用已报废或超出使用寿命期限的工具、设备、车辆、材料</td><td></td></tr>
<tr><td colspan="2">(18)其他因素</td><td></td></tr>
</table>

续表

<table>
<tr><th>类别</th><th>项目</th><th colspan="2">具体内容</th><th>存在此因素(√)</th></tr>
<tr><td rowspan="30">人的因素</td><td rowspan="12">(七)安全防护技术、方法、设施的运用</td><td colspan="3">指安全防护技术、方法、设施的运用过程中人的不当行为</td></tr>
<tr><td colspan="2">(1)安全防护技术、方法运用不当</td><td></td></tr>
<tr><td colspan="2">(2)安全防护设施使用不当</td><td></td></tr>
<tr><td colspan="2">(3)个体防护用品使用不当</td><td></td></tr>
<tr><td colspan="2">(4)个体防护用品选择不当</td><td></td></tr>
<tr><td colspan="2">(5)未使用个体防护用品</td><td></td></tr>
<tr><td colspan="2">(6)明知安全防护设施有缺陷仍使用</td><td></td></tr>
<tr><td colspan="2">(7)明知个体防护用品有缺陷仍使用</td><td></td></tr>
<tr><td colspan="2">(8)安全防护设施、个体防护用品放置位置不当</td><td></td></tr>
<tr><td colspan="2">(9)安全防护设施、个体防护用品的使用超出了其使用范围</td><td></td></tr>
<tr><td colspan="2">(10)安全防护设施、个体防护用品由未经培训合格的人员使用</td><td></td></tr>
<tr><td colspan="2">(11)其他因素</td><td></td></tr>
<tr><td rowspan="18">(八)信息交流</td><td colspan="2">(1)同事间横向沟通不够</td><td></td></tr>
<tr><td colspan="2">(2)上下级间纵向沟通不够</td><td></td></tr>
<tr><td colspan="2">(3)不同部门间沟通不够</td><td></td></tr>
<tr><td colspan="2">(4)班组间沟通不够</td><td></td></tr>
<tr><td colspan="2">(5)作业小组间沟通不足</td><td></td></tr>
<tr><td colspan="2">(6)工作交接沟通不足</td><td></td></tr>
<tr><td colspan="2">(7)沟通方式、方法不妥</td><td></td></tr>
<tr><td colspan="2">(8)没有沟通工具或沟通工具不起作用</td><td></td></tr>
<tr><td rowspan="3">(9)信息没有被传达</td><td>被忘记</td><td></td></tr>
<tr><td>人为故意</td><td></td></tr>
<tr><td>设备、网络故障</td><td></td></tr>
<tr><td colspan="2">(10)信息表达不准确</td><td></td></tr>
<tr><td colspan="2">(11)指令不明确</td><td></td></tr>
<tr><td colspan="2">(12)没有使用标准的专业术语</td><td></td></tr>
<tr><td colspan="2">(13)没有“确认 / 重复”验证</td><td></td></tr>
<tr><td colspan="2">(14)信息太长</td><td></td></tr>
<tr><td colspan="2">(15)信息被干扰</td><td></td></tr>
<tr><td colspan="2">(16)其他因素</td><td></td></tr>
</table>

续表

<table>
<tr><th>类别</th><th>项目</th><th colspan="2">具体内容</th><th>存在此因素(√)</th></tr>
<tr><td rowspan="28">物(设备、材料、技术)的因素</td><td colspan="4">指因设计、制造、施工、安装、维护、检修以及设备、材料自身原因所导致的各种事故原因</td></tr>
<tr><td rowspan="17">(一)保护系统</td><td colspan="2">(1)防护或保护设施不足</td><td></td></tr>
<tr><td colspan="2">(2)防护或保护设施缺失</td><td></td></tr>
<tr><td colspan="2">(3)防护或保护设施存在缺陷或失效</td><td></td></tr>
<tr><td colspan="2">(4)防护或保护设施被解除或拆除</td><td></td></tr>
<tr><td rowspan="2">(5)防护或保护设施设置不当</td><td>位置设置不当</td><td></td></tr>
<tr><td>参数设置不当</td><td></td></tr>
<tr><td colspan="2">(6)个体防护用品不足</td><td></td></tr>
<tr><td colspan="2">(7)个体防护用品缺失</td><td></td></tr>
<tr><td colspan="2">(8)个体防护用品存在缺陷或失效</td><td></td></tr>
<tr><td colspan="2">(9)个体防护用品配备不当</td><td></td></tr>
<tr><td colspan="2">(10)报警不充分</td><td></td></tr>
<tr><td colspan="2">(11)报警系统存在缺陷或失效</td><td></td></tr>
<tr><td colspan="2">(12)报警被解除或报警系统被拆除</td><td></td></tr>
<tr><td rowspan="2">(13)报警系统设置不当</td><td>位置设置不当</td><td></td></tr>
<tr><td>参数设置不当</td><td></td></tr>
<tr><td colspan="2">(14)无报警系统</td><td></td></tr>
<tr><td colspan="2">(15)其他因素</td><td></td></tr>
<tr><td rowspan="10">(二)工具、设备及车辆</td><td colspan="2">(1)设备有缺陷</td><td></td></tr>
<tr><td colspan="2">(2)设备不够用</td><td></td></tr>
<tr><td colspan="2">(3)设备未准备就绪</td><td></td></tr>
<tr><td colspan="2">(4)设备故障</td><td></td></tr>
<tr><td colspan="2">(5)工具有缺陷</td><td></td></tr>
<tr><td colspan="2">(6)工具不够用</td><td></td></tr>
<tr><td colspan="2">(7)工具未准备就绪</td><td></td></tr>
<tr><td colspan="2">(8)工具故障</td><td></td></tr>
<tr><td colspan="2">(9)车辆有缺陷</td><td></td></tr>
<tr><td colspan="2">(10)车辆不符合使用要求</td><td></td></tr>
</table>

续表

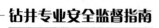

类别	项目	具体内容		存在此因素(√)
物(设备、材料、技术)的因素	(二)工具、设备及车辆	(11)车辆未准备就绪		
		(12)车辆故障		
		(13)工具、设备、车辆超期服役		
		(14)工具和设备的不当,拆除或不当替代		
		(15)其他因素		
	(三)工程设计、制造、安装、试运行	(1)设计缺陷	设计基础或依据过时	
			设计基础或依据不正确	
			无设计基础或依据	
			凭经验设计或随意篡改设计基础	
			设计计算错误	
			未经核准的技术变更	
			设计成果未经独立的设计审查	
			设计有遗漏	
			技术不成熟	
			设备选型不对	
			设备部件标准或规格不合适	
			人机工程设计不完善	
			对潜在危险性评估不足	
			材料选用不当或设备选型不当	
			因资金原因删减安全投入或降低安全标准	
			其他因素	
		(2)制造缺陷	未执行或未严格执行设计文件	
			制造技术不成熟	
			制造工艺有缺陷	
			制造工艺未被严格执行	
			材质缺陷	
			焊接缺陷	
			其他因素	

续表

类别	项目	具体内容		存在此因素(√)
物(设备、材料、技术)的因素	(三)工程设计、制造、安装、试运行	(3)施工安装缺陷	施工安装设计图纸未被严格执行	
			施工安装工艺未被严格执行	
			施工监督不到位	
			施工安装工艺有缺陷	
			强力安装	
			设备未固定或安装不牢靠	
			焊接缺陷	
			其他因素	
		(4)开工方案有缺陷		
		(5)运行准备情况评估不充分		
		(6)初期运行监督不到位		
		(7)对新技术、新工艺、新装备不熟悉或不适应		
		(8)其他因素		
环境因素	(一)工作质量受到外在不良环境的影响	(1)火灾或爆炸		
		(2)作业环境中存在有毒有害气体、蒸气或粉尘		
		(3)噪声		
		(4)辐射		
		(5)极限温度		
		(6)作业时自然环境恶劣	风沙	
			雨水	
			雷电	
			蚊虫	
			野兽	
			地形	
			地势	
		(7)自然灾害		
		(8)地面湿滑		
		(9)高处作业		

续表

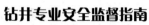

类别	项目	具体内容		存在此因素(√)
环境因素	(一)工作质量受到外在不良环境的影响	(10)维护运行中的带能量设备	机械装置	
			带电设备	
			压力设备	
			高温设备	
			装有危险物质的设备	
		(11)其他因素		
	(二)工作环境自身存在不安全因素	(1)拥挤或身体活动范围受到限制		
		(2)照明不足或过度		
		(3)通风不足		
		(4)脏、乱		
		(5)作业环境中有毒有害气体或蒸气浓度超标		
		(6)设备厂房布局不合理		
		(7)安全间距不足		
		(8)疏散通道设置不合理		
		(9)消防通道设置不合理		
		(10)疏散指引标识缺失		
		(11)疏散指引标识设置不合理		
		(12)安全警示标志等安全信息缺失		
		(13)安全警示标志等安全信息设置不合理		
		(14)安全控制设施设置位置不合理,难于操作		
		(15)作业位置不在监护的视野或触及范围内		
		(16)其他因素		
管理因素	(一)知识传递和技能培训	(1)知识传递不到位	教员资质不合格	
			培训设备不合格或数量不足	
			信息表达不清	
			信息被误解	
		(2)没有记住培训内容	培训内容未能在工作中强化	
			再培训频度不够	

续表

类别	项目	具体内容		存在此因素(√)
管理因素	(一)知识传递和技能培训	(3)培训达不到要求	培训课程设计不当	
			新员工培训不够	
			新岗位培训不够	
			评价考核标准不能满足要求	
		(4)未经培训		
		(5)其他因素		
	(二)管理层的领导能力	(1)职责矛盾	报告关系不清楚	
			报告关系矛盾	
			职责分工不清	
			职责分工矛盾	
			授权不当或不足	
		(2)领导不力	无业绩考核评估标准	
			权责不对等	
			业绩反馈不足或不当	
			对专业技术掌握不够	
			对政策、规章、制度、标准、规程执行不力	
			能力不足	
		(3)管理松懈	明知管理有漏洞而放任之	
			放任违章违纪行为而不制止/规章制度不落实	
			处罚力度太轻而不足以遏制违章违纪行为	
			缺乏监督检查	
		(4)对作业场所存在的危险危害因素识别不充分		
		(5)对作业场所存在的事故隐患排查不充分或者发现不及时		
		(6)对作业场所存在的事故隐患不能及时整改或防范		
		(7)作业组织不合理		
		(8)频繁的人事变更或岗位变更		
		(9)不当的人事安排或岗位安排		
		(10)组织机构不健全		
		(11)监管机制不健全		

续表

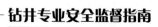

类别	项目	具体内容	存在此因素(√)
管理因素	(二)管理层的领导能力	(12)奖罚机制不健全	
		(13)责任制未建立或责任不明确	
		(14)国家有关安全法规得不到贯彻执行	
		(15)上级或企业自身的安全会议决定或精神得不到贯彻执行	
		(16)消极管理	
		(17)其他因素	
	(三)承包商的选择与监督	(1)没有进行承包商资格审查	
		(2)资格审查不充分	
		(3)承包商选择不妥	
		(4)使用未经批准的承包商	
		(5)没与承包商签订安全管理协议	
		(6)承包商进入危险区域作业前未对其进行安全技术交底	
		(7)未对承包商的安全技术措施进行审核	
		(8)缺乏作业监管	
		(9)监管不到位	
		(10)其他因素	
	(四)采购、材料处理和材料控制	(1)下错订单	
		(2)接收不符合订单要求的物件	
		(3)未经核准的订单变更	
		(4)未进行验收确认	
		(5)产品验收不严	
		(6)材料包装不妥	
		(7)材料搬运不当	
		(8)运输方式不妥	
		(9)材料储存不当	
		(10)材料装填不当	
		(11)材料过了保存期	
		(12)物料的危险危害性识别不充分	
		(13)废物处理不当	
		(14)其他因素	

续表

类别	项目	具体内容		存在此因素(√)
管理因素	(五)设备维护保养和检修	(1)未按设备使用说明书进行维护保养		
		(2)无相应的检修规程或参考资料		
		(3)无检修经验或经验不足		
		(4)检维修质量差	评估不充分	
			计划不充分	
			技术不过关	
			与使用单位沟通不够	
			没有责任心	
			未严格执行检修规程	
		(5)未按检修计划进行定期检修		
		(6)无检修、维护计划		
		(7)检修过程缺少监护		
		(8)未与相关单位协调一致		
		(9)用工不当		
		(10)其他因素		
	(六)工作守则、政策、标准、规程(PSP)	(1)没有作业规程		
		(2)错误的作业规程		
		(3)过时的作业规程或其修订版本		
		(4)作业规程不完善	缺乏作业过程的安全分析	
			作业过程安全分析不充分	
			与工艺/设备设计、使用方没有充分协调	
			编制过程中没有一线员工参加	
			作业规程有缺项或漏洞	
			形式、内容不方便使用和操作	
		(5)作业规程传达不到位	没有分发到作业班组	
			语言表达难以理解	
			没有充分翻译组织成合适的语言	
			作业规程编制或修订完成后没有及时对员工进行培训	

续表

类别	项目	具体内容		存在此因素(√)
管理因素	(六)工作守则、政策、标准、规程(PSP)	(6)作业规程实施不力	执行监督不力	
			岗位职责不清	
			员工技能与岗位要求不符	
			内容可操作性差	
			内容混淆不清	
			执行步骤繁杂	
			技术错误 / 步骤遗漏	
			执行过程中的参考项过多	
			奖罚措施不足	
			矫正措施不及时	
		(7)其他因素		

附录九　生产安全事故类型

一、工业生产安全事故

工业生产安全生产事故类型见附表 9–1。

附表 9–1　工业生产安全事故类型

序号	事故类型	类型说明
1	物体打击	物体在重力或其他外力作用下产生运动中打击人体造成的人身伤亡事故。 不包括因机械设备、车辆、起重机械、坍塌、压力容器爆炸飞出物等引发的物体打击事故
2	车辆伤害	在单位管辖范围但不允许社会机动车通行的生产区域内，因机动车引起的人身伤亡事故。包括厂内机动车事故及专用铁路发生的机车事故。 不包括机动车在道路上发生的道路交通事故
3	机械伤害	机械设备运动(静止)部件、工具、加工件直接与人体接触引起的夹击、碰撞、剪切、卷入、绞、碾、割、刺人等伤害。各类转动机械的外露传动部分(如齿轮、轴、履带等)和往复运动部分都有可能对人体造成机械伤害
4	起重伤害	各种起重作业(包括起重机安装、检修、试验)活动中发生的挤压、坠落(吊具、吊重)、折臂、倾翻、倒塌等引起的对人的伤害。 起重作业包括：桥式起重机、龙门起重机、门座起重机、搭式起重机、悬臂起重机、桅杆起重机、铁路起重机、汽车吊、电动葫芦、千斤顶等作业。如起重作业时，脱钩砸人、钢丝绳断裂抽人、移动吊物撞人、钢丝绳刮人、滑车碰人等伤害
5	触电	电流经过人体或带电体与人体之间发生放电而造成的人身伤害。包括雷击伤亡事故以及因触电导致的坠落事故。触电伤害主要形式分为电击和电伤两大类。电流通过人体内部器官，使人出现痉挛、呼吸窒息、心室纤维性颤动、心跳骤停甚至死亡。电流通过体表，对人体外部造成局部伤害，如电灼伤、金属溅伤、电烙印
6	高处坠落	在高处作业中发生坠落造成的伤亡事故(高处作业指距地面 2.0m 以上高度的作业)。包括临边作业高处坠落、洞口作业高处坠落、攀登作业高处坠落、悬空作业高处坠落、操作平台作业高处坠落、交叉作业高处坠落等。 不包括触电坠落事故
7	坍塌	物体在外力或重力作用下，超过自身的强度极限或因结构稳定性破坏而造成的陷落或倒塌事故，如加油站罩棚倒塌，挖沟时的土石塌方、脚手架坍塌、堆置物倒塌等。 不包括因爆炸、爆破等导致的坍塌
8	中毒和窒息	中毒：有毒物质通过不同途径进入人体内引起某些生理功能或组织器官受到急性健康损害的事故。 窒息：机体由于急性缺氧发生晕倒甚至死亡的事故。窒息分为内窒息和外窒息，生产环境中的严重缺氧可导致外窒息，吸入窒息性气体可致内窒息
9	灼烫	由于火焰烧伤、高温物体烫伤、化学灼伤(酸、碱及酸碱性物质引起的体内外灼伤)、物理灼伤(光、放射性物质引起的体内外灼伤)而引起的人身伤亡事故。 不包括电灼伤和火灾引起的烧伤

续表

序号	事故类型	类型说明
10	火灾和爆炸	凡在生产经营场所发生的失去控制并对财物和人身造成损害的燃烧现象为火灾；由于意外地发生了突发性大量能量的释放，并伴有强烈的冲击波、高温高压的事故称为爆炸事故，包括火药爆炸、压力容器爆炸、油气管道爆炸、锅炉爆炸等
11	井喷失控	井喷发生后，无法用常规方法和装备控制而出现地层流体（油、气、水）敞喷的现象
12	其他伤害	凡在生产经营场所发生的不属于上述伤害类型的其他伤害事故归结为其他伤害。如淹溺、扭伤、跌伤、冻伤、蛇兽咬伤、钉子扎伤等

二、道路交通事故

道路交通事故类型见附表 9–2。

附表 9–2　道路交通事故类型

序号	事故类型	类型说明
1	道路交通事故	在生产经营活动中机动车在道路上发生的人身伤亡及直接经济损失超过 1000 元的交通事故。不包括厂内机动车、私人机动车、乘坐公共交通工具发生的事故，以及厂内专用铁路上发生的事故

附录十　钻井作业安全技术规程、标准、规范目录

一、国家标准

序号	名称
1	GB/T 3787—2017《手持电动工具的管理使用、检查和维修安全技术规程》
2	GB 4053.2—2009《固定式钢梯及平台安全要求　第 2 部分: 钢斜梯》
3	GB 4053.3—2009《固定式钢梯及平台安全要求第　第 3 部分: 工业防护栏杆及钢平台》
4	GB/T 6067.1—2010《起重机械安全规程　第 1 部分: 总则》
5	GB 6722—2014《爆破安全规程》
6	GB/T 12801—2008《生产过程安全卫生要求总则》
7	GB/T13861—2009《生产过程危险和有害因素分类与代码》
8	GB/T 16556—2007《自给开路式压缩空气呼吸器》
9	GB 24544—2009《坠落防护　速差自控器》
10	GB/T 31033—2014《石油天然气钻井井控技术规范》
11	GB 50194—2014《建设工程施工现场供用电安全规范》

二、行业标准

序号	名称
1	AQ 2012—2007《石油天然气安全规程》
2	JGJ 46—2005《施工现场临时用电安全技术规范》
3	SY/T 5049—2016《钻井和修井卡瓦》
4	SY/T 5074—2012《石油钻井和修井用动力钳、吊钳》
5	SY/T 5087—2017《硫化氢环境钻井场所作业安全规范》
6	SY 5225—2012《石油天然气钻井、开发、储运防火防爆安全生产技术规程》
7	SY/T 5247—2008《钻井井下故障处理推荐方法》
8	SY/T 5325—2013《射孔作业技术规范》
9	SY/T 5326.1—2018《井壁取心技术规范　第 1 部分: 撞击式》
10	SY/T 5347—2016《钻井取心作业规程》

续表

序号	名称
11	SY/T 5374.1—2016《固井作业规程　第 1 部分：常规固井》
12	SY/T 5412—2016《下套管作业规程》
13	SY 5436—2016《井筒作业用民用爆炸物品安全规范》
14	SY/T 5466—2013《钻前工程及井场布置技术要求》
15	SY/T 5600—2016《石油电缆测井作业技术规范》
16	SY/T 5726—2018《石油测井作业安全规范》
17	SY 5727—2014《井下作业安全规程》
18	SY/T 5964—2006《钻井井控装置组合配套　安装调试与维护》
19	SY/T 5974—2014《钻井井场、设备、作业安全技术规程》
20	SY/T 6057—2012《塔型井架拆装与整体运移作业规程》
21	SY/T 6058—2004《自升式井架起放作业规程》
22	SY/T 6202—2013《钻井井场油、水、电及供暖系统安装技术要求气安装技术要求》
23	SY/T 6276—2014《石油天然气工业健康、安全与环境管理体系》
24	SY/T 6277—2017《硫化氢环境人身防护规范》
25	SY/T 6308—2012《油田爆破器材安全使用推荐作法》
26	SY/T 6444—2018《石油工程建设施工安全规范》
27	SY/T 6543.1—2008《欠平衡钻井技术规范　第 1 部分：液相》
28	SY/T 6586—2014《石油钻机现场安全及检验》
29	SY/T 6605—2018《石油钻、修井用吊具安全技术检验规范》
30	SY/T 6666—2017《石油天然气工业用钢丝绳的选用和维护的推荐作法》
31	SY/T 6680—2013《石油钻机和修井机出厂验收规范》
32	SY/T 6870—2012《石油钻机钻机顶部驱动装置安装、调试与维护》
33	SY/T 6871—2012《石油钻井液固相控制设备安装、使用、维护和保养》
34	SY/T 7028—2016《钻(修)井井架逃生装置安全规范》
35	SY/T 6516—2010《石油工业电焊焊接作业安全规程》
36	SY/T 7075—2016《石油钻修井指重表校准方法》
37	SY/T 7088—2016《钻井泵的安装、使用及维护》

三、企业标准

序号	名称
1	Q/SY 136—2012《生产作业现场应急物资配备选用指南》
2	Q/SY 178—2009《员工个人劳动防护用品管理及配备规定》
3	Q/SY 1002.3—2015《健康、安全与环境管理体系　第 3 部分：审核指南》
4	Q/SY 1306—2010《野外施工职业健康管理规范》
5	Q/SY 1307—2010《野外施工营地卫生和饮食卫生规范》
6	Q/SY 1367—2011《通用工器具安全管理规范》
7	Q/SY 1368—2011《电动气动工具安全管理规范》
8	Q/SY 1519—2012《基层岗位 HSE 培训矩阵编写指南》
9	Q/SY 1648—2013《石油钻探安全监督规范》
10	Q/SY 1710—2014《HSE“两书一表”管理规范》
11	Q/SY 1805—2015《生产安全风险防控导则》
12	Q/SY 02018—2017《顶驱使用和维护保养规范》
13	Q/SY 02552—2018《钻井井控技术规范》
14	Q/SY 08002.1—2018《健康、安全与环境管理体系　第 1 部分：规范》
15	Q/SY 08053—2017《石油天然气钻井作业健康、安全与环境管理导则》
16	Q/SY 08124.2—2018《石油企业现场安全检查规范　第 2 部分：钻井作业》
17	Q/SY 08234—2018《HSE 培训管理规范》
18	Q/SY 08237—2018《工艺和设备变更管理规范》
19	Q/SY 08238—2018《工作前安全分析管理规范》
20	Q/SY 08240—2018《作业许可管理规范》
21	Q/SY 08247—2018《挖掘作业安全管理规范》
22	Q/SY 08248—2018《移动式起重机吊装作业安全管理规范》

四、集团公司规定、办法

序号	名称
1	《中国石油天然气集团公司应急预案编制通则》（中油安〔2009〕318 号）
2	《中国石油天然气集团公司作业许可管理规定》（安全〔2009〕552 号）
3	《中国石油天然气集团公司安全监督管理办法》（中油安〔2010〕287 号）

续表

序号	名称
4	《中国石油天然气集团公司突发事件应急物资储备管理办法》(安全〔2010〕659 号)
5	《中国石油天然气集团公司生产安全事件管理办法》(安全〔2013〕387 号)
6	《中国石油天然气集团公司承包商安全监督管理办法》(中油安〔2013〕483 号)
7	《中国石油天然气集团公司特种设备安全管理办法》(中油安〔2013〕459 号)
8	《中国石油天然气集团公司动火作业安全管理办法》(安全〔2014〕86 号)
9	《中国石油天然气集团公司进入受限空间作业安全管理办法》(安全〔2014〕86 号)
10	《中国石油天然气集团公司生产安全风险防控管理办法》(中油安〔2014〕445 号)
11	《中国石油天然气集团公司员工安全环保履职考评管理办法》(中油安〔2014〕482 号)
12	《中国石油天然气集团公司高处作业安全管理办法》(安全〔2015〕37 号)
13	《中国石油天然气集团公司临时用电作业安全管理办法》(安全〔2015〕37 号)
14	《关于进一步加强特种设备安全监管的通知》(安全〔2015〕193 号)
15	《中国石油天然气集团公司安全生产应急管理办法》(中油安〔2015〕175 号)
16	《中国石油天然气集团公司安全环保事故隐患管理办法》(中油安〔2015〕297 号)
17	《中国石油天然气集团公司承包商安全管理禁令》(中油安〔2015〕359 号)
18	《中国石油天然气集团公司职业卫生管理办法》(中油安〔2016〕192 号)
19	《中国石油天然气集团公司民用爆炸物品安全监督管理办法》(中油质安〔2017〕52 号)
20	《中国石油天然气集团公司职业健康监护管理规定》(中油质安〔2017〕68 号)
21	《中国石油天然气集团公司 HSE 管理体系审核管理规定》(中油质安〔2017〕309 号)
22	《关于强化关键风险领域“四条红线”管控严肃追究有关责任事故的通知》(中油质安〔2017〕475 号)
23	《关于对关键地区、关键时段、关键部位生产安全升级管理的通知》(安委办〔2017〕24 号)
24	《关于进一步加强承包商施工作业安全准入管理的意见》(中油办〔2017〕109 号)
25	《中国石油天然气集团公司安全生产责任清单编制工作指导意见》(安委〔2018〕8 号)
26	《关于加强生产安全六项较大风险管控的通知》(安委办〔2018〕12 号)
27	《中国石油天然气集团有限公司 HSE 培训管理办法》(人事〔2018〕68 号)
28	《中国石油天然气集团有限公司危险化学品安全监督管理办法》(中油质安字〔2018〕127 号)
29	《中国石油天然气集团有限公司职业卫生档案管理规定》(中油质安〔2018〕302 号)
30	《中国石油天然气集团有限公司安全生产管理规定》(中油质安〔2018〕340 号)
31	《关于强化外部承包商监管的通知》(中油质安〔2018〕366 号)
32	《中国石油天然气集团有限公司生产安全事故管理办法》(中油质安〔2018〕418 号)

参考文献

[1] 中国石油天然气集团公司安全环保与节能部，编 .HSE 管理体系基础知识 . 北京：石油工业出版社，2012.

[2] 郭书昌，刘喜福，等，编 . 钻井工程安全手册 . 北京：石油工业出版社，2009.

[3] 曹晓林，主编 .HSE 管理体系标准理解与实务 . 北京：石油工业出版社，2009.